让知识成为每个人的力量

吴军数学通识讲义

LECTURES ON GENERAL MATHEMATICS

吴军/著

新 星 出 版 社 NEW STAR PRESS

目录

总 序 001

前 言 009

基础篇

第 1 章 理解数学的线索：从毕达哥拉斯讲起

1.1 勾股定理：为什么在西方叫毕达哥拉斯定理 022

1.2 数学的预见性：无理数是毕达哥拉斯定理的推论 030

1.3 数学思维：如何从逻辑出发想问题 036

1.4 黄金分割：数学和美学的桥梁 045

1.5 优选法：华罗庚化繁为简的神来之笔 058

第 2 章 数列与级数：承上启下的关键内容

2.1 数学的关联性：斐波那契数列和黄金分割 070

2.2 数列变化：趋势比当下重要 075

2.3 级数：传销骗局里的数学原理 079

2.4 等比级数：少付一半利息，多获得一倍回报 092

第 3 章　数学边界：数学是万能的吗

3.1 数学的局限性：从勾股定理到费马大定理　104

3.2 探寻数学的边界：从希尔伯特第十问题讲起　108

数字篇

第 4 章　方程：新方法和新思维

4.1 鸡兔同笼问题：方程这个工具有什么用　116

4.2 一元三次方程的解法：数学史上著名的发明权之争　126

4.3 虚数：虚构的工具有什么用　135

第 5 章　无穷大和无穷小：从数值到趋势

5.1 无穷大：为什么我们难以理解无限大的世界　143

5.2 无穷小：芝诺悖论和它的破解　149

5.3 第二次数学危机：牛顿和贝克莱的争论　156

5.4 极限：重新审视无穷小的世界　163

5.5 动态趋势：无穷大和无穷小能比较大小吗　171

几何篇

第 6 章　基础几何学：公理化体系的建立

6.1 几何学的起源：为什么几何学是数学中最古老的分支　186

6.2 公理化体系：几何学的系统理论从何而来　194

第 7 章　几何学的发展：开创不同数学分支融合的先河

7.1 非欧几何：换一条公理，几何学会崩塌吗　205

7.2 圆周率：数学工具的意义　214

7.3 解析几何：如何用代数的方法解决几何问题　221

7.4 体系的意义：为什么几何能为法律提供理论基础　232

代数篇

第 8 章　函数：重要的数学工具

8.1 定义和本质：从静态到动态，从数量到趋势　244

8.2 因果关系：决定性和相关性的差别　253

第 9 章　线性代数：超乎想象的实用工具

9.1 向量：数量的方向与合力的形成　262

9.2 余弦定理：文本分类与简历筛选 278

9.3 矩阵：多元思维的应用 284

微积分篇

第 10 章　微分：如何理解宏观和微观的关系

10.1 导数：揭示事物变化的新规律 300

10.2 微分：描述微观世界的工具 307

10.3 奇点：变化连续和光滑是稳定性的基础 312

第 11 章　积分：从微观变化了解宏观趋势

11.1 积分：微分的逆运算 323

11.2 积分的意义：从细节了解全局 327

11.3 最优化问题：用变化的眼光看最大值和最小值 333

11.4 发明权之争：牛顿和莱布尼茨各自的贡献 342

***11.5 体系的完善**：微积分公理化的过程 348

概率和数理统计篇

第 12 章　随机性和概率论：如何看待不确定性

12.1 概率论：一门来自赌徒的学问　364

12.2 古典概率：拉普拉斯对概率的系统性论述　366

12.3 伯努利试验：随机性到底意味着什么　371

12.4 均值与方差：理想与现实的差距　378

第 13 章　小概率和大概率：如何资源共享和消除不确定性

13.1. 泊松分布：为什么保险公司必须有很大的客户群　386

13.2 高斯分布：大概率事件意味着什么　393

***13.3 概率公理化：**理论和现实的统一　404

第 14 章　前提条件：度量随机性的新方法

14.1 前提条件：条件对随机性的影响　415

14.2 差异：概率、联合概率和条件概率　421

14.3 相关性：条件概率在信息处理中的应用　430

14.4 贝叶斯公式：机器翻译是怎样工作的　433

第 15 章　统计学和数据方法：准确估算概率的前提

15.1 定义：什么是统计学　442

15.2 实践：怎样做好统计　446

15.3 古德－图灵折扣估计：如何防范黑天鹅事件 450

15.4 换个眼光看世界：概率是一种世界观，统计是一种方法论 459

终篇

第 16 章 数学在人类知识体系中的位置

16.1 数学和哲学：一头一尾的两门学科 468

16.2 数学和自然科学：数学如何改造自然科学 474

16.3 数学和逻辑学：为什么逻辑是一切的基础 480

16.4 数学和其他学科：为什么数学是更底层的工具 486

16.5 未来展望：希尔伯特的讲演 493

附录

附录 1 黄金分割等于多少 497

附录 2 为什么斐波那契数列相邻两项的比值收敛于黄金分割 498

附录 3 等比级数求和算法 500

附录 4 一元 N 次方程 $x^N=1$ 的解 501

附录 5 积分的其他两种计算方法 503

附录 6 大数定律 505

附录 7 希尔伯特退休讲演的英文译文 507

为什么我要写一系列通识讲义

通识教育，在当下是一个热门话题。今天，中国人经过几代人的努力，已经解决了温饱问题，很多人也都步入了中产阶层。他们接下来就希望自己能更上一层楼，或者自己的下一代能够超越自己。但是他们普遍遇到了困境，就是在职业发展上有所谓的天花板，在社会地位提升上有所谓的阶层壁垒。通常人们在 35 ～ 40 岁就会遇到这样的困境，然后在接下来的大半辈子里能做的，除了享受生活、教育孩子超越自己，就是在工作中维持现状，即便这个人很努力。

为什么简单的努力破不了局呢？这就和教育、培养有关了。我们大部分人所接受的教育，只是让我们掌握了单一的或者过于专业化的技能。社会需要这种技能，我们在物质和荣誉方面获得的酬劳，就是这种技能的市场价格。有人可能会想，我多掌握一种技能，就比别人本事大了，机会就多了。这种思维方式，依然是简单工匠式的，因为一个人即便掌握了五种技能，谋生时使用的通常也只有一种。

比如在硅谷，很多工程师觉得单靠在公司的工作很难买得起最好学区的房子，于是考了房地产经纪人和保险中介人的执照，从拥有一种技能变成了三种，下班和周末加班加点地做本职工作之外的事情。虽然这样收入看似多了一些，但最后他们是否能比一心在公司工作的人走得更远呢？真的难说。这样的技能教育，接受得再多，也不过是从一种工匠变成几种工匠。

我在得到 App“硅谷来信”等专栏里讲过，即使是做同一件事情，精英水准和普通执行层面水准的差距也可能是几个数量级的。要达到精英水准，就需要提高综合素质，而非获得一个个单一的技能。而提高综合素质这件事，虽然可以通过自己长期的摸索取得一些进步，但毕竟效率太低，进步的速度太慢。更有效的提高综合素质的方法，是接受通识教育。

不仅中国人，世界上不少国家的人都有名校情结。但是，世界上的顶级名校，相比于二流大学，专业课讲得并没有太多的亮点，那为什么大家要上名校呢？除了学生群体素质高、教育资源多，还有很重要的一点是学生能够在那里接受到更好的通识教育。

并非只有哈佛、普林斯顿这些以文理科见长的大学才有通识教育，即便是大家心目中以理工科见长的麻省理工学院，在大学本科教育阶段也非常强调通识教育。麻省理工学院人文学科的水平其实很高，其绝大部分人文学科都能在美国排进前十名，更不用说它还有很好的商学院了。这让它的毕业生成为工业界领袖的比例非常高——占到了校友人数的 40% 左右。至于那些以文理科见长的名校，更是注重通识教育。普林斯顿大学著名计算机科学家、美国工程院院士李凯教授，总是要求他指导的本科生多选人文类的课程。

因为在他看来，对从业者来讲，有一辈子的时间可以学习计算机技能，但是如果一开始通识教育的基础没有打好，人在职业道路上就走不远。

上述道理很多人都懂，但是苦于没有机会补足通识教育的欠缺。因为我们的大学还是严格分专业的，而高中教育则是非常强调分数的。这些做法都和通识教育的理念相违背。因此，即使在中国上了最好的大学，也未必就能受到很好的通识教育。那怎么办呢？只有在课堂以外想办法补救了。

当然，在补上通识教育这一环之前，我们要先了解什么是通识教育。

通识教育在中国还有一个更好听的词，叫作博雅教育。其实它们都是从拉丁文里的 Liberal Arts 一词翻译过来的，“通识教育”这种翻译强调其内容，“博雅教育”则强调其目的。

liberal 是“自由”的意思，arts 则通常翻译成“艺术”，让人联想到音乐、绘画、摄影、手工等，但它的含义其实更广泛一些，是指那些未必能直接用于谋生的技能，包括数学、自然哲学（即今天的自然科学）、哲学、历史、艺术、音乐和很多其他的人文学科。那么，为什么把 liberal 和 arts 这两个词联系在一起呢？这就要从古希腊的自由民说起了。

liberal 最初是指古希腊自由民的属性，自由民是希腊半岛上各个城邦的主人，有政治权利、自由意志，能够自己决定自己的生活。同时古希腊也有很多奴隶，但并非所有奴隶都像小说《斯巴达克斯》里描写的那样完全没有人身自由，天天戴着脚镣干繁重的体力活。用我们今天的话来说，古希腊很多奴隶其实属于白领，甚至是合伙人。他们可能是管家、家庭教师、乐师、画匠，甚至是店长——他们经营店铺，和主人分利。但不管奴隶的物质生活水平怎么样，是否有经济收入，他们都不是自由民，即便不少奴隶是有相当的人身自由的。

古希腊的很多奴隶都不是文盲，他们也接受教育，能识文断字，但是他们所学的都是谋生的技能。因为不是自由民，他们就不具有社会主人的心态，不会去操心那些自由民要操心的事情，当然也不用学习自由民才要学的知识，以及行使社会主人权力所需要的素养。因此，在古希腊，是否接受过通识教育，是区别自由民和奴隶的依据。

那么，接受了通识教育的希腊自由民做什么呢？大家看看苏格拉底的生活就知道了。他每天吃完早饭，和自己的泼妇老婆打个招呼，然后就到广场上去和别人辩论了。当然，遇到战争他也要去打仗，因为那是自由民的义务。

在过去物质不丰富的年代，人虽然是法律上的自由人，但是时间都用来获取谋生的基本物质了，想像苏格拉底那样生活和思考完全是奢望。因此，通识教育便无从谈起，甚至也没有必要。但是今天，中国人已经从法律上的自由人变成了经济上的自由人，接下来应该变成精神上的自由人，此时通识教育就显得特别有必要了。

当然，有人会问，你刚才提到的自由人应有的知识，能帮我多挣钱吗？能让我在单位提升两级吗？或许不能，或者说不能直接实现你的需求，因为它们和挣钱的技能无关。但是，如果你把自己当作这个世界的主人，要享受这个世界，就如同当年古希腊的自由民享受自由一样，就需要有主人的学识。**人要想成为社会的精英，首先要在精神上成为精英，这样才能以精英的方式思考，以主人的态度做事，才能超出常人。**

今天，中国的大学依然缺乏通识教育这个环节。虽然很多大学老师在为改变这种状态而努力，但是大家不可能等到大环境完全塑造好了才开始对自己进行通识教育。另外，很多教育工作者依然体会不到通识教育对一个人长远发展的重要性，片面地认为教育的目的是培养有知识的劳动者，而不是培养社会的主人。比如说，很多高中为了高考，把原本该有的通识教育省略了。相比之下，那些世界顶级名校在通识教育方面做得要好得多。哈佛大学一直很自豪地讲，它为学生开设了6000多门课程，其中绝大部分课程和谋生没有直接关系，相当多的课程都属于通识课。这样学生可以以自己为中心，把自己当作学校的主人，不管想学习什么知识都能学得到。在美国，开这么多门课的大学并不少。

中国通识教育的另一大问题是知识的结构化缺失。很多人说，我在中学也努力学习过语文、历史，或者数学和科学，但不知道平时有什么用。多年前，我写了《数学之美》一书，很多读者看了之后说："哦，原来数学可以这么用。"硅谷一些中学生见到马斯克时问他，在大学里学什么才能成为企业家。马斯克总是不假思索地说，像我一样学物理，因为你会因此有一种最适合这个世界的思维方式。可见，在马斯克心里，物理学的那些知识并不重要，重要的是物理学的思维方式，然后做到一通百通。这也道出了**通识教育的本质，即能够将这些知识用于许多地方，而不仅仅是直接用来做**

具体的事情。为此，通过通识教育，理解知识的结构化和关联性很重要。

如果你已经认可了通识教育的重要性，恭喜你，也欢迎你阅读得到图书出品的这一系列通识讲义。得到的创始人、管理层和为大家提供知识服务的员工，都有帮助中国所有上进的人补上通识教育的缺失这样一种远大的理想。因此，我在和他们谈出版一系列通识教育讲义的时候，他们都非常支持。事实上，得到 App 已经开设了上百门高水平的通识课。当然，出版通识教育讲义是一个大工程，哈佛大学的那 6000 门课也不是一天开出来的，更没有人能够全部学完。因此，在第一阶段，这个系列的通识讲义只集中在最基础、每个人都需要了解的知识体系上。在此基础上，我们会继续推出各个专业的通识讲义。最后，还会有与个人兴趣、工作性质相关的专题类的通识讲义。

在大的通识教育体系中，我就相当于早上了两年课的大师兄。我根据自己在职业生涯中的体会，总结出了师弟师妹们必须学的知识。通过学习这些知识，你的思维方法和做事水平会得到明显的提升。

这套基础通识讲义会包括十类核心学科，分别是：

- 数学；
- 逻辑学；
- 语文、文学和写作；
- 文明史；
- 自然科学；

· 经济、金融、管理和投资；

· 信息科学；

· 人文地理；

· 音乐和艺术；

· 政治学、哲学和军事。

上述每一个通识讲义的单本，都会包括精选出的每个人都应该了解的知识点，它们的来龙去脉和用途，它们在学科体系中的地位，它们对人类的思维和认知起到过什么作用，以及它们对我们认知升级有什么帮助。

作为通识教育的数学应该是什么样的

如果要问人类的理性精神最具持久力和影响力的知识体系是什么，答案是数学；如果有外星高等文明想和人类进行交流，最方便的语言是什么，答案也是数学。

数学一方面在人类的文明史上享有巨大的声望和荣誉，给我们的文明带来了发展的动力和手段，另一方面却也让很多人感到自卑，并因此被人们厌恶。后一种结果当然不是数学本身的问题，甚至也不能怪那些学不好数学的人，主要是因为我们的教法有问题。我们没有把学生当作未来的自由人来教，更没有考虑到每个人的接受能力之间存在巨大的差异。

1.为什么要学数学通识

2017年，原央视主持人、今天颇有成就的媒体人请我和王渝生先生（原中国科技馆馆长，科学史专家）做一期有关数学的节目。在节目开始前，主持人问我，她高考时数学不及格，是否是学渣啊？我说，你能有今天这样的成就，显然不可能是学渣。数学没学好，不是你的问题，恐怕是教学的方法和考量学生的方法不对。然后我就告诉她美国顶级的高中和大学是怎样教数学的。

美国最好的高中，会把数学由一门课变为8～10门内容不同的课程，每门课常常还要开设A、B、C三个难度不同的班。比如几何学会被分为平面几何A、B和C，立体几何B和C，三角学B和C，解析几何A、B和C，以及微积分先修课B和C等各种课程和班级。入门的那几门数学课足够浅显。比如平面几何的A班，讲清楚几何学的原理和用途，以及推理的方式就好了，根本不会让学生去做那些比较难的证明题。在几何中，像点、线、面、三角形、四边形和多边形这些概念，以及平行、垂直等关系，其实对任何人都不难，任何学生只要别太偷懒，把这些搞懂了总是做得到的，这样他在平面几何A班就能得到好成绩。

说到这里，我问那位主持人，这些内容，这样的教法，你总能考90分吧？她很有信心地说，那当然呢！但是她又有点担心地问我，如果是这样的话，谁还会去上难的数学课呢？我说在美国申请大学的时候，如果别人成绩单上有6门数学课，而且都是高难度的，而你只上了两门数学课，还是难度最低的，大学录取时你自然会在数学上吃点亏。但是，由于你少学了数学，将时间用于了个人更喜欢的文学和历史，在这些方面多学了很多课程，在申请那些更适合自己的大学时，一定比学了一堆数学的人有优势。更重要的是，虽然你上的数学课不算多，也不难，但好歹掌握了一些内容，相应的思维方式学会了，如果将来真想再学点，还是可以继续学的。否则学了一大堆理解不了的、考试考不过的内容，不仅浪费时间，而且本来能学会的简单内容也学不好。很多人因为做不出那些数学难题，从心里已经放弃了数学，以至于很多简单的数学知识也全忘光了。

把自己能够学懂的数学学好，对每一个人都有巨大的好处。对于理工科或者商科的学生来讲，他们的感受可能会比较明显，因为数学是自然科学以及许多学科的基础。但是，对于学习人文和社会学科、甚至学习艺术的人来讲，学懂数学也同样有好处，因为它可以帮助我们培养起比较独特的思维方式，看问题会比较深入，并且能够把各种知识体系关联起来。

读到这里，细心的读者可能注意到了，我刚才用了“能够学懂的数学”这个词，而不是泛泛地在谈数学。这也意味着，对于数学通识教育来说，讲什么内容很重要。如果把人类的知识体系用学科来划分的话，数学可能是最庞大的一个，因此要想用一本书完整地介绍数学，几乎是不可能的事情。所幸，作为通识教育，读者其实不需要了解数学的每一个分支，更不需要掌握那些分支中最难的内容，甚至都不需要听说那些分支名称，因为数学的各个分支，从体系的构建到研究方法、再到应用方法，都是共通的。因此，我在选取本书内容时，完全是围绕着帮助大家理解数学的底层逻辑和方法这样一个明确的目标进行的。

对于已经走出校门若干年的成年人来讲，再回过头来接受数学通识教育的目的是什么？其实只要能够把自己对数学的理解从初等数学上升到高等数学，就足够了。当然，很多人会讲，我在大学里已经学了高等数学，怎么能说我的理解还在初等数学水平上呢？学过高等数学的知识，和思维方式上升到高等数学的层次是两回事。不信的话，你不妨问问自己，大学毕业后可曾用过一次微积分？如果一次都没有用过，是否有其他的收获？据我的了解，在学过微积分的人中，99%以上的人都没有觉得自己受益于这门课。那么大家是否想过，为什么大学一定要学习微积分呢？

其实在大学教授微积分是很有道理的，它能够帮助一个年轻人把自己对世界、对变化、对规律的理解，从静态的、孤立的和具体的层面，上升到动态的、连续的和规律性的层面。大家会在后文我介绍导数、微分和积分这些概念时看到这一点。学完微积分后的十年，哪怕一道题都不会做了，也没有关系，这种看待世界、处理问题的方法一旦形成、并变为习惯，你就比同龄人不知道要高出几个层次了。做到这一点，才算是进入到高等数学的认知水平。对于即将进入高中的学生来讲，更早地从这个角度、带着这个目的学习数学，效果不知道要比背定理再刷题好多少。

如果我们把提升认知水平和掌握思维方法作为学习数学的目的，其实根本不需要面面俱到学习非常多的内容，重要的是通过一些线索将各种有用的知识点贯穿起来，理解数学的方法，并利用好那些方法。为了达到这个目的，我精心挑选了这本书的内容，并且按照便于提升认知的方式，将它们组织了起来。

2. 书里有什么内容

在**基础篇**中，我们要讲述数学是什么，它和自然科学有什么不同，人类在数学方面的认知是如何发展的。当然，这样空洞的讲解没有意思，我们需要一个线索，一些实例，将相关的知识点和方法串联起来，这个线索就是毕达哥拉斯。从毕达哥拉斯出发，我们会串起下面诸多的知识点。首先自然是他得以出名的毕达哥拉斯定理，也就是我们所说的勾股定理。我在书中会详细分析为什么东方文明更早地发现了勾股数的现象，却没有提出这个定理。这件事可以帮助我们理解什么是定理，以及怎样发现定理的问题。

毕达哥拉斯另一个了不起的成就是算出了黄金分割的值。从黄金分割出发，毕达哥拉斯发现了数学和美学的关系，并且开始用数学指导音乐。我们今天使用的八度音阶，就始于毕达哥拉斯的数学研究。从黄金分割出发，我们就可以得到人们熟知的斐波那契数列，从这个数列入手，我们就能了解数列以及级数的特点。

毕达哥拉斯可以讲是数学史上的第一人，他开创了纯粹理性的数学。但是毕达哥拉斯也有他的局限性——否认无理数的存在，这是他最被后人诟病的地方。说起来，无理数的发现恰恰是毕达哥拉斯定理的一个直接推论，但是据说他对此假装视而不见，而且还把提出这个问题的学生害死了。对此，今天很多人说他无知、顽固、拒绝接受真理等。其实这只是站在普通人的角度理解毕达哥拉斯的行为。如果我们了解这样一个事实，即在当时人们所知的有限的数学领域中，毕达哥拉斯是这个体系的教主，他需要这个建立在逻辑之上的体系具有一致性和完备性，而逻辑上的一致性也是数学最基础的原则。因此，当他发现无理数的出现会破坏他所理解的数学体系的一致性和完备性、动摇数学大厦时，他就采取了教主们才会采用的激进行为。毕达哥拉斯的错误在于，他不懂得要维系数学这个体系的完整性需要定义新的概念，比如无理数，而不是否认它们的存在。无理数的出现是数学史上的第一次危机，危机解决之后，数学反而得到了更大的发展，并没有像毕达哥拉斯想的那样崩溃。

从上述这些内容中你会看到，通过毕达哥拉斯，我们把数学中那么多看似孤立的知识点串联了起来。通过这一篇，大家就能体会数学是什么样的体系；东方文明所发现的数学知识点和完整数学中的定理有什么区别；一个定理被发现后，会有什么样的自然的推论出现，然后又如何与其他知识体系联系起来，并且有什么实际应用。

在**数字篇**中，我们的线索是数学中最基本的概念——数。你会看到这个概念是如何起源、发展并且被不断地拓宽的。通过人类对数字这个概念的认识历程，你能体会到人类在思维工具上的进步——从具体到抽象、再到完全的想象。一个人对数这个概念理解程度的高低，反映出他在数学上认知水平的高低。

照理讲，我们的认知水平应该随着所学内容难度的提升而提升，但是通常不是如此。在大学学习有关数字的概念时，很多人对数字的理解方式还停留在小学阶段。比如，对于无穷大和无穷小这样的概念，很多人依然以为它们只是巨大的数字和极小的数字。事实上它们和我们日常遇到的具体数字不同，它们代表的是变化的趋势和变化的快慢。因此，从小学到了大学，大家对数字的理解就应该从静态发展到动态，但是实际情况并非如此。

如果一个人用小学的思维方式学习大学数学的内容，一定会觉得非常难，这是很多人后来数学学不好的原因。但这并不能怪学的人，因为很多的数学课程，都是把学生当作未来的工匠来教的，教给学生们的都是一些能够让他们更好地干活的知识。因此，当学生一旦发现某些知识和将来干的活没有关系，就直接放弃了，或者混个说得过去的成绩就可以了，而不会去想它和我认知水平的提高有什么关系。反过来，如果我们放弃掉教授学生具体技能这个目的，而是让他们通过认识数字从自然数到负数、从整数到有理数、从有理数到实数、从实数到复数，最后从有限的数到无限的数这一个发展的历程，理解数学作为工具的作用，了解人类的认识从具体到抽象、从有限到无限的过程，就更容易掌握数学方法的精髓了。

随后两篇的内容集中在我们熟知的几何学和代数学上。它们不仅是数学的两大支柱，更重要的是，它们的发展历程反映出了数学体系化建立的过程。

在**几何篇**中，我们将重点放在几何的公理化体系上，这是几何学最大的特点，也让几何学成了逻辑上最严密的数学分支。通过几何学的产生和公理化过程，你可以看到数学是如何从经验发展起来，逐渐构建成逻辑严密的知识体系的。人类在搭建几何学大厦时，先是有了一些直观认识，然后从一些例子中总结出一个被称为引理的简单规律，引理的扩展可能会导致定理的出现。定理会有自然的推论，最后无论是定理还是推论，都会有实际的应用，即便有些应用上百年后人们才找到。这既是数学发展的过程，也是我们组织本书内容的思路。在以后的篇章中你也会看到，微积分、概率论是如何从经验变成公理化体系的。需要指出的是，数学的很多应用并非都是直接的应用，它对其他知识体系具有借鉴意义，因此我们会讲到数学公理化的体系对法学的影响。

在**代数篇**中，我们会重点介绍函数、向量和矩阵。函数这个概念的发明，让人类的认知从个体上升到整体，从点对点的单线联系上升到规律性的联系。理解了这一点，我们就从小学思维上升到中学思维了。从小学到大学，对于数字的理解，需要从单纯理解数字的大小，发展到理解它的方向性，这就是向量的概念。有了向量，代数就从中学的初等代数，进入到了大学的高等代数。很多向量放到一起，就形成了矩阵。在今天矩阵有很多的用途。作为数学通识课，我们是以提高认知为优先、介绍知识点为辅助，之所以挑选函数、向量和矩阵这三个概念来介绍，就是出于这样的目的。

接下来是**微积分篇**。微积分是高等数学中最重要的分支，也是初等数学和高等数学的分界点，因此很多人见到微积分三个字会知难而退。但是，我们在数字篇中会把微积分中最难的内容提前讲述，因此到学习这一篇时，大家可能会觉得简单很多。对于微积分，我们重点还是要说明它和初等数学的工具有什么不同，进而再教给大家两个思考工具：一个是从静态积累到动态变化，另一个是从动态变化到静态积累。比如我们工资的上涨和财富增加的关系，就是属于后者。微积分的发明者牛顿和莱布尼茨的伟大之处在于，他们将数学的关注点从对静态关系的研究转变成了对动态规律、特别是瞬时规律的把握。理解这一点，并且主动应用到工作中，是我们学习微积分的目的。至于那些很难的概念，解题的技巧，其实远没有大家想象的重要。

再往后，我们就要从确定性的世界进入不确定性的世界，这就是**概率和数理统计篇**的内容了。从初等数学到微积分，人类对规律的把握越来越确定、越来越精细，这是近代之前数学发展的脉络。但是到了近代，很多现实问题很难有完全确定的答案。于是，为了研究不确定性世界的规律性，概率论和统计学发展起来了。概率论和统计学在今天充满不确定性的世界里非常重要，也是所谓的大数据思维的科学基础。

到此为止，理工科大学生所需要具备的数学基础就介绍完了。纵观数学发展的历程，以及人类的数学思维不断拓展的历程，我们可以看到这样的趋势：从个案到整体规律，从个别定理到完整的知识体系，从具体到抽象，从完全的确定性到把握不确定性，这既是人类认知升级的过程，也应该是从小到大接受知识、提高认识的过程。

讲述完数学纵向发展的历程，我们还要将数学放回到人类整个知识体系中来看待，这就是我们在最后一篇**终篇**中所要讲述的内容，即数学在人类知识体系中的位置。很多时候，数学不能直接解决我们的实际问题，但是它能够给我们提供一个思路。对数学理解到这个程度，才能算是完整的。

3.学完这本书能有什么收获

读完这本数学的通识讲义之后，希望大家能在这三个方面有所收获：

（1）增强判断力，遇到问题知道如何判断。

学数学的一个重要目的，是提高自己的逻辑推理能力和合乎逻辑的想象能力。有了这两种能力，我们就能够从事实出发，得到正确的结论，这就是判断力。

（2）增强解决问题的能力，对于一个未知问题，知道如何一步步抽丝剥茧地解决它。

再难的几何题其实最终都可以拆成那五个最基本的公理。在工作中，再复杂的问题，也能够分解为若干个简单的能够解决的问题。掌握了这个能力，就达成了通识教育的目的。

（3）增强使用工具的能力，遇到新的问题，知道用什么工具来解决，或者找谁来帮忙。

在书中我会向大家展示，很多人们原本以为是无解的数学难题，在有了新的数学工具之后，很快便迎刃而解，这便是工具的力量。善用工具，是我们人之所以为人的立足根本。

我在得到App开设“数学通识 50 讲”这门课程的过程中，特别要感谢得到的宁志忠先生和乔文雅女士，他们参与讨论了课程的提纲和内容，给予了我很多有价值的建议。在本书的成稿过程中，我的助教团队对书中的公式、图表及计算结果等进行了认真的核对，他们是：毕绍洋、刘星言、张梦祺、侯雅琦、张文道、金勇，在此向他们表示感谢。在本书的出版过程中，特别要感谢得到图书的白丽丽女士，编辑刘晓蕊女士和郗泽潇女士。她们帮助我调整了全书的结构，校正、修改了文字内容，让这些内容从讲义变成了结构严谨的图书。在此过程中，得到的创始人罗振宇先生和 CEO 脱不花女士给予了我很多的鼓励和帮助。此外，在本书的出版过程中，新星出版社的各位老师做了大量的工作。在此我向他们表示最衷心的感谢。最后，我要感谢我的夫人张彦女士、女儿吴梦华和吴梦馨对我创作工作的支持，她们作为课程最早的读者给予了我很多很好的意见。

基础篇

著名哲学家康德曾说："我断言，在任何一门自然科学中，只有数学是完全由纯粹真理构成的。"当然构建这种建立在纯粹理性之上的知识体系是非常难的，因为它和我们主观的、凭借直觉的思维方式相违背。

根据《时间简史（普及版）》和《大设计》的共同作者伦纳德·蒙洛迪诺（Leonard Mlodinow）在《思维简史：从丛林到宇宙》一书中的讲法，人类自文明诞生之初（从美索不达米亚的苏美尔文明算起），发展了几千年，形成的所有知识体系都只能算是"前科学"。"前科学"是一种好听的说法，难听的说法叫作"巫术式"的知识体系，因为它充满了主观色彩和神秘性。在所有早期文明中，唯一的例外是古希腊。但即使是在古希腊，我们所知的、很多在科学上有重大贡献的大学问家们，比如泰勒斯、赫拉克利特、亚里士多德，他们的思维依然是前科学的，而不是科学的。因为他们对客观世界的解释，虽然有基于客观现实的成分，但是依然加入了太多主观的想象。让古希腊文明在科学上和其他早期文明真正有所不同的，是一位划时代的人物——毕达哥拉斯。

毕达哥拉斯确立了数学的起点，也就是必须遵循严格的逻辑证明才能得到结论的研究方法，这就让数学从早期需要靠测量和观测的学科——诸如天文学、地理学和物理学中，脱离出来，成为为所有基础学科服务的、带有方法论性质的特殊学科。因此，毕达哥拉斯是将数学从经验上升到系统性学科的第一人。到了近代，大数学家和哲学家笛卡儿倡导理性思维，反对经验主义，就是在毕达哥拉斯方法的基础上进行的进一步的系统性拓展。这就是我们这本书要从毕达哥拉斯讲起的原因。

第1章

理解数学的线索：从毕达哥拉斯讲起

大家都熟知勾股定理，提出并证明了这个定理的人就是毕达哥拉斯，因此这个定理在西方被称为“毕达哥拉斯定理”，满足这个定理条件的任何一组整数也被称为“毕达哥拉斯数”。本章我们就从这个大家熟悉的定理出发，了解数学的特点和研究方法，特别是数学中的证明定理和物理学中的证实定律这两个概念的区别。

1.1 勾股定理：为什么在西方叫毕达哥拉斯定理

勾股定理讲的是直角三角形（图1.1）两条直角边a和b边长的平方和等于斜边c边长的平方，即：

$$a^2+b^2=c^2。\tag{1.1}$$

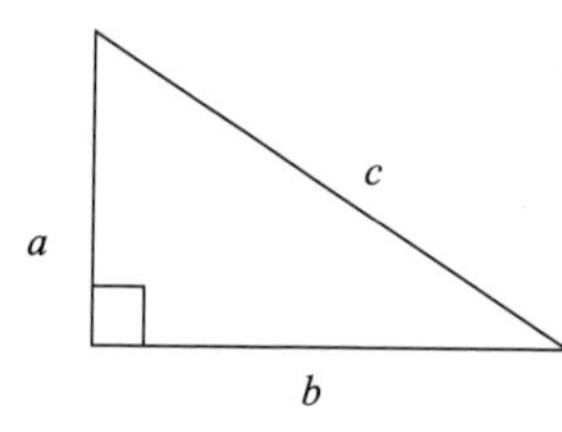

图1.1　直角三角形

这个定理在中国之所以被称为勾股定理，是因为勾和股是中国古代对直角三角形两条直角边的叫法。不过在国外，这个定理却被称为毕达哥拉斯定理。这两种命名哪一种更符合数学的习惯呢？这就涉及在数学中什么才算是定理这样一个非常基本的问题了。

我们的中学老师通常这样讲：勾股定理是中国人最先发现，因为据西汉《周髀算经》记载，早在公元前1000年的时候，周公和商高这两个人就谈到了"勾三股四弦五"这件事。周公和商高生活的年代比毕达哥拉斯（约公元前580年—约公元前500年）早了500年左右。根据荣誉属于最早发现人的惯例，这个定理被称为勾股定理或者商高定理是合理的。

但是这样的说法有意无意地回避了一个疑点：在比周公和商高更早的时候，是否就有人知道了类似3，4，5这样的勾股数？

这个问题的答案其实相当明确。比周公和商高早1500年，古埃及人建造大金字塔时就已经按照勾股数在设计墓室的尺寸了。此外，早在公元前18世纪左右，美索不达米亚人就知道很多组勾股数（包括勾三股四弦五），而且留下了不少实物证据——耶鲁大学的博物馆里就保存了一块记满勾股数的泥板（如图1.2所示）。他们所获知的一组最大的勾股数是（18 541，12 709，13 500），能发现这么大的一组勾股数非常不容易。

图1.2　记录勾股数的泥板

既然如此，为什么数学界并没有将这个定理命名为埃及定理或者美索不达米亚定理呢？

这个问题的答案也很简单，所有这些古代文明不过是举出了一些特例而已，甚至都没有提出关于勾股定理的假说，更不要说证明定理了。

上述两个问题在教学中通常不会被提及，这就使学生们忽略了特例和数学定理其实是完全不同的，也没法知道数学的定理和自然科学——比如物理的定律的根本不同。而明白了这其中的区别，是中学生和大学生学好数学和科学的前提。

关于数学上的定理，首先，我要说明的是，找到一个特例和提出一种具有普遍意义的陈述，是完全不同的两件事。“勾三股四弦五”的说法和“两条直角边的平方之和等于斜边的平方”这种陈述是两回事。前者只是一个特例，再多的特例所描述的规律，可能只适用于特例，而没有普遍性。虽然美索不达米亚人举了很多特例，而且没有发现例外，但是他们并没有做出一个明确的陈述，来非常肯定地讲清楚勾股定理适用于所有的直角三角形。一种具有普遍意义的陈述，其意义就要大得多了。它一旦被说出，就意味着对于任何情况都适用，不能有例外，非常绝对。在数学中，我们通常也把这种陈述称为命题。在古代中国，最早将勾股定理以命题的方式总结出来（但是依然没有证明），是在西汉人所写的《九章算术》中，那已经比毕达哥拉斯晚了400年左右了。

其次，命题还不等于定理。绝大部分命题都没有太大的意义。比如我们说“如果三角形中某个角是100°，它一定大于其他两个角之和”，这就是一个命题，而且是一个正确的命题，但是它没有什么意义。只有极少数一些描述数学本质规律的命题才是有意义的，因为从它们出发可以推导出很多有意义的结论。这样的命题会被人们总结出来使用，但是它们在没有被证明之前，只能算是猜想。而猜想和被证明了的定理依然是两回事。比如我们听说过的哥德巴赫猜想，庞加莱猜想等。尽管猜想和定理的差距很大，但猜想已经比举几个特例前进了一大步。

最后，有用的猜想从逻辑上被证明了，才能成为定理。比如说庞加莱猜想在被格里戈里·佩雷尔曼（Grigorg Perelman）证明之后，有时也被称为庞加莱定理。至于定理是用提出猜想的人的名字命名，还是用证明者的名字命名，在数学上都有先例。费马大定理最终是用提出猜想的人费马的名字命名的；而希尔伯特第十问题，则是用证明者的名字命名的，它今天被称为马季亚谢维奇定理。但是，从没有用发现简单现象的人的名字命名的先例。

讲到这里，大家可能已经体会出数学和自然科学（物理学、化学、生物学等）的不同之处了。虽然我们习惯上喜欢把数学和自然科学都看成是“理科”，但实际上学习和研究数学的思维方式和所采用的方法，和自然科学是完全不同的，主要可以概括为以下三方面。

1. 测量和逻辑推理的区别

我们知道几何学源于古埃及，当地人出于农业生产的考虑对天文和土地进行度量，发明了几何学。但是，度量出来的几何其实和真正的数学还有很大的差距。

比如说，古代文明的人们确实观察到勾股数的现象，他们画一个直角三角形，勾三尺长、股四尺长时，弦恰好就是五尺长，于是就有了“勾三股四弦五”的说法。但是这里面存在一个很大的问题：我们说长度是3尺或者4尺，其实并非数学上准确的长度。用尺子量出来的3，实际可能是3.01，也可能是2.99，更何况尺子的刻度本身就未必准确，这样一来“勾三股四弦五”就是一个大概其的说法了。此外，我们看到的直角是否真的就是90°，而不是

89.9°，也是个大问题。

为了让你更好地理解度量的误差和视觉的误差，我们不妨看这样一个例子。图1.3中左上方有一个8×8的正方形，它的面积是64，对此我们都没有疑问。接下来，我们按照图中所示的粗线将它剪成四部分，再重新组合，居然得到了右下方一个5×13的长方形，它的面积是65。

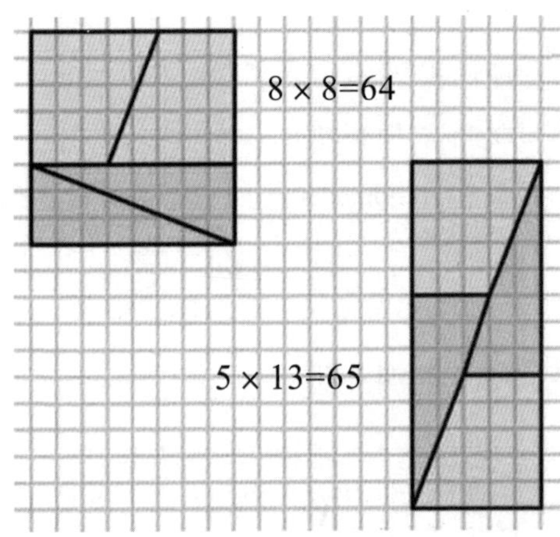

图1.3　面积为64的正方形，经过裁剪重新拼接后，面积变成了65

我们当然知道64不可能等于65，这里面一定有问题。那么问题在哪儿呢？其实，问题就出在四部分再拼接时并不是严丝合缝的，只不过缝隙较小，大部分人看不出来罢了。

当然有人可能会较真，说你把图画大一点，画精准一点，不就能看出缝隙了吗？这个问题或许还可以通过更准确的度量发现，但是如果我们画一个三角形勾等于3.5，股等于4.5，那么测量出来的弦大约是5.7，这个测量结果和真实值只有0.016%的相对误差（实际弦长大约是5.700877），古代任何测量都发现不了这么小的误差。这时我们是否能说“勾3.5股4.5弦5.7”呢？在数学上显然不能，虽然在工程上我们可以按这个数值制造器械。

在自然科学中，我们相信测量和实验观察，并且基于测量和观察得到量化的结论。但是在数学上，观察的结果只能给我们启发，却不能成为我们得到数学结论的依据，数学上的结论只能从定义和公理出发，使用逻辑，通过严格证明来得到，不能靠经验总结出来。

如果抛开误差的影响，3就是3，4就是4，5就是5，我们找到了很多勾股数的例子，是否可以认为早期文明的人们总结出了勾股定理呢？也不能，只能说他们观察到一些现象，而没有对规律进行陈述。我们在毕达哥拉斯之前的典籍中找不到这样明确的陈述。再退一步，如果能找到类似的陈述，也不等于发现了定理。这就涉及数学和自然科学的第二个主要区别——证实和证明的区别了。

2. 事实证实和逻辑证明的区别

在自然科学中，一个假说通过实验证实，就变成了定律。比如说，与牛顿同时代的英国科学家罗伯特·波义耳（Rober Boyle）和法国科学家埃德姆·马略特（Edme Mariotte）一同发现了物理上的一个现象，即一个封闭容器中气体的压强和体积成反比。这很好理解，因为体积压得越小，内部的压强肯定越大。这两个人通过很多实验，都证实了这件事，于是这个定律就用他们两个人的名字命名了：波义耳-马略特定律。

但是，如果有一个非常爱较真的人一定要抬杠，说波义耳、马略特啊，你们证实了所有的情况（各种体积和压强的组合）了吗？你们敢保证没有例外么？波义耳和马略特肯定会说，我们不敢保证没有例外，但是这个规律你平时使用肯定没有问题。果然，后来人们真的发现当压强特别大时，波义耳-马略特定律就不管用了，体积压缩不到这个定律所预测的那么小。但是这没有关系，在大多数条件下，这个定律依然成立。今天人们在做产品时，依然可以大胆地使用这个定律。

事实上，自然科学的定律和理论，尽管我说被实验证实了，但其实实验的置信度不可能是100%，都存在一个很小的被推翻的可能性。比如，我们证实引力波的实验，也只能保证结论99.9999%正确的可能性；证实希格斯玻色子的实验，只能保证结论99.99%正确的可能性。

和自然科学不同的是，在数学上，决不允许用实验来验证一个假说（在数学上常常被称为猜想）正确与否。数学的结论只能从逻辑出发，通过归纳或者演绎得出来。它要么完全正确，没有例外；要么会因为一个例外（也被称为反例），被完全否定掉，没有大致正确的说法。这里面最著名的例子就是哥德巴赫猜想，即任一大于2的偶数都可以写成两个素数之和。今天人们利用计算机，在可以验证的范围内，都验证了这个猜想是对的，但是因为没有穷尽所有的可能，就不能说猜想被证明了。因此，我们依然不能在这个猜想的基础上，构建其他的数学定理。

定理和定律这两个词在汉语中写法和读音都相似，容易混淆。但是在英语中，定律是law，意思是一般性的规律，而定理是theorem，是严格证明、没有例外的规律，它们的差异是非常明显的。

3. 科学结论相对性和数学结论绝对性的区别

为什么数学要那么严格？为什么数学中的定理不能有任何例外、更不能特殊情况特殊处理呢？因为数学上的每一个定理都是一块基石，后人需要在此基础上往前走，尝试搭建一块新的基石，然后数学的大厦就一点点建成了。在这个过程中不能有丝毫的缺陷，一旦出现缺陷，整个数学大厦就轰然倒塌了。

还是以勾股定理为例，它的确立，其实教会了人们在平面上计算距离的方法。在此基础之上，三角学才得以建立，笛卡儿的解析几何才得以确立，再往上才能建立起微积分，才有傅立叶变换等数学工具，以及最优化的很多算法。此外我们后面要讲到的无理数、黄金分割，都和该定理有关。人类今天发明的各种科技，像无线通信、航天、机器学习等，又依赖于这些定理和数学工具。如果出现了一个违反勾股定理的例子，不仅这个定理失效，而且整个数学大厦都要轰然倒塌，依赖于这些数学结论做出的科技产品，也就时灵时不灵了。

理解了数学定理的确立过程，以及它随后产生的巨大影响，我们就清楚定理和定理的证明在数学中的重要性了。正是因为这个原因，西方才将勾股定理命名为毕达哥拉斯定理，以彰显他的贡献。关于这个定理的证明，我会在几何篇中做介绍。在本书中，依照大家的习惯，我依然将这个定理称为勾股定理，除非要特别强调毕达哥拉斯对此的贡献。

有了一个个的定理，数学大厦得以建立起来，而且这个建立在逻辑推理基础上的大厦很牢固。如果有平行宇宙存在，我们这个宇宙中的物理学规律、化学规律很可能在其他的宇宙中不再适用，但数学中的定理会依然成立。

在数学上，当一个新的定理被证明后，就会产生很多推论，每一个推论都可能是重大的发现，甚至能带来人类认知的升级。比如，勾股定理的一个直接推论，就是无理数的存在。

本节思考题

1. 在物理学中，从不同的角度理解光，会得到粒子说和波动说两种解释，为什么数学从两个角度证明一个定理，不会得到不同的结论？

2. 如何证明图1.3中，8×8的正方形在裁剪拼接后，存在缝隙？

扫描二维码

进入得到App知识城邦"吴军通识讲义学习小组"

上传你的思考题回答

还有机会被吴军老师批改、点评哦～

1.2 数学的预见性：无理数是毕达哥拉斯定理的推论

无理数的发现，可以认为是毕达哥拉斯定理的一个直接结果。

在毕达哥拉斯所生活的时代，人们认识到的数只限于有理数，也就是我们平时所说的分数，它们都具有 p/q 这样的形式，其中 p

和 q 都是整数，比如2/3。当然整数本身也是一种特殊的有理数，它们的分母都等于1。有理数有一个非常好的性质，任何两个有理数进行加、减、乘、除运算后（0做分母的情况除外），得出的还是有理数，[①]这非常完美。

毕达哥拉斯有一个很怪的想法，他坚信世界的本源是数字，而数字需要是完美的。有理数的上述特点恰巧符合毕达哥拉斯对完美的要求——有理数的分子分母都是整数，不会是零碎的，而且经过运算之后依然有这样的性质。

但是，勾股定理被他证明之后，麻烦就来了。

1.引发数学危机的无理数

当我们用毕达哥拉斯定理重新审视一遍所有的数字时，就会发现数字的完美性被破坏了。假如某一个直角三角形的两条直角边长都是1，那么斜边该是多少呢？根据勾股定理，它应该是一个自己乘以自己等于2的数字。从大小来看，它应该在1和2之间，但问题是，这个数字是否是有理数？！

根据毕达哥拉斯关于所有的数字都是有理数的认知，它必须是有理数啊，我们不妨称这个有理数为 r。既然是有理数，r 就应该能够写成 p/q 的形式，其中 p 和 q 都是互素的整数[②]，r 的平方恰好等于2，即 $r^2=2$。注意一下，这里 p 和 q 需满足三个条件：

---

① 这种性质也被称为运算的封闭性。

② 互素指的是两个数写成分数的形式时不可再约分。比如$\frac{5}{8}$，5和8互素，而$\frac{10}{16}$还能再约分，10和16就不互素。

（1）p，q都是整数；

（2）p，q互素。我们要特别强调一下，p和q不可能同时被2整除，因为如果能够被2整除，我们可以对r做一次约分，最终让p和q互素；

（3）p/q的平方等于2。

这三个条件能否同时满足呢？答案是不能。我们不妨用数学上的反证法证明一下。具体的思路就是，先假定上述三个条件都满足，然后我们来找出矛盾之处，这样就推翻了原来的假设。①

首先，我们从上面第三个条件出发，得知$p^2/q^2=2$，于是就有：

$$p^2=2q^2。$$

接下来我们来看看p是奇数还是偶数。由于上面的等式右边有一个因子2，那么，等式左边p的平方必然是偶数。奇数的平方不可能是偶数，所以p必须是偶数。既然它是偶数，我可以把p写成$2s$，即$p=2s$，s也是一个整数。这时，我们可以用s替换p，上面的等式就变为了：

$$4s^2=2q^2，$$

这个等式的两边显然都可以被2整除，除以2之后，得到：

$$2s^2=q^2。$$

这时再来考察一下，q是偶数还是奇数？由于上面的等式左边有一个因子2，同样的道理，q必须是偶数！

这下子问题来了，怎么p和q都是偶数呢，这不就和上面的第

---

① 数学中“反证法”的另一种做法是找到一个反例。只要有一个反例存在，就足以推翻数学中的一个命题或是定理了。

二个条件，即p和q需要互素产生了矛盾吗？造成上述矛盾结果的原因只能有三个：

（1）数学推导过程出了问题；

（2）我们的认知出了问题，也就是说，并不存在一个有理数，它的平方等于2；

（3）数学本身出了问题，比如毕达哥拉斯定理有问题，或者说世界上有不符合毕达哥拉斯定理的直角三角形存在。

我们先检查一下推导过程，发现它没有问题。因此，要么是数学本身错了，要么是我们的认知错了。

毕达哥拉斯定理的证明是通过严格的逻辑推导出来的，它不会有错，因此只能是我们的认知错了。也就是说，存在一种数字无法写成有理数的形式，它们是无限的、不循环小数。在这样的数中有一个自己乘以自己是等于2的。我们今天把这个数字称为根号2（$\sqrt{2}$）。这类的数字其实有很多，它们被统称为无理数。

据说毕达哥拉斯的学生希帕索斯（Hippasus）最初发现了上述矛盾，于是就去和他的老师讲了。而毕达哥拉斯是个有唯美主义洁癖的人，不允许数学中有不完美的地方。出现无限的、不循环小数，在毕达哥拉斯看来是数学的漏洞，但他又无法把这一问题圆满解决，于是他决定当鸵鸟，装作不知道。这就是数学史上的第一次危机。当希帕索斯提出这个问题时，毕达哥拉斯决定把这位学生扔到海里杀死，好把这件事隐瞒下来。

当然，像$\sqrt{2}$这样的无理数存在的事实，却不可能一扔了之。无理数是客观存在的，毕达哥拉斯是隐瞒不住的，这件事成了这位确立了数学在人类知识体系中基础地位的大学问家的一个污点。另外，无理数的危机也带来了一次数学思想的大飞跃，它告诉人们，人类对数字的认识还具有局限性，需要有新的思想和理论。认识本身不能有禁区，那些事先为科学设定的条条框框，最终都不得不被抛弃掉。

2. 数学带我们走出认知的盲区

无理数的危机这个例子能给我们带来什么启示呢？

在遇到数学和现实生矛盾时，我们需要先仔细检查推理的过程是否有疏漏，这种情况占大多数。比如我们看这样一个方程：

$$3x=5x,$$

这个方程本身没有问题。但我们两边同时除以x就得到3=5，这显然不对。那么问题出在哪里呢？出在推导的过程：如果x等于0，就不能在等式两边除以x了。而在上述方程中，恰巧x等于0。

毕达哥拉斯定理和$\sqrt{2}$不是有理数这两个结论的推导过程都没有问题。在排除了推导的错误之后，接下来最有可能的情况就是，我们的眼睛和认知欺骗了我们：我们以为所有的数都是有理数，但其实还有无理数的存在。在这种情况下，危机常常反而是转机。在科技历史上，很多重大的发明、发现恰恰来自上述的矛盾。在数学史上，除了无理数被发现之外，几个重大的事件，比如无穷小概念的提出，对无穷大的重新认识，以及公理化集合论的确立，都和这些矛盾有关。这些矛盾会造成一时的数学危机，但是，人们在化解了危机之后，就会拓展认知，建立起新的理论。不仅数学本身的很多进步来自看似矛盾的危机，科学上很多重大的预言也缘于此。

几年前，约翰·霍普金斯大学的天体物理学家亚当·赖斯（Adam Reiss）教授曾给我们讲过一堂课，我至今记忆犹新。这堂课让我坚定了对数学本身的信心。赖斯等人通过计算，发现宇宙的质量是负数，这怎么可能？难道是数学错了，还是我们对宇宙的理解完全错了？赖斯在做了仔细的检查后首先排除了推理有误的可能性，然后他们不得不承认数学的结论是对的，出错的是我们的眼睛（包括观测的仪器）。于是，他们认定宇宙中一定存在我们看不见、更不了解的东西，就是所谓的暗能量，赖斯等人也因此获得了2011年诺贝尔物理学奖。

在科学史上，很多重大的发现最初都不是直接和间接观测到的，而是根据数学推导出来的。往远了讲，血液循环论、自由落体原理、现代原子论，往近了讲，黑洞理论、引力波理论，最初都是建立在数学推导上的假说，然后才逐渐被实验验证的。

世界上有很多我们不能依靠直觉和生活经验理解的事物，但是我们可以从数学出发，经过一步步推导得到正确的结论，甚至不需要亲力亲为地做一遍就知道我们的结论一定是正确的。这就如同你不需要会踢足球就可以评论足球一样。当然，做出准确的判断和预言，需要把握住一些准则，而数学就是这样的准则。

康德讲："世界上只有两样东西是值得我们深深景仰的，一个是我们头上的灿烂星空，另一个是我们内心的崇高道德法则"。他所说的星空，其实就包括数学这样的知识体系。对于很多云山雾罩的事情，我们只需要在逻辑上推演一遍，就能把问题的真相搞清楚了。

本节思考题

如何证明$\sqrt{\frac{2}{3}}$是无理数?

1.3 数学思维：如何从逻辑出发想问题

1. 非数学思维VS.数学思维

在讲什么是数学思维之前，先要说说什么不是数学思维。

首先，听众人的意见不是数学思维。数学不是民主决策，赞同的声音越大越正确。事实上很多人凑在一起，智商常常不是增加而是下降，这就是所谓的群体效应。

其次，听专家的意见不是数学思维。很多人在做判断时会相信专家，绝大多数时候，这是一个好的习惯，但是专家也会有漏判和误判的时候。这里我想以一个例子来说明。2008—2009年的金融危机是历史上危害仅次于1929—1933年全球大萧条的经济危机，它让很多家庭倾家荡产，包括很多极为富有、受教育程度很高的人。在金融危机之后，英国女王问全世界的经济学家们，这么大的危机，这么明显的问题，你们这么多人怎么没有一个人预测到呢？这让经济学家们很没面子。

其实女王多少有点错怪经济学家这个群体了。整体来看，他们当时确实是过于乐观了，但是也有一些经济学家之前确实做过很多预警。而那些被预警的问题，一旦引起注意后，大多会被防范，之后就不再是问题。因此换一个角度讲，经济学家们已经帮助我们避免了很多次的经济危机了。当然，经济学家们也不是神，总会有误判的时候，当大部分人都出现误判时，真正的危机就来了。但是，在那次金融危机中，还是有一些人利用数学思维避开了风险，而且赚得盆满钵满，这一点我们在后面会讲到。

最后，数学思维不是通过以往的经验或者多次试验得到结论。这种方法更像是自然科学的思维方式，而不是数学的。事实上，很多时候，通过大量试验所得到的结果依然可能是错误的。比如我们要比较 $10\ 000x$ 和 x^2 哪一个大，如果从 $x=1$ 开始试验，一直试到 100，都是 $10\ 000x$ 大。但是如果我们因此而得到结论 $10\ 000x>x^2$，那就错了。那么可能有人会问，为什么不直接试试 $x=20\ 000$ 呢？因为人们能够想象到的例子常常受限于自身的认知。如果一个人平时接触的数量通常都是个位数的，他就很难想到 10 000、20 000 这些大很多的数。

还是在 2008—2009 年的金融危机中，有一次摩根士丹利私人财富管理部门召集客户们（都是非常有钱的人）开会分析当时的金融状况。主讲人说，根据历次经济危机股市的表现，只要实体经济没有受到重创，股市通常会下跌 1/4～1/3。一位参会者马上就说："先生，你太乐观了，我们现在正在创造历史"。这位发言者的话很快被证实了，因为股市很快就跌了一半。这说明人的经验通常是有局限性的。

那么什么是数学思维？它是从不可能变的事实出发，利用逻辑找出矛盾，发现问题，然后再设法解决问题。什么是不变的事实呢？比如说宇宙中基本粒子的数量是有限的，任何经济增长都不可能是长期翻番的，这些就是不变的事实。具体到金融中，一个不变的事实就是，任何建立在空中楼阁之上的复利增长都难以持续，比如庞氏骗局。

2.数学思维告诉我们不能做什么

在2008—2009年金融危机中，有不少人靠各种智慧避开了厄运，甚至大赚特赚了一笔。这其中就包括商业嗅觉敏锐的人和善于运用数学思维的人。

像巴菲特这样的人，他们能够避开厄运靠的就是长期以来培养出的商业嗅觉。巴菲特讲，那些金融衍生品被包装到大家看不懂的地步，一定是为了掩盖很多真相，他坚决不参与那场赌博。这与其说是投资的智慧，不如说是人生的智慧，这种智慧常常不可复制。

另外还有一类人，则是靠数学思维赚了个盆满钵满。比如由数学家们创立和运作的对冲基金公司文艺复兴科技公司（Renaissance Technologies Corp.），2008年获利80%，而同期的股市则被“腰斩”了。不过这些人出于自身利益的考虑，只是闷声发大财，不对外说，因此外面的人大多不知道。不过其中一些人利用数学发现问题的故事还是广为人知的，比如迈克尔·伯里（Michael Burry），他的故事还被拍成了电影《大空头》。

伯里并不是职业投资人，而是一位数学很好的医生。他做判断的逻辑其实很简单，就是我们常常说的“建立在空中楼阁之上的复利增长”从数学上讲是无法长期为继的。听说过印度国际象棋故事的人都知道，如果翻番增长 64 次，一粒麦粒变出来的数量比全世界收获的麦粒都多，这个道理大家都懂。但是，如果换一种表述方式，绝大部分人就糊涂了。比如某个家族的财富每年增长 7%，有没有可能持续几千年？很多人觉得有可能，因为每年 7% 似乎不是什么了不得的事情，而且美国的股市确实在上百年的时间里，做到了这样的增长。但是，如果真的按照这样的增长速度持续两千多年，当年的陶朱公范蠡（中国古代有名的富豪）哪怕只给后代留下一个铜板，今天他的传人所拥有的铜钱的数量就要达到宇宙中原子的数量，这显然是做不到的事情。事实上，任何一种投资，在一开始基数较小的时候，很容易维持指数增长。但是，一旦基数变大，增长的速度就会慢下来，7% 变成 6%、5%、4%……如果还想不切实际地维持原来的增长率，那就是庞氏骗局了。

当庞氏骗局从翻番增长变为 7% 的增长，很多人就已经看不出来了。当它再被漂亮地包装几次，就更不容易识别了。导致 2008—2009 年金融危机的，恰恰是一种包装得很漂亮的庞氏骗局，它的核心是一种叫作 CDS（信用违约互换）的金融衍生品。直到今天依然有一些智商不低的职业投资人坚持认为 CDS 不是庞氏骗局。这不是因为他们的专业知识不够，而是因为他们不具有数学思维。至于我们为什么认定 CDS 是庞氏骗局，大家看看它的实质就清楚了。

CDS 的发明和克林顿担任美国总统时的一项政策有关：即为了让本来付不起首付的穷人也能买房子，允许银行在提供通常的房贷之外，还提供购房首付款的贷款。比如弗洛伊德先生想买一栋 100 万的房子，通常他必须先支付 20 万的首付，才有资格从银行获得

80万的贷款。如果他没钱支付首付款，就没有办法购房。但这项政策允许他从A银行获得正常的80万贷款的同时，还可以通过支付较高利息的方式从B银行获得针对20万首付的贷款。为了区分这两种贷款，前者我们也称之为初级贷款（primary loan），后者自然就被称为次级贷款（secondary loan），简称次贷。

次级贷款相比初级贷款有两个特点：

（1）利率高；

（2）风险大。风险大主要体现在出了问题之后，必须等到提供初级贷款的银行拿回钱之后，才轮到提供次贷的银行拿钱。比如弗洛伊德先生断供了很长时间，银行被迫收回房子拍卖，A银行会先拿回自己的80万贷款，剩余的钱，才轮到B银行拿回。

如果房价一直上涨，这倒不是问题。比如100万的房子拍卖收回了110万，A银行和B银行都能收回全款。但是，如果房价下跌，只卖了85万，B银行就只能拿回5万的本金了，亏了75%。所幸的是，次级贷款的利率高，如果100个贷款的人里只有两三个人的贷款收不回来，B银行也能从其他购房者偿还的利息中填补漏洞。

当然，B银行还有一个更稳妥的做法，就是从高利息（比如每年10%）中拿出一部分钱（比如1%），向保险公司C购买贷款者违约的保险。保险公司C根据历史数据发现房屋贷款收不回来的情况很少，比如只占房贷的2%左右，而它从B银行可以挣多年的钱。由于房贷的期限通常在15年以上，不考虑复利的因素，15年下来就是贷款总额的15%，担保10亿的房产就能收入1.5亿，成本只有2 000万，这种利润率高达650%的事情保险公司自然就答应了。

接下来，投资银行D看到C公司做了这样一笔好买卖，非常眼红，就和C商量将这10亿美元房产的保险生意卖给自家，并愿意留下B公司20%的好处，即3000万美元。C公司想，1.5亿虽然多，但是要承担15年的保险义务，不如一次性得到3000万实在，就答应了。D公司是投资银行，更精明，将这笔担保的业务，包装成证券，叫作CDS，加价3000万美元卖给了另一家投资银行E。E公司可能将各种类似的CDS又打了一个包，以新的证券形式上市了。就这样，在经过无数次包装后，CDS的内部结构大部分人已经看不懂了，但是人们总觉得自己可以从下家身上赚到钱。于是一同把CDS炒到了50万亿美元这么大的规模，这已经超过了当时美国房市本身的总值，是当时美国GDP的3倍左右。

这个骗局的本质是什么呢？就是大家炒来炒去都在赌一件事，今后15～30年，房价会一直快速上涨，而且购房者有足够意愿不断供。然而，房价不可能永远快速上涨，特别是在经济本身涨幅很小的前提之下。于是为了维持房价快速上涨，就得有人愿意花更多的钱来买房，然后需要再有人花更多更多的钱来接盘，这就是庞氏骗局的翻版。而一旦有大量房主还不上钱，或者不愿意还钱，或者房价不再上涨，这些CDS就变得一钱不值。更糟糕的是，给购房者提供次级贷款的银行，后面的保险公司以及很多购买了CDS的投资银行也都完蛋了，整个金融系统垮了。

这件事不太容易通过一些经济指标分析出来，因为短期房价的上涨会给人经济繁荣的假象。但是，这种游戏里面的问题，却可以通过数学算出来。其实不只是伯里，当时有不少人在CDS的骗局破灭之前发现了问题，后来挣到了大笔的钱，这其中就包括2015年向哈佛大学捐出了该校有史以来最大捐款额的约翰·鲍尔森（John

Paulson）。这些人正是拥有数学思维，清楚地知道增长不可能持续，看到了繁荣后面的危机，然后做空。不过在所有挣钱的人中，伯里挣到的钱的利润率实在是太高，而且他还好心去和每个人讲，于是他被公认为最具数学头脑、看穿骗局的第一人。

通过这个例子，我们来说说数学思维相比其他思维方式的不同。数学思维依据的不是大家的看法，不是专家的意见，也不是历史的经验，而是永远不会变的事实，以及并不复杂的逻辑推理。很多人觉得搞清楚金融或其他领域的问题需要很多领域知识，这种看法当然是对的，但是比领域知识更重要的是数学思维。一个人不可能成为所有领域的专家，但是有了数学的思维，你至少会有基本的判断能力。即便不知道具体的答案是什么，你也很容易判断什么肯定是错的。

3.数学思维告诉我们必须做什么

简单地讲，具有数学思维就是会算账，但不是指算小账算得清楚，那经常是捡了芝麻丢了西瓜。我们说的算账，是要善用数学知识和逻辑，对一个长期的趋势做出正确的判断，预见到我们必须做的事情，以及不能做的事情。

下面我和你分享一个我的经历。有一次在一个由政府组织的关于“一带一路”的座谈会上，几位领导问我，“吴教授，咱们关起门来讲，中国输出了那么多资本，最后钱能挣回来吗？”我说，挣得回来、挣不回来，我不知道，因为这里面牵扯太多的因素。但是资本输出和帮助其他国家富裕这两件事都必须做，我可以从数学上证明这两件事的必要性。他们很好奇这件事和数学有什么关系，于是便全神贯注地听我讲。

中国在过去的40年里，实现了年均8%的指数增长，这除了有中国人勤劳勇敢的原因，另外还有两个数学上的原因：一是我国最初的经济基数小，能够持续高速增长；二是过去国内市场一片空白，产品供不应求，而国际上很多国家的人均财富比中国高很多，相比中国过去的生产能力，这些国家的购买力近乎无限。但是40年后的今天（以2018年为准），中国人均GDP已经达到了世界的平均水平，总的经济体量已经居世界第二，占全世界经济总量的18%。那么中国还能不能维持过去的增长速度呢？从数学上讲，根本做不到。

我们就假定中国经济能够按照每年6.2%的速度增长，这个速度虽然比过去慢了一点，但是比全世界3%的平均水平快很多。再过40年，中国GDP大约能增长10倍。而扣除中国的贡献，中国以外的其他国家和地区的经济增长速度只有2.34%左右，40年后只能增长1.5倍左右，那时中国的GDP大约能占到全世界的50%。这时候矛盾就出现了，其他国家的人口占了全世界人口的4/5以上，总的财富仅仅和中国一样多。那时，全世界都没有足够的财富买得起中国不断制造的产品和不断提供的服务。这时只有两个办法，一个是提高世界其他地区的购买力和经济增长，另一个是让中国经济增长降到世界的平均水平。

后者显然不是我们想要的。于是借钱给其他国家购买中国的产品和服务，同时发展自身经济，就是中国不得不做的事情了。当然中国还可以换得一些战略资源，为今后可持续发展做准备。这其实就是“一带一路”要实现的目标。至于投资和贷款能否拿得回来，那要看具体情况了，这就不是数学问题了。

在历史上，19世纪的英国、二战后的美国以及20世纪80年代的日本，都曾经是资本输出国，他们的政策逻辑和中国很相似，都符合数学的原理。因为当一个占据世界GDP很高比例的经济体想维持高增长，就必须输出资本，否则全世界的人都买不起你的产品。中国10年前不提“一带一路”的事情，一是因为那时中国GDP在世界上的占比还不是很高，没有这个必要性；二是因为自己的钱不多。近几年中国改变了策略，是因为今天的中国正好处在从人均GDP低于世界平均水平发展到高于世界平均水平的转折点上。因此在商业和资本两个层面全球化就变得迫在眉睫了。

我们对“算笔账”这三个字并不陌生。每一个人、每一个机构，都该仔细算账。算账不是在自由市场上讨价还价，不是抠一两个点的利润，而是用好数学这个工具来发现问题，给出可行的建议。

在前一个次贷的例子中，伯里等人利用数学发现不能做什么；在后一个资本输出的例子中，我用数学发现必须做什么。这其实都用到了逻辑学中的矛盾律。什么是矛盾律？它是说一个事物不能既有A属性，又没有A属性。比如我们在前面提到证明$\sqrt{2}$是无理数时，如果它是有理数p/q，那么p和q这两个整数，既不能同时是偶数，又必须同时是偶数，这就违背了矛盾律。在次贷的例子中，一方面房贷的总值不能超过房市的价值，这是常识，但另一方面，房贷的一部分——其衍生品CDS的盘子却比整个房市的价值大，这就违反了矛盾律。类似的，中国不可能既拥有全世界大部分的财富，还让世界其他地区买得起中国的产品，这也违背了矛盾律。

学习数学最有价值的地方是，接受一种逻辑训练，形成理性思维的习惯，在生活中善于找出矛盾、发现问题，然后用逻辑的方法找到答案并采取行动。今天认知升级是一个时髦的字眼，它其实不过是掌握了数学的思维方式并对其灵活应用。

本节思考题

用数学的逻辑说明，为什么房价的涨幅不可能长期超过“GDP 涨幅 + 通货膨胀”。

1.4 黄金分割：数学和美学的桥梁

很多东西我们看起来觉得美，很多音乐我们听起来觉得好听，主要是因为它们符合一些特殊的比例。比例既是一个数学的概念，也是搭建数学和美学之间的桥梁。在所有的比例中，最让人赏心悦目的恐怕要数黄金分割了。

1.为什么符合黄金分割的东西看起来都很美

黄金分割的大致比例为 1 : 0.618（或 1.618 : 1）。先来看一张照片（图 1.4），感受一下黄金分割。图中是雅典卫城的帕特农神庙，它无论在艺术史上还是建筑史上都有很高的地位，其中一个很重要的原因是它的外观非常漂亮。如果你度量一下它正面的宽与高，以及很多主要尺寸的比例，就会发现都符合我们所说的黄金分割。

图1.4　雅典卫城的帕特农神庙

不仅帕特农神庙本身和里面很多雕塑的关键比例符合黄金分割，著名雕塑《米洛斯的阿弗洛狄忒》(又称《断臂的维纳斯》)的身高和腿长比例、腿和上身的比例也都符合黄金分割；达·芬奇的名画《蒙娜丽莎》上身和头部的比例，脸的长度和宽度的比例等也符合这个比值。

这些符合黄金分割的建筑、雕塑或画作看起来都非常舒服，这是为什么呢？这就涉及到1∶0.618这个比例的由来，简单地讲，它的美感来自几何图形的相似性。

图1.5是一个符合黄金分割的长方形，它的长度是x，宽度是

y。如果我们用剪刀从中剪掉一个边长为y的正方形（即图中灰色的部分），剩下的长方形长宽之比依然会符合黄金分割。当然，我们还可以继续剪掉一个正方形（图中黑色的部分），剩下的长方形（图中白色的部分）长宽之比还是会符合黄金分割。也就是说，如果我们这样不断地剪下去，剩余部分的长宽比都是符合黄金分割的。

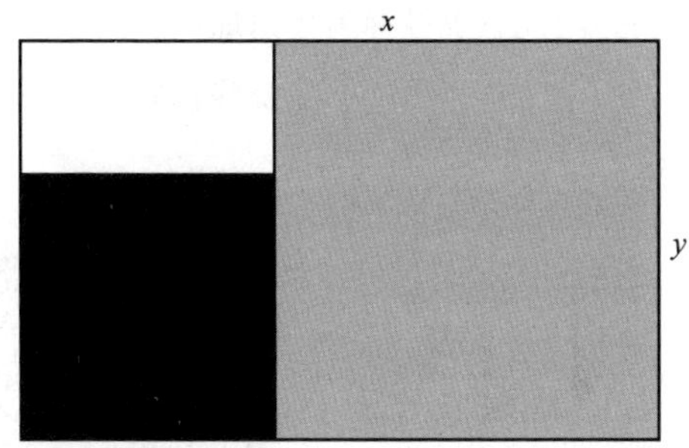

图1.5　符合黄金分割的长方形，在剪去一个正方形后，剩余部分的长宽依然符合黄金分割

从黄金分割的这种性质，我们很容易算出它的比例，即x和y要符合

$$\frac{x}{y}=\frac{y}{x-y},$$

解上述方程，就能得到

$$\frac{x}{y}=\frac{\sqrt{5}+1}{2}\approx 1.618。$$

具体解的过程我们放在了附录1中。

很显然，从上式可以看出，黄金分割的比例也是一个无理数，通常用希腊字母φ来表示，大约等于1.618。当然，如果我们用短边y与长边x之比表示，则该比例大约是0.618。因此我们有时看到的黄金分割是1.618，在另一些场合看到的却是0.618，两种说法都对。

黄金分割之所以漂亮，除了因为在几何上层层相似之外，还因为它也反映了自然界的物理学特征。如果我们把图1.5中的长方形不断做切割，然后将每个被切掉的正方形的边用圆弧替代，就得到了一个螺旋线（图1.6）。由于这个螺旋线每转动同样的角度，得到的圆弧是等比例的，因此它也被称为等角螺旋线。

如果把蜗牛壳（图1.7）和这个螺旋线做对比，你是否会觉得相似？

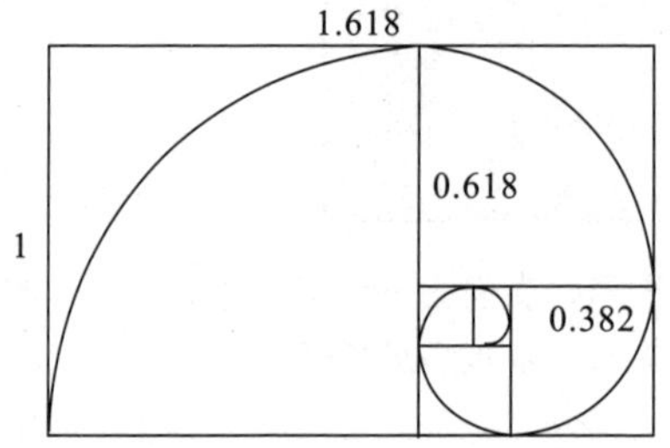

图1.6　符合黄金分割的等角螺旋线

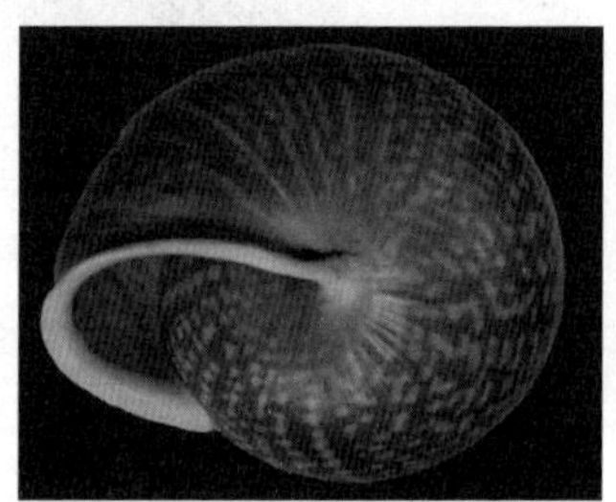

图1.7　蜗牛壳的形状

不仅蜗牛壳如此，台风（图1.8）的形状乃至银河系（图1.9）这样的星系的形状都是如此。需要指出的是，这不是巧合，而是因为任何事物如果从中心出发，同比例放大，必然得到这样的形状。

图1.8　台风

图1.9　银河系

或许正是因为黄金分割反映了宇宙自身的一个常数，我们对它才特别有亲切感。哪个建筑或者画作如果有意无意满足了这个条件，它就显得特别美。除了帕特农神庙，很多建筑，比如埃菲尔铁塔、巴黎圣母院、泰姬陵等，主要尺寸的比例，也都符合黄金分割，甚至符合等角螺旋线。类似地，除了《蒙娜丽莎》，很多著名的绘画作品，比如《泉》等，主要的构图也符合黄金分割。需要说明的是，无论是帕特农神庙的设计者，还是达·芬奇、埃菲尔或者《泉》的作者，都知道黄金分割，并且刻意使用了这个比例。

2.最先提出黄金分割的人

最先提出黄金分割的人是谁呢？古埃及人似乎早在4500年前就知道了这个比例的存在，因为大金字塔从任何一个面看上去，其正切面的斜边长和金字塔高度之比都正好是黄金分割。当然你可以说这是偶然，但是和吉萨金字塔群（就是我们在照片里经常看到的那三个大金字塔）的形状及布局相关的很多尺寸都符合黄金分割，非要说是巧合有点牵强。比较可能的情况是，古埃及人根据经验知道了这个神奇的比例。当然，没有证据表明他们算出了精确的比例公式，因为他们不知道无理数的存在。

图1.10 正五角星

今天一般认为，最早算出黄金分割值的还是毕达哥拉斯。虽然相传毕达哥拉斯是在一次听到一个铁匠打铁和谐而动听的声音时，研究出了黄金分割，但是我觉得这种说法缺乏依据。大家更认可的说法是，毕达哥拉斯学派的人在做正五边形和正五角星的图形时，发现了黄金分割。毕达哥拉斯学派对正五角星非常崇拜，对于正五角星、正五边形和正十边形有很多研究。在正五角星中，每一个等腰三角形的斜边长和底边长的比例都是黄金分割（图1.10）。

把这样的一个三角形放大后（图1.11）观察，会发现它的三个角恰好是36°、72°和72°，也就是说两个底角分别是顶角的两倍。如果将任意一个底角一分为二，就得到了一个和原来三角形相似的等腰三角形。然后可以这样再分下去，每一次都会得到一个和原来三角形相似的等腰三角形，它的面积和上一级的相似三

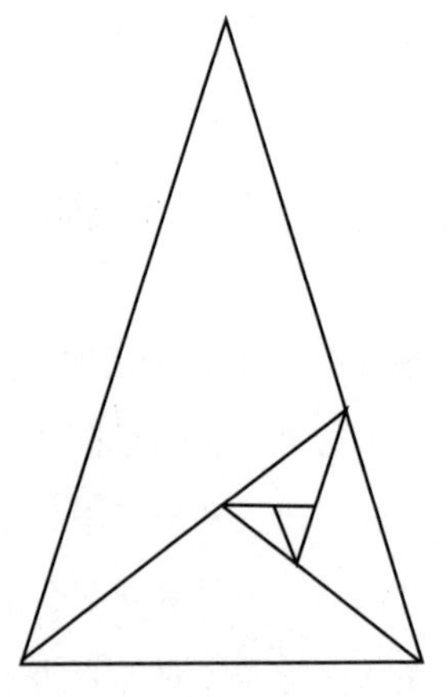

图1.11 正五角星中的三角形

角形的比值，恰好是0.618∶1.618。

虽然我们无法证实毕达哥拉斯是否从铁匠的打铁声中获得了数学上的启发，但是毕达哥拉斯学派利用数学指导音乐是真实的事情。

在毕达哥拉斯之前，人们对音乐是否动听悦耳并没有客观的标准，完全是主观感受。这样一来，运气好一点，演奏出的音乐就好听，音稍微偏了一点，听起来就不和谐，但是大家也不知道如何改进。毕达哥拉斯是利用数学找出音乐规律的第一人。他认为，要产生让人愉悦的音乐，就不能随机在连续的音调中选择音阶，而需要根据数学上的比例设计音阶。毕达哥拉斯是这样分配音阶的。

首先，一个八度中最高音和最低音的频率之比为2∶1。如果我们用简谱来记录，就是1-2-3-4-5-6-7-1-$\dot{1}$（对应五线谱的C-D-E-F-G-A-B-高C），$\dot{1}$（高音1）的音高是1的两倍。

接下来，将这八度又一分为二，按照4∶3和3∶2的比例，分出一个四度音（1-2-3-4，头尾包括在内是四个音，被称为四度音）和一个五度音（4-5-6-7-$\dot{1}$），也就是说，4的频率是1的4/3倍，$\dot{1}$的频率是4的3/2倍。由于（4/3）×（3/2）=2/1，因此一个四度音和一个五度音会还原成一个八度音。

最后，四度音分出中间的两个整声调，即2和3，五度音分出中间的三个整声调，即5，6，7。由于毕达哥拉斯不愿意承认无理数的存在，因此他设计的各个音之间频率的比例都是有理数，从1到$\dot{1}$的频率分别是1，9/8，9/8，256/243，9/8，9/8，9/8，256/243。

由于9/8=1.125～1.06^2，256/243～1.053，前者的跨度大约是后者平方，因此我们今天音乐中从3到4，以及从7到$\dot{1}$的音高差一个半音，而其他相邻音符之间差距是一个全音。这样的设定，来源于毕达哥拉斯。

很多人觉得毕达哥拉斯了解黄金分割源于音乐，因此他设计的音阶一定用到了黄金分割的原理。这其实是一个误解，因为黄金分割的比例本身是一个无理数，这不符合毕达哥拉斯要求音高的比例是整数的比值这样一个想法。毕达哥拉斯将不同音高的比例设置成整数比，在那个年代是很有道理的，因为这样方便制造乐器。不过由于从3到4，从7到$\dot{1}$的半音差异比半个全音略小，后来人们干脆均匀分配12个半音（把五个全音变成10个半音，加上原来的两个半音共12个），发明了十二平均律。十二平均律两个相邻音的音高比例是$\sqrt[12]{2}$，也是一个无理数。根据利玛窦的记载，最早准确算出这个无理数的是明朝的朱载堉，他计算到了小数点后面9位（1.059 463 094）。由于十二平均律的音高比例是个无理数，不好制作乐器，因此一直没有被广泛采用。直到巴洛克时期，由于乐器制作水平的提高，大家才更多地采用十二平均律，最具代表性的作品就是巴赫的钢琴曲。不过对一般人来讲，听不出来八度音阶和十二平均律的差别。

从数学和音乐的联系可以得出，在音乐的背后，最重要的是各种音的音高比例。

3. 数学对绘画和建筑设计的助力

成比例原本是一个数学概念，但是成比例这件事，不仅对音乐至关重要，对绘画和建筑设计也是不可或缺的。西方通常将这些联系，笼统地看成是毕达哥拉斯学派对美学的影响。受到这种影响的，包括从柏拉图和亚里士多德开始的、一直到后来文艺复兴时期诸多的学者和艺术家。到了文艺复兴时期，数学在画法几何和绘画艺术上的作用得到了体现，使得西方绘画和建筑设计有了飞跃式的进步。

今天我们看文艺复兴之前的西方绘画，会觉得比较呆板（图 1.12）；但是对于从文艺复兴时期开始，一直到19世纪浪漫主义时期的西方油画，我们都会惊叹于它们触手可摸的逼真效果。这种逼真的效果从哪里来？它源于艺术家们使用了单点透视的方法，即将图中的景物，由近及远最后汇聚到一点。这样就将三维形象绘制到一个二维平面上。当然，这种绘画技术也不是一天发明的。

图 1.12　没有使用单点透视的绘画缺乏真实感

早在古希腊时期，人们就发现了远处景物显得小，近处的显得大的这个现象，并且将这种特点反映到绘画中，他们将这种方法叫作短缩法。但是，古希腊人并不知道物体在远离我们时，该遵循什么法则来缩小，因此古希腊和后来古罗马留下的那些壁画虽然有立体感，但是比例并不是那么协调。

佛罗伦萨的画家乌切洛（Uccello）沉溺于使用几何学技巧将绘画变得逼真，在他为美第奇家族绘制的《圣罗马诺之战》（图1.13）中我们可以看到明显采用透视法炫技的痕迹。在图中，地上倒下的战士和旁边的长矛，都指向远方的消失点。他用透视法为绘画构建了立体的舞台。不过，如果你仔细看，会觉得这幅画中有不少别扭的地方，因为这幅画好像不止一个透视的方向。

图1.13　乌切洛的《圣罗马诺之战》

那么是谁真正解决了透视法中的数学比例问题、并且将这种技巧传授给广大艺术家呢？他就是文艺复兴时期大名鼎鼎的建筑师和工程师菲利普·布鲁内莱斯基（Filippo Brunelleschi）。今天佛罗伦萨的圣母百花大教堂就是他的杰作。关于这座在建筑史上具有划时代意义的建筑的建造过程，我在《文明之光》一书中有详细的介绍。

布鲁内莱斯基发明的单点透视法，完全符合我们视觉应有的几何学原理。具体讲就是相似三角形的原理，也就是从同一个角度看过去的物体大小和距离成比例。按照这样的方法画出来的画就非常逼真。下面我们就从视觉中的几何学原理出发，简单介绍一下单点透视法。

在图 1.14 中，我们假定眼前是一个很长的广场，前方 A 点处和 A 点后面 100 米处的 B 点各有一棵 50 米高的大树。我们知道近处的树在我们的眼里显得高，远处的显得矮，因此 A 点的树看上去一定比 B 点的大。那么它们的比例到底该是多少呢？

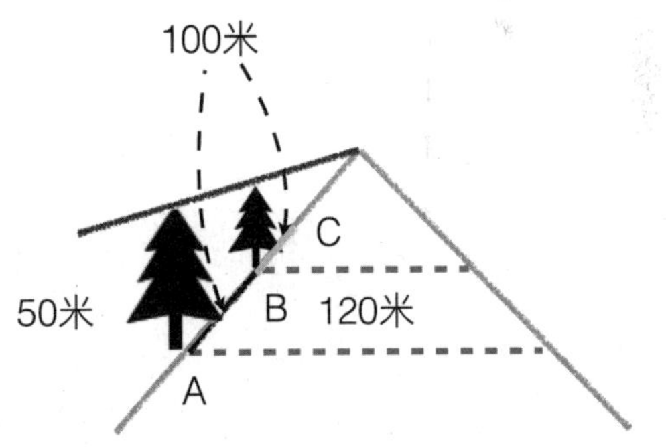

图 1.14　在我们眼中远处的物体更小；近处的物体更大

我们换一个角度来考虑一下这个问题。假定在 A 点处和 B 点处广场的宽度都为 120 米，它们对应图中两条水平的虚线。由于在我们的眼中，同样仰角和视角的物体看上去大小是一样的，因此不论是在 A 点的大树和广场的宽度，还是 B 点对应的这两个目标，它们的尺寸应该成比例。也就是说，在我们眼中：

A点的树高 / B点的树高 = A点广场宽度 / B点广场宽度。

因此，把树的顶点连成线，广场的边也连成线，它们就交于远方的一点。

类似地，从A到B是100米，我们假设从B再往前到C点，同样是100米，BC的距离会显得比AB的短，而且根据相似三角形的比例可知：

AB的距离 / BC的距离 = A点的树高 / B点的树高，

这也就是为什么一排笔直的树看过去，远处的显得越来越密的原因。

当我们把上述因素都考虑进去，在我们眼中的景物，不仅由近到远聚焦到了远处的一个点，而且是成比例地缩小，这就是单点透视的数学根据。图1.15是我在电视剧《权力的游戏》的一处外景地拍的照片。从照片可以看出，所有大小相同的景物，按照远近的比例缩小，在远处汇聚到一点。

图1.15　大小相同的景物，依照远近比例，在远处汇成一个点

理解了我们视觉的数学原理，就可以利用它创造出特殊的艺术效果。比如虽然在现实世界里，我们看到的景物都是单点透视的，因为人的眼睛不可能同时往两边看，但是我们可以在艺术创作中采用两点和多点透视。图 1.16 是两点透视的效果图，景物消失在一左一右两点上。我们通常目光只能集中在一个方向，看不了这么广的视角，但是你如果用相机镜头拍照，就能拍出这样的效果。

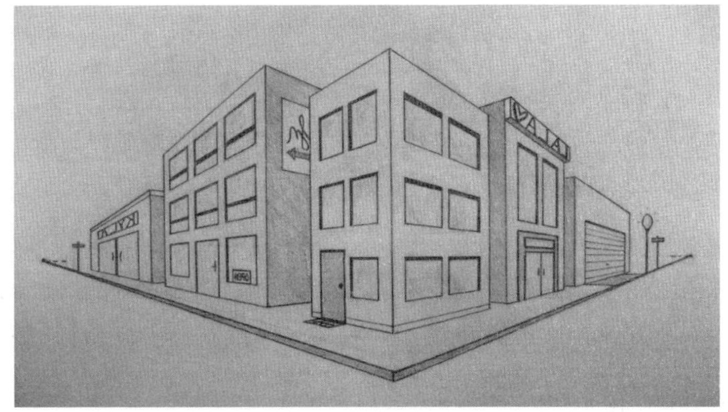

图 1.16　两点透视效果图

在以后的《物理学通识讲义》中，我们还会讲到，艺术不仅需要数学，也需要光学。印象派绘画的一大特点，就是很好地利用了当时人类在物理上对于色彩和亮度认识的进步。

为什么我们要在数学书中加入这样一节的内容呢？因为数学的很多用途其实被忽略掉了。一说数学，大家首先想到的是解题，再就是作为财会、经济学和自然科学的基础。但是，数学的用途要远远超出这些领域的限制，它作为一种方法和工具，以及一种特殊的思维方式，用处是随处可见的。数学不仅和艺术相关，也和其他的知识体系有着千丝万缕的联系，这些我们在后面的章节中会看到。下一节，我们就用一个实际例子，来说明如何使用数学。

本节思考题

拍一张街景的照片，画出它的透视图，然后将它改成两点透视图。

1.5 优选法：华罗庚化繁为简的神来之笔

数学是一个纯粹依靠脑力进行研究的学科，它的严密性是任何自然科学都无法相比的。因此，很多数学家们有一种高高在上的自我满足感，他们常常不屑于解决实际生活中的具体问题。也因此，在大家看来，数学家是一群古怪的人，他们的工作和我们的生活毫无交集。

但是，很多真正高水平的数学家，不仅能够研究复杂的理论问题，还能够为复杂的实际问题找到简单易学的解决方法，比如我国著名的数学家华罗庚先生。

1. 优选法：大量复杂实际问题的数学出口

华罗庚先生是20世纪最伟大的数学家之一，他在数论等方面有很多贡献。不过，绝大部分中国人都不知道华先生具体有哪些贡献，因为大家并不了解他在数论上的成就。但上一点年纪的人都听说过他推广优选法这件事，因为成千上万的企事业单位受益于此。这一节，我们就来说说优选法，通过它大家既能看到黄金分割的应用，也能体会一位真正的大师化繁为简的过人之处。

优选法是一种解决最优化问题的方法。世界上很多问题最后都可以归结为数学上的最优化问题。小到大家平时发面蒸馒头，1 千克面粉要放多少克碱，发酵多长时间，或者做一盘菜放多少盐，多少糖；中到我们在投资时，如何兼顾风险和收益，将股票和其他资产的配比调整到最佳的比例；大到设计一枚火箭，怎样将它的尺寸、重量、空气动力特性、燃料和氧气的配比调整到最佳状态。这些问题从本质上讲都是最优化问题。

一方面，在生活和工作中，每一个复杂的优化问题，都可以建立一个特定的数学模型，然后用一大堆工具和计算机，找到它的最优解。但是，各行各业的从业者大多不具备足够多的数学知识，建立不起那些复杂的数学模型；即便有人能够帮助他们建立了模型，他们也未必能用好。他们最希望的就是直接得到几个简单的、易遵守的原则，平时反复使用。另一方面，绝大部分数学家，通常也没有时间去了解各个行业中具体问题的细节。因此，这就形成一种隔阂：数学工具越来越发达，但是各行各业得不到解决的数学问题却越来越多。1958 年，华罗庚先生为了解决上述问题，就率领了一大批数学家走出大学和科学院大门，到工农业生产单位去寻求实际问题进行研究，提出解决方案。

华先生最先想到的是用线性规划解决实际问题。所谓线性规划，就是用很多线性方程在多维空间里划定一个区域，在区域里找最佳值。比如我们在图1.17中画了直线作为限定条件，满足这些条件的区域就是粗线多边形内的区域，而线性规划就是在这个区域内对目标函数求解。当然，在实际应用中，决定限制条件的变量常常不止两个，而是有很多，这其实是在多维空间而非二维空间里求解，但是道理是一样的。

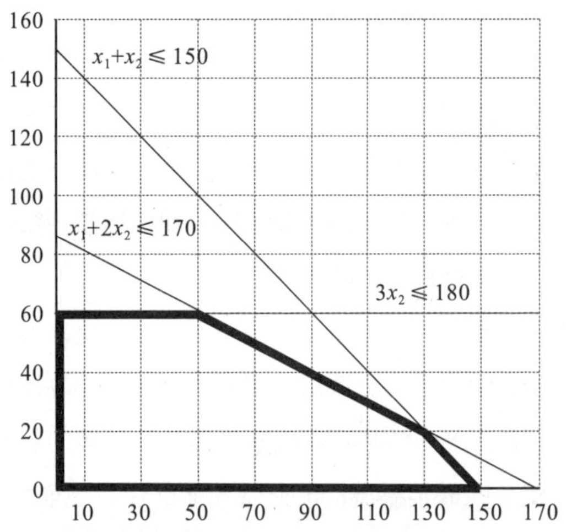

图1.17　线性规划就是在线性条件下求得最优解

华罗庚之所以采用线性规划，而不是非线性的最优化方法，是因为线性规划已经是各种最优化方法中最简单的了。很多实际问题——比如飞机外形的设计，非常复杂，远不是线性规划能解决的。但是，即使是线性规划，也需要把实际应用中的各种复杂问题，变成很多个线性方程，这件事一般的人还真办不到。再退一步讲，即使办到了，解决线性规划问题也需要进行大量的计算。在华罗庚那个年代，全世界也没有几台计算机，大量的计算还要使用计算尺来完成。在那样的条件下，华罗庚先生等人的工作虽然取得了一批应用成果，但是并不大，原因就来自于上述的鸿沟。

大部分数学家在遇到上述问题时，恐怕会直接埋怨一线工作人员的数学水平低，然后就回到象牙塔中去研究那些有水平的问题去了。但是华先生却没有放弃，而是觉得自己依然没有把数学变得更简单，于是他进一步总结经验，制定出一套易于被人接受、应用面广的数学方法。他把这套方法称为优选法。优选法无论在原理上、还是操作步骤上都非常简单，对当时中国既缺乏数学人才、又缺乏计算机的企事业单位提高效率起到了巨大的作用。

2.优选法的具体运用

优选法有两个含义：首先它能够找到实际问题的最优解；其次，它强调寻找最优解的方法本身也应该是最简单的，或者说最优的。具体来讲，就是用最少的试验次数来找出最优解在哪里。我们不妨举一个例子。比如我们在蒸馒头时想知道1千克面粉放多少碱合适。要找到这个问题的答案，当然可以一次次实验，但是这样可能实验的次数特别多。而使用优选法，是希望只进行几次实验，就找到合适的分量。

优选法的原理就是基于我们前面介绍的黄金分割，华先生又称之为“0.618法”。为方便说明，我们就假定影响结果的变量只有一个，比如做馒头时放碱的量。我们假定1千克面粉放碱的重量范围为0～10克，需精确到0.1克。当然碱放太多太少都不行。我们还假定不同用碱量做出来的馒头的口味是可以量化度量的（图 1.18）。

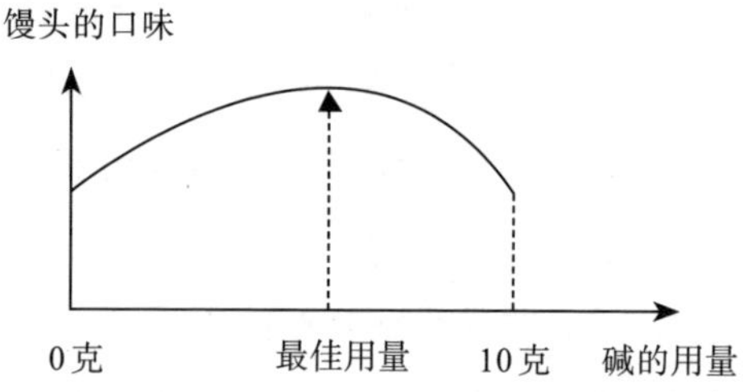

图 1.18　不同用碱量做出来的馒头口味不同

根据优选法，第一次实验取在黄金分割点，也就是 6.18 克。假定我们发现这样做出来的馒头碱大了。那么怎么办呢？根据优选法，第二次做实验选择 0～6.18 克之间的黄金分割点。我们在前面讲了，黄金分割有一个特别好的性质，就是 (1-0.618)/0.618=0.618，这样一来 6.18 克的黄金分割点正好是 10-6.18 = 3.82 克的位置，也就是说，这前后两个黄金分割点，距离中间点 5.0 克的距离相同，或者说以 5.0 为轴是对称的，如图 1.19 所示。

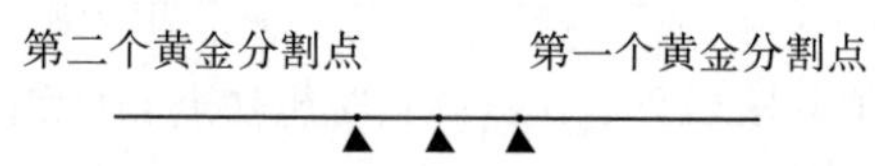

图 1.19　第一个和第二个黄金分割点是对称的

当然，对没有多少数学基础的人来讲，他们甚至不太能理解“中轴对称”这样的词。对此，华罗庚先生用了一个非常生动形象的方法来解释这一特征，他称之为折纸法，即把第一个黄金分割点画在一张纸上，对折一下，与第一个黄金分割点重叠的位置，就是第二个黄金分割点的位置。如果第二次做出来的馒头还是碱大了，根据优选法，第三次做实验选择0～3.82克之间的黄金分割点；如果第二次做出来的馒头碱小了，则说明最佳用量在3.82～6.18克之间，第三次做实验选择3.82～6.18克之间的黄金分割点即可，依此重复下去。

优选法的效率可以从理论上严格证明。比如说做5次试验，就可以将范围缩小到原来的9%，做6次可以将范围缩小到6%以下。是否存在更有效的寻找最优解的方法呢，对于具体的问题，答案是肯定的。但是，我们很难让每一个人都精通数学，灵活运用数学解决每一个具体的问题。华罗庚先生的优选法，给这一大类问题找到了一个结果比较令人满意的、步骤非常容易遵循的方法。

当然，在很多时候，决定好坏的因素不止一个，而衡量标准也不止一个。比如我们要设计一个汽车发动机，通常气缸的容量越大，输出的功率越大，但是这样一来不仅成本高，而且很费油。因此，内燃机的设计者就希望通过提高气缸内的压力来提高效率。这样在设计气缸时，就有容量和压力这两个维度的变量。如何综合考虑这两个因素，达到增加输出功率、同时提高燃油效率的目的，就是一个非常复杂的优化问题了。对于这样多维度的问题，华罗庚先生把优选法从一个维度推广到多个维度。比如在解决两个维度的问题时，华罗庚先生设计了一种二维的折纸法（图1.20），具体做法大致是这样：

（1）先确定第一个维度的黄金分割点A；

（2）再确定第二个维度的黄金分割点B，这样就把二维空间划分为四个部分；

（3）接下来确定第一个维度的第二个黄金分割点A′；

（4）再确定第二个维度的第二个黄金分割点B′。

重复第三，第四个步骤，直到找到最佳点。

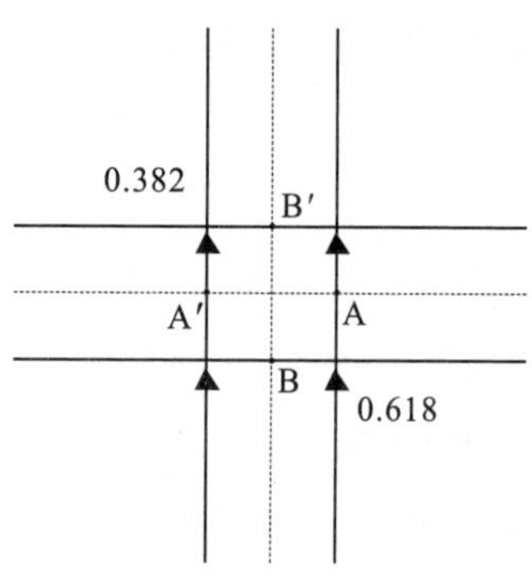

图1.20 用两个维度的黄金分割，解决两个变量的最优化问题

20世纪70年代，华罗庚先生出版了《优选法平话》，后来又扩充了一些案例编写了《优选法平话及其补充》。这两本书用了极为通俗的语言和生活中的案例对优选法的原理和操作进行了描述，当时初中毕业的普通工人都能学会使用，于是优选法在中国得到了极大的普及。比如今天大家喝的低度数的五粮液酒，在研制的过程中，就采用了优选法。

在数学上很容易证明，如果在一个平面区间里存在唯一的最佳点，用这种方法很容易找到。对于有更多变量的问题，也可以沿着上述思路扩展，但是这时大家会发现，它其实就是线性规划的一个特例。华罗庚先生的过人之处在于，他找到了一种让一线职工都很容易掌握和使用的数学方法，解决了很多实际问题，并且用非常通俗的语言（包括很多口诀）把复杂的方法简单化，让大家都读得懂，记得住。从优选法的发明到普及，我们能体会出真正大师的水平。反观我们一些专家学者，喜欢故意把理论包装得高大上，然后哗众取宠，他们和真正大师的水平高下立判。

3. 把数学原则在生活中用起来

学了知识，关键要使用好。黄金分割的妙处是大自然赋予的，因此了解了它之后，我们不应该满足于“知道了”这个层面，而应该有意识地使用。比如在拍照片时，将照片中的主角放在黄金分割点处，照片画面会显得平衡而又不乏灵动。图 1.21 是我在爱尔兰拍的海边风车，风车在照片的黄金分割点。此外，天空与海水的比例，也基本上符合黄金分割的原则。如果把风车放在画面的中央，看起来就显得呆板了，此外画面中无论是天空占据的画面太多，还是海水占据的画面太多，都有失平衡。

图 1.21　摄影时，将拍摄对象放到黄金分割的位置

在投资的配比上，有经验的投资顾问通常建议将 62% 左右的资

产放在回报高、风险也相对高的股市上，这基本上符合黄金分割的比例。在剩余的大约38%的资产中，大约24%的资产放在相对稳妥的债券上，这一值大约是38%的黄金分割点。最后的百分之十几的资产，则是各种复杂的组合投资。

在很多需要做决定的事情上，我常常会把做决定的时间放在黄金分割点或者反方向的黄金分割点上。一种情况是需要更多一点时间做比较、做决定，这种情况下做决定的时间点不妨往后放放，但是也不要拖到最后一刻。比如出门度假寻找酒店和机票，你需要时间了解情况，有时需要货比三家，然后再做决定。做决定的时间就可以选择在黄金分割点上。如果你有10天时间，前6天可以搜集信息、做比较，第7天做决定，这时候的决定在很大程度上会是最优的，但决定不要拖到最后一刻再做，因为那时很可能要么酒店订不上了，要么机票太贵。

另一种情况是，在做出决定后需要较长的时间来实现我们的想法，我一般会把做决定的时间点放在0.382的地方，也就是反方向的黄金分割点上。很多投资人给创业者的建议也是如此，即不要把大部分时间花在想做什么事情上，而需要花更多的时间来做。因此在一开始，创业者可以尽量尝试，但是在时间过了38%左右，就应该明确自己该做什么了，然后把大部分时间用于做好这件事上。

当然，每个具体的问题，一定存在比简单利用黄金分割更好的解决办法。对于一些重大的问题、反复出现的问题，值得针对它们寻找特定的最佳方案。但是对于很多问题，由于我们缺乏对细节的了解（或者了解细节的成本太高，不值得做），或者因为问题并不会经常发生而不值得花太多时间，或者因为其他的原因，我们直接采用黄金分割进行简单的试错，不失为一种高效率、高收益的做事方法。只要我们遵守一定的准则，就不会得到太坏的结果，这其实反映出数学原理的普适性。

很多人抱怨数学不够灵活，更喜欢所谓的具体问题具体分析。其实考虑到成本和收益的比值，简单而硬性的原则会比没有准则或者随意调整的准则要好得多。而数学的原则，是少数我们能够信赖的原则。

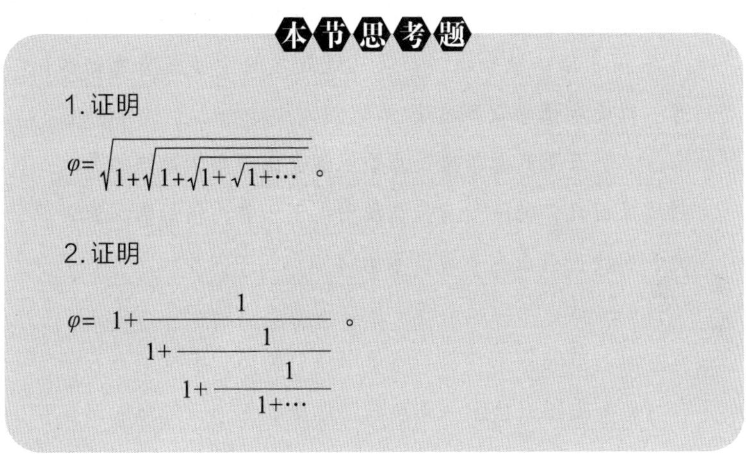

本节思考题

1. 证明

$$\varphi=\sqrt{1+\sqrt{1+\sqrt{1+\sqrt{1+\cdots}}}}。$$

2. 证明

$$\varphi=1+\cfrac{1}{1+\cfrac{1}{1+\cfrac{1}{1+\cdots}}}。$$

本章小结

这一章主要介绍了一些大家比较熟悉的知识点——勾股定理、无理数、黄金分割等，这些内容很容易通过毕达哥拉斯这个人串联起来。通常在教科书里，上述知识点都是单独出现的，以至学生们在学习之后并不清楚为什么要学这些内容，以及学了之后对学习其他什么内容有帮助。

现在我把它们串联起来，大家就容易做到触类旁通，了解数学的底层逻辑和全貌。数学的知识体系非常庞大，如果不能够学会把握一些关联的主线，学到后来就非常辛苦。当然，每一个人理解数学的线索会有不同，毕达哥拉斯只是我理解初等数学的一个线索。而我们所谓的复习，就是自己通过思考，找到方便自己使用的线索，将那些要掌握的数学知识串联起来。

本书是通识读本，目的不是讲述精深的内容，掌握别人不知道的数学知识，而是通过数学的学习提高见识水平，培养理性的做事方法。

在接下来的章节里，我们依然会强调数学知识的关联性以及对我们的认知有什么帮助。下一章，我们会从黄金分割出发，引出更多的数学知识。

第2章

数列与级数：承上启下的关键内容

本章将从黄金分割出发，引出数列与级数的相关知识。数列与级数有三个主要意义：首先，它们是很有效的数学工具，我们时常会用到；其次，数列与级数的思想，反映出了不同变化趋势的差异；最后，它们在数学体系中起着承上启下的作用，为后面要介绍的极限、无穷大和无穷小这些知识奠定了基础。

2.1 数学的关联性：斐波那契数列和黄金分割

说到数列，大家一般首先想到的是等差数列，比如1，2，3，4，5，6，7，…，以及等比数列，比如1，2，4，8，16，32，…。今天在小学，老师会讲从1加到100怎么计算，也会讲等比数列（也被称为几何数列）会增长很快，等等。但是为什么要把这些数放到一起研究，课程中却很少提到。而这恰恰是问题的关键：数列不是一些数字的简单排列，而是在那些数字之间存在一些必然的联系，这种联系让我们可以根据有限的数字，推算出整个序列的变化规律，或者说走势。比如我们知道等差数列相邻两项之间的差异是一个常数，它的变化速度不算太快；而等比数列相邻两项之间的差异是成倍数的，因此变化速度就很快。当然，并非所有数列的规律都那么直观，其变化也未必那么明显，这就需要我们开动脑筋来寻找它们的规律性。

1. 斐波那契数列和黄金分割的关联性

我们不妨先看这样一个例子，来理解一下数列变化的特点。

假如有一对兔子，我们说它们是第一代，生下了一对小兔子，我们叫它们第二代。然后这两代兔子各生出一对兔子，这样就有了第三代。这时第一代兔子老了，就生不了小兔子了，但是第二、第三代还能生，于是它们生出了第四代。再往后，第三、第四代能生出第五代，然后它们不断繁衍下去。那么请问第 N 代的兔子有多少对？

解答这个问题并不难，我们不妨先给出前几代兔子的数量，它们是1，1，2，3，5，8，13，21，34，…。稍微留心一下这个数列的变化趋势，我们就会发现从第三个元素开始，每一个元素都是前两个元素之和，比如：

$$2 = 1+1,$$

$$3 = 1+2,$$

$$5 = 2+3,$$

……

这里面的道理也很简单，每一代兔子都是由前两代生出来的，因此它的数量等于前两代的数量相加。发现了这个规律后，我们就可以一代代算下去，一直算到第 N 代。这个数列最初是由斐波那契引入的，因此被称为斐波那契数列。

了解了斐波那契数列的规律后，我们不难看出它增长的速度是很快的，虽然赶不上1，2，4，8，16，……这样的翻番增长，但也近乎指数级增长，只要 N 稍微一大，数列也会产生指数爆炸。其实，在现实生活中，兔子在没有天敌的情况下，繁殖速度还真就是这么迅猛。

1859 年，一个名叫托马斯·奥斯丁(Thomas Austin)的英国人移民来到澳大利亚，他在英国喜欢打猎，猎物主要是兔子。到了澳大利亚后，他发现没有兔子可打，便让侄子从英国带来了24只兔子，以便继续享受打猎的快乐。这24只兔子到了澳大利亚后被放到野外，由于没有天敌，它们快速繁殖起来。兔子一年能繁殖几代，年初刚生下来的兔子，年底就会成为“曾祖”。因此那24只兔子10年后便繁殖到了200万只，这是世界上迄今为止哺乳动物繁殖最快的纪录。

几十年后，兔子的数量飙至40亿只，这给澳大利亚造成了巨大的生态灾难，不仅是澳大利亚的畜牧业面临灭顶之灾，而且当地植被、河堤和田地都被破坏，引发了大面积的水土流失。有人可能会问为什么不吃兔子，澳大利亚人也确实从1929年开始吃兔子肉了，但是吃的速度没有繁殖得快。后来澳大利亚政府动用军队捕杀，也收效甚微。最后，在1951年，澳大利亚引进了一种能杀死兔子的病毒，终于消灭了99%以上的兔子。可是少数大难不死的兔子产生了抗病毒性，于是“人兔大战”一直延续至今。

过去各种关于指数级增长很快的例子，大多是人为创造出来的，比如印度国际象棋问题，大部分人对真实的指数增长速度其实没有太多感受。但上面的例子说明，指数爆炸并非危言耸听。

斐波那契数列是近乎指数级的增长，那么它每一项增长的比例是多少呢，我们不妨再定量地分析一下。

我们用F_n代表数列中第n个数。那么F_{n+1}就表示其中的第$(n+1)$个数。我们用R_n代表F_{n+1}和F_n的比值，你可以把它们看成是数列增长的相对速率。表2.1给出了斐波那契数列中前12个元素的数值，以及增长的速率。

表2.1　斐波那契数列中前12个元素的数值和增长速率

n	1	2	3	4	5	6	7	8	9	10	11	12
F_n	1	1	2	3	5	8	13	21	34	55	89	144
F_{n+1}	1	2	3	5	8	13	21	34	55	89	144	233
R_n	1	2	1.5	1.66	1.6	1.625	1.615	1.619	1.618	1.618	1.618	1.618

大家可以看出R_n的值逐渐趋近于1.618，这恰好是黄金分割的比例。这样的结果是巧合吗？不是！如果我们用斐波那契数列的公式推算一下，就很容易发现这个数列和黄金分割的一致性，因此数列中相邻两个数的比值R_n必然是黄金分割的比例，推导和证明的相关内容我们放到了附录2中，有兴趣的读者可以看一看。

斐波那契数列和黄金分割之间的这种关联并非偶然。如果我们把两次黄金分割后的结果相加，会发现它们正好等于原来的长度。比如长度是1的线段第一次黄金分割后，得到0.618，0.618再分割一次，得到0.382，两者相加等于1，这就等同于斐波那契数列中$F_{n+2}=F_{n+1}+F_n$的关系。

斐波那契数列和黄金分割之间的这种必然联系，揭示了数学的一个规律，**即很多现象在数学这个体系中是统一的**，很多人认为这其实就是数学之美的体现。

2. 斐波那契数列的其他启发

关于斐波那契数列，我们还需要说明三点。

首先，虽然这个数列相邻两项比值的最终走向是收敛于黄金分割，但是一开始的几个数并不符合这个规律，这种情况在数学上很常见。**我们所谓的“规律”，通常是在有了大量数据后得到的，从几个特例中得到的所谓的规律，和真正的规律可能完全是两回事。**至于斐波那契数列相邻项比例的极限值，是通过逻辑推导出来的，不是根据经验总结出来的。

其次，斐波那契数列增长的速率，几乎是一个企业扩张时能够接受的最高的员工数量增长速率，如果超过这个速率，企业的文化就很难维持了。这是因为企业在招入新员工时，通常要由一名老员工带一名新员工，缺了这个环节，企业人一多就各自为战了。而当老员工带过两三名新员工后，他们就会追求更高的职业发展道路，不会花太多时间继续带新人了，因此带新员工的人基本也就是职级中等偏下的人。这很像兔子繁殖，只有那些已经性成熟且还年轻的兔子在生育。

最后，由于斐波那契数列几乎每一项都比前面大很多，因此这个数列不断写下去，最后会趋近于无穷大，这在数学上被称为是发散数列，这是数列发展的一种趋势。当然，数列发展还有其他的趋势，可能是收敛，或者振荡，这些我们后面会讲到。

本节思考题

如果一个数列 $a_{n+3}=\frac{1}{2}a_{n+2}+\frac{1}{3}a_{n+1}+\frac{1}{6}a_n$，这个数列是收敛的，还是发散的？

2.2 数列变化：趋势比当下重要

我们在研究数列时，通常对数列的变化趋势更为关注，比如数列是增加还是减少？变化速度是快还是慢？至于数列里面具体的一个个数字，重要性远比不上它的变化趋势。

1.数列变化趋势一：增加 VS. 减少

为了体会数列增减的差异，我们来看一个例子。有两个投资人，第一个人每月平均获得 1% 的回报，第二个人每个月平均亏损 1%，两个人每个月投资的结果都是等比数列，只是一个是以 r=1.01 的速率慢慢增加，另一个则是以 r=0.99 的速率慢慢减少。5 年后，前者的资产几乎能翻一番，而后者基本上会损失一半。在等比数列中一开始看上去并不算大的差异，会随着时间而放大，最后导致差异巨大的结果。

数例增加还是减少，是我们对数列变化趋势的第一个关注点。但了解了增减还不够，我们常常还需要关心数例变化的快慢。我们用下面一个例子来说明。

2.数列变化趋势二：增速快 VS.增速慢

例 2.1：假定一个刚工作的年轻人第一年挣 10 万元，以后每年的工资增长10%。他每年能存20%的收入。当地的房价是300万元，首付要20%，每年房价上涨3%（已经比较保守了），那么他能买得起房子吗？

在这个例子中，无论是房价，还是年轻人的收入，都是不断增长的等比数列。房价上涨的比例是r=1+3%=1.03，也就是说后一年房价是前一年的1.03倍。购买房子所需要的首付也按这个比例上涨。如果以万元为单位，首付款数列A为：

A=60，61.8，63.65，65.56，67.53，69.56，…

年轻人每年能够存起来的钱也是一个等比数列，比值为r=1+10%=1.1，如果以万元为单位，存款数列B就是：

B=2，2.2，2.42，2.66，2.93，3.22，…

我们把这两个数列用曲线表示出来，如图2.1所示。

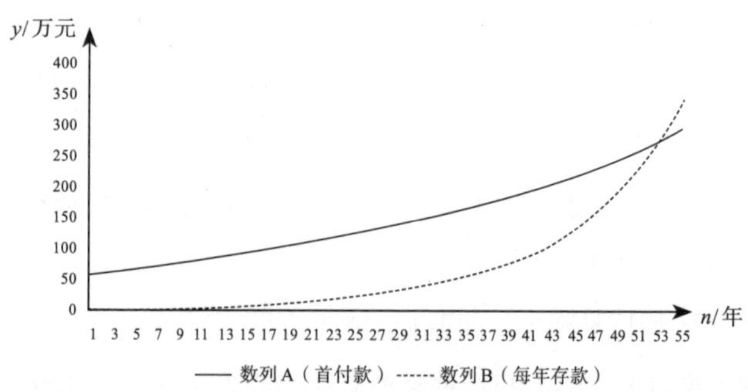

图2.1　存款为等比数列时，购房首付款和每年存款增速的对比

大家可以看出，点线到后来增长的速率更快。因此从理论上讲，只要时间足够长，年轻人靠攒的钱一定能买得起房子。至于什么时候能够付得出首付，我们后面介绍级数时再讲。

如果我们对上面的例子做一点修改，当那个年轻人每年攒的钱是按数列C=2，3，4，5，6，…这样的趋势增长，也就是构成一个增长较快的等差数列，他能否攒够钱付首付呢?

我们还是把他每年攒的钱和每年所需首付的曲线画出来，如图2.2所示。

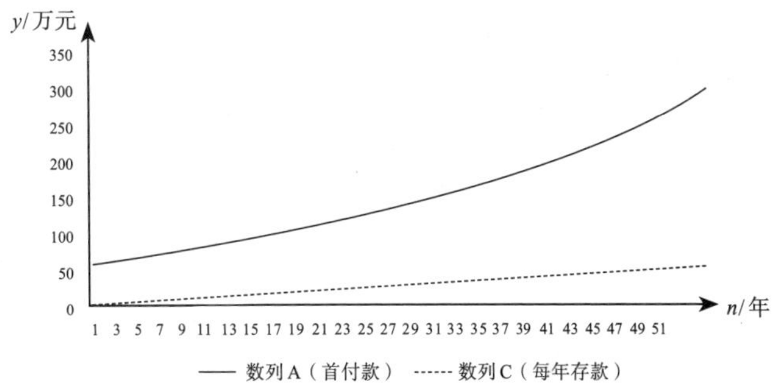

图2.2　存款为等差数列时，购房首付款和每年存款增速的对比

从图2.2中可以看出，虽然每年存的钱都比前一年多，但是到后来存款上涨的速度似乎赶不上房价的增速，因此年轻人最终能否付得出首付暂不知道。这个问题的答案我们也会在介绍级数时给出。

对比上面两种情况，我们就能体会出变化快慢对于一个数列最终趋势的影响了。

3. 数列变化趋势三：从数值变化倒推变化时长

在上述两个问题中，我们都是知道了数列的变化速率，然后去了解一定时间之后数列的变化情况。现在我们换一个角度来看待变化，如果我们知道了数列每一次变化的速率，以及一头一尾的情况，就应该能推算出发生这样的变化需要多长时间。比如斐波那契数列，我们知道了它的变化情况，如果告诉你现在的兔子有6000多只，请问繁衍了多少代？你很容易倒推出20代这个结果。今天用于测定年代的碳14测定法，利用的就是等比数列的这个原理。

碳14是我们熟悉的碳元素的一种同位素，是自然界里一种天然的元素，它是宇宙射线照射大气的产物，因此会不断产生。但是由于它有放射性，过一段时间就会衰变掉一半（这段时间也称为半衰期），变成碳12。这样，在自然界中碳14一边被不断地创造出来，一边又不断地衰变掉，在碳元素中的比例就基本上达到了平衡，我们认为它是一个基本恒定的数值。生物体在活着的时候，会与自然界发生碳元素的交换（植物通过吸入二氧化碳，动物通过吃植物），因此它们体内碳14的比例就和自然界的比例相同。但是生物体一死，就不会再接收碳14了，而体内的碳14又会逐渐衰变为碳12，因此体内碳14的比例就会降低。根据生物遗骸体内碳14的比例，结合碳14衰变的速率，就能算出古代生物体距今的时间。

不仅是斐波那契数列或者等比数列，任何一个数列，因为其存在规律，所以都可以从前后的差异倒推出变化的次数（或者时长）。理解变化的速率和时间之间的关系，我们就容易看清和把握未来。比如一个成绩处在上升期的职业运动员，他需要多长时间能成为顶级选手，可以做一些大致的估算。寻找品牌代言人的厂商，会考察年轻一代运动员的进步步伐，并提前签订一些有潜力的选手。

从上面的例子可以看出，在数列中，一个具体的数意义不大，比如我们今年是攒了5万块钱，还是7万块钱，对买房子这件事其实意义不大，关键是要看我们攒钱数量的变化趋势。

因此，通过数列我们对数学应该有一种新的认识：**从考察一个个孤立的数，变成揭示一些规律和趋势**。在数列中，最重要的趋势就是元素的增减和增减的速率。当然在现实中，还有振荡的趋势，它在解决最优化问题中很重要，由于篇幅的原因我们就不介绍了。

在很多时候，我们除了关心数列除了本身的趋势，还要关心它累积的效果。这就涉及我们接下来要介绍的级数的概念了。

本节思考题

有两只股票A和B，A每年股价上涨10%，B每年股价上涨30%，或者下跌10%，交替出现。如果今天两只股票的价格相当，20年后，它们相差多少?

2.3 级数：传销骗局里的数学原理

在上一节的例2.1中，我们没有回答的问题是，如果某个人的存款按照数列B或者数列C增长，他什么时候能够买得起房子。为了回答这个问题，我们要引出级数这个概念。

1. 如何计算等差级数与等比级数

一个数列的级数，就是它所有项或者有限项的和。用更严格的数学语言来讲，对于一个数列 a_1，a_2，a_3，⋯，a_n，⋯，级数 S 为

$$S=a_1+a_2+a_3+a_4+\cdots+a_n+\cdots=\sum_{i=1}^{\infty} a_i。\qquad (2.1)$$

如果我们强调只加到前面的第 n 项，它就是有限级数（Partial Series），即

$$S_n=a_1+a_2+a_3+a_4+\cdots+a_n。\qquad (2.2)$$

当然，我们甚至也可以定义从第 m 项开始，到第 n 项结束 $(m \leqslant n)$ 的有限级数，即

$$S_{m,n}=a_m+a_{m+1}+\cdots+a_n。\qquad (2.3)$$

在前面的例2.1中，数列B前 n 项之和就是级数：

$$S_n(\mathrm{B})=2+2.2+2.42+2.66+2.93+3.22+\cdots+2\times 1.1^{n-1},$$

这个级数因为来自等比数列，因此被称为等比级数。

类似地，数列C前 n 项之和就是级数：

$$S_n(\mathrm{C})=2+3+4+5+6+\cdots+(n+1)。$$

这两个级数代表的就是按照不同数列攒 n 年钱后总的积蓄。显然，要想买得起房子，基本条件就是 $S_n(\mathrm{B})>A_n$，或者 $S_n(\mathrm{C})>A_n$。对于级数，虽然可以一项项相加，但是数列的项数一旦多了，逐项相加的工作量就太大了，我们需要总结出它们的计算公式。

等差级数的计算方法我们在小学就学过了，也就是第一项加最后一项乘以项数再除以2，因此，

$$S_n(\mathrm{C})=\frac{(a_1+a_n)\times n}{2};\qquad (2.4)$$

等比数列前 n 项求和就比较复杂了。我们在这里直接给出计算的公式，推导过程大家可以阅读附录3中的相关内容。

$$S_n=a_1\cdot\frac{1-r^n}{1-r}\text{。} \tag{2.5}$$

在上面的例子中，就是 $S_n(\mathrm{B})=2\times\frac{1.1^n-1}{0.1}$。

我们知道房价也是上涨的，因此首付 A_n 是年年递增的，n 年后首付会涨到 $A_n=60\times1.03^{(n-1)}$。对于两种不同的攒钱方式，我们要分别解下面两个不等式：

$$S_n(\mathrm{B})=2\times\frac{1.1^n-1}{0.1}>60\times1.03^{n-1}\text{。}$$

以及

$$S_n(\mathrm{C})=\frac{[2+(n+1)]\times n}{2}>60\times1.03^{n-1}\text{。}$$

求解这两个不等式，我们就得到 $n\geqslant19$，以及 $n\geqslant12$。也就是说，通过第二种攒钱方式，即每年多攒1万元，反而能够更早地攒够首付。为了让大家有直观的感受，我们把首付和两种攒钱方式的存款增长趋势画在了图2.3中。

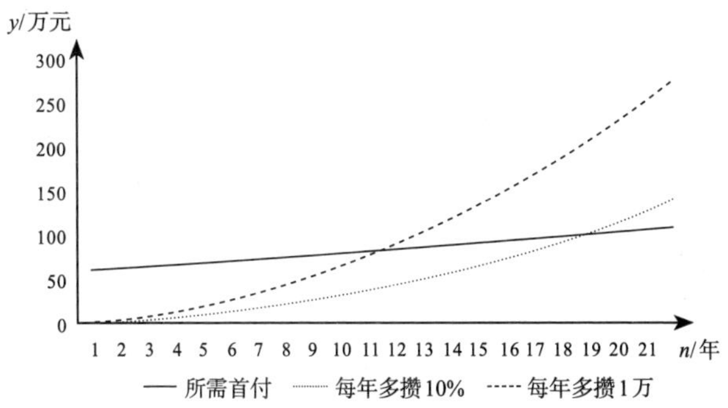

图2.3　首付和两种攒钱方式的存款增速

如果每年多攒1万元，大约需要12年就能攒够首付。如果我们以每年增加10%的方式攒钱，大约需要19年时间才能攒够首付。如果一个人大学毕业时22岁，在没有家里人帮助的情况下，要到40多岁才能住上自己的房子。因此，今天年轻人说压力大并不是矫情，从生活安定的角度讲确实如此。

那么怎样才能更早地买得起房子呢？关键就要看每年收入增长的速率了。假如一个年轻人一开始收入不高，只有8万元，但是因为去了一个好单位，成长很快，而且因为一开始养成了好习惯，以后一直保持进步，他每年的收入增长20%，其他条件不变，那么他10年就可以买得起房子了，计算的公式如下：

$$S_n(\mathrm{D})=1.6\times\frac{1.2^n-1}{0.2}>60\times1.03^{n-1},$$

解得$n\geqslant10$。

事实上，在过去的20年里，北京地区高科技产业的工程师每年的收入增长大致就是20%左右。反之，如果一个人每年的收入增长只有5%，很容易就能算出来，靠自己的努力他到退休也买不起房子。通过这个例子，大家或许能进一步体会趋势的意义。

在各种级数无穷多项相加问题中，等差级数情况比较简单，其结果要么是正的无穷大，要么是负的无穷大，因此对等差级数来讲无穷多项相加是没有什么意义的，也没有人想去讨论。等比级数则不同，无限多项相加之后，结果有可能是无穷大，这种情况被称为级数的发散；也有可能是一个有限的数，这种情况被称为收敛。等比级数（以及有类似性质的级数）的发散性和收敛性，以及发散或者收敛的速度，不仅在数学上非常有意义，而且在很多应用中起着至关重要的作用。

判断一个等比级数的发散和收敛在数学上并不难，我们回顾一

下等比级数的计算公式

$$S_n=a_1\cdot\frac{1-r^n}{1-r},$$

如果 $r>1$，分母是一个有限的数，如果这时 n 趋近于无穷大，那么 S_n 显然趋向于无穷大；如果 $r<1$，它的分母是一个有限的数，分子会趋近于 1，也是一个有限的数，这时 S_n 会趋向于一个有限的数。因此我们可以得到如下结论：

$$S=\frac{a_1}{1-r}。\tag{2.6}$$

至于 $r=1$ 的情况，由于分子和分母都是 0，这时我们不能用公式（2.5）计算级数。不过由于这时数列的每一项都是 a_1，无穷项加下去最后应该是无穷大。

无论等比级数最后的结果是发散还是收敛，在现实的世界里都能找到有意义的应用场景。我们不妨来看一个具体的例子。

2. 核裂变的链式反应能否持续的问题

对于这个问题，我们先普及一下背景知识。

1938 年，著名科学家莉泽 · 迈特纳（Lise Meitner）、奥托 · 哈恩（Otto Hahn）和弗里茨 · 施特拉斯曼（Fredrich Strassmann）发现，当一个快中子撞击了铀 235 原子之后，它会裂变为一个氪原子，一个钡原子和三个中子，当然还能释放很多能量。如果每一个中子又撞上一个铀 235 原子，那么就会释放更多的能量，而且产生 9 个快速运动的中子。这样一级级撞下去就形成了所谓的链式反应，所有的铀 235 原子都被撞开，并释放出大量的能量，这就是原子弹的原理。图 2.4 为原子核链式反应的示意图。

图2.4　原子核的链式反应示意图

链式反应看似简单，但是要发生并不容易，因为运动的中子随机撞上铀原子的原子核的概率是很低的。如果我们把铀原子看成是一个足球场大小，那么原子核只有乒乓球大小，中子撞上去是一个小概率事件，概率大约是百万分之一，这就是天然铀矿不会变成原子弹的原因。

我们假定第一批核裂变的原子数量是a_1，释放的三个中子能够命中新的原子核的平均数量是r，那么第二批核裂变的原子数量是$a_1 \cdot r$个，第三批是$a_1 \cdot r^2$个，……。这样就形成了一个等比数列。最终参与核反应的原子数目就是级数

$$S=a_1+a_1 \cdot r+a_1 \cdot r^2+a_1 \cdot r^3+\cdots。$$

我们知道如果$r>1$，链式反应就是发散的，反应就会越来越剧烈，形成原子弹爆炸。当然，从级数的角度看，由于每一项都比前

一项大，因此最后的结果是无穷大，这个级数也是发散的。

那么怎样才能提高 r 这个值呢？从道理上讲是很简单，首先铀纯度要高，这样中子就有更多的机会撞到铀原子核而不是其他没有用的原子核上；其次，铀块的体积要足够大，这样当中子错过了第一个铀原子核时，它还有机会撞到其他铀原子核上。如果体积太小，中子穿过整个铀块都撞不到一个原子核，那么就产生不了链式反应。能够让链式反应维持的最小铀块体积被称为临界体积，临界体积其实就是保证 $r>1$ 的体积。当然，这只是从原理上讲，实际在工程上，这两点都不容易做到。第一点和数学没有太大的关系，我们就不讨论了。第二点就完全是一个很难的数学问题了。原子弹的临界体积应该是多少起初大家并不清楚，而这显然又无法通过试验测量出来，因为实验控制不好就会产生核爆炸。所幸的是，罗伯特·奥本海默（Rober Oppenheimer）通过数学计算准确算出了临界体积值，这才让曼哈顿计划得以成功。从这里我们可以看到数学的预见性。

接下来让我们看看 $r=1$ 的情况。如果我们把参与反应的铀原子数量都加起来，总数量是 $S=a_1+a_1+a_1+\cdots$。也就是说只要核燃料足够多，裂变的铀原子数量加起来也是趋于无穷的。但是由于链式反应是匀速的，它通常会以很慢的速度维持核反应，直到所有的核燃料都耗尽，并不会产生指数爆炸的效果。这样的链式反应达不到原子弹的要求，不过可以持续下去。

核电站的反应堆恰好需要这样匀速进行的核裂变，以便源源不断地输出能量，而不至于像原子弹那样让核燃料瞬间炸光，完全失控。这种将 r 控制在 1 左右的核裂变被称为可控核裂变。当然，把链式反应中的r值控制在1左右并不是一件容易的事情，它万一比1稍微大了一点，经过几次指数增长，依然会失控。因此在反应堆中需要有“刹车”装置——铀棒及控制棒。当链式反应过快时，抽出铀棒，插入吸收中子的控制棒（通常使用银铟镉合金或者高硼钢作为材料），降低r值；当反应速度太慢、不能提供足够的能量时，则进行反向操作，插入铀棒，抽出控制棒，提高r值。

最后我们来看看$r<1$的情况，如果我们把所有参与反应的铀原子数量都加起来，就会得到一个有限的数。如在$\frac{a_1}{1-r}$中，如果r是0.5，那么全部参与核裂变的铀原子不过$2a_1$个，这一数量是很有限的，也就是说核裂变瞬间停了下来。

通过上述例子，我们可以看到，决定等比级数发散和收敛的角色，是相邻两个元素的比例r。**如果$r \geqslant 1$，**即后一个比前一个大，**级数就是发散的，无穷大的；反之，如果$r<1$，级数就是收敛的，**不管多少项加到一起，也是一个有限的数字。**至于发散和收敛的速度，则取决于r的具体值**。

了解了等比级数的上述特点，我们不妨再看两个例子，看看等比级数在现实生活中的意义。

3. 传销中的收益问题

传销通俗来说就是拉人头发展下线，你拉别人进来，别人再拉新人进来，新人再拉组织外其他的新人进来，每次进人，你都有提成。大多数传销公司会这样忽悠大家，只要你的下线不断把新人拉进来，你什么都不用干，就能躺着拿钱了。那么，我们就从数学上分析一下这个看似没问题的机制是否真能保证赚钱。

假定某个传销公司的提成方式是这样的：

（1）每一个人入会需要缴纳1万元（或者买1万元的东西）；

（2）发展一个直接下线，可以从后者缴纳的会费中提成20%；

（3）直接下线每发展一个下线，可以从直接下线的下线身上再提成20%的20%。

接下来的问题是，如果张三入会了，他在什么情况下可能挣到钱？

我们先分析两种情况。

第一种情况：张三找到5个朋友也加入这个传销组织，而他的每一个下线也发展了5个下线。这样，他付出1万元，从每个直接的下线身上得到10 000×20%=2 000元。5个下线一共给他带来1万元。类似地，下线的下线（共25人）也可以给他带来了一共10 000元，两者相加是20 000元，张三赚10 000元。

第二种情况：张三找到3个朋友也加入这个传销组织，而他的每一个下线也发展了3个下线，这样他的收入一共只有9600元，反而亏了400元。有兴趣的读者可以自己验算一下。

从这两个例子可以看出，要想在传销组织中挣钱，并不是一件容易的事情。一个人自己可能会因为一时冲动，或者贪财而被卷进去，但是他要在朋友中找到5个和他同样糊涂或者贪财的人，并不容易，而且那5个人还必须和他一样努力去发展下线。而且，由于朋友之间的朋友圈有很大的交集，通常的情况就是张三想发展的人，和他的朋友想发展的人都是一群人。这也是为什么现在很多传销组织要半胁迫地拉很多陌生人加入的原因。

接下来我们再看另一种情形，假设这个传销组织对会员“特别好”，每一个会员可以自己拿下面所有层会员的提成，当然每往下一层，提成的比例要逐级指数递减。这样的话，如果层数不断加深，直到无穷（这在现实生活中当然行不通，因为世界上的人数是有限的），是否处在比较高层的人就有无限的钱可以拿了呢？也未必，这要看每一层的人能发展多少会员了。

在上面第一种情况下，即张三成功地发展了5个下线，而每个下线又发展了5个下线，逐层发展下去，张三还真能拿无限多的钱，因为每一层都给他贡献了10 000元，如果层数不断涨下去，他就能拿无限的钱。

但是，在第二种情况下，即张三和他所有的下线（既包括直接的，也包括间接的）每人都发展了3个人。虽然张三挣的钱可以超过他付出的10 000元，但却是有限的。具体来讲，他从下一层下线获得6000元，下面第二层获得3600元，第三层获得2160元，这样逐渐减少，最后无限加下去，总和并不是无穷大，而是一个有限的数，只有1.5万元。具体讲，就是：

$$6000+3600+2160+\cdots+10\,000\times 0.6^n=15\,000（元）。$$

大家如果有兴趣，可以用公式（2.5）验算一下，在这种情况下r=0.6。

最后，我们再看另一种新的可能性，张三和他所有的下线每人都发展了两个人，这时，r只有0.4，张三从各层下线挣到的钱的总数是：

$$4000+1600+960+\cdots+10\,000\times 0.4^n=6666.67（元）。$$

在这种情况下，虽然张三看似从无穷多的人身上挣到了钱，可是，挣钱的效率衰减得很快。他挣的钱还没有付出的本钱多。很多人误以为，只要自己能够从无限多的人身上挣钱，就能挣很多钱，这其实是不了解级数这个概念而产生的误解。

对于传销能否挣到钱的问题，如何宣传和吹嘘都没有用，我们只要用等比数列求和公式把问题分析一下，就清清楚楚了。当然，很多人会讲，我不会去参与传销，需要了解这些么？那我们再来看一个例子。很多人天天在社交媒体上发消息，或者到一些活动中找名人蹭热度，就是为了增加影响力。可是通过这种方式真的能增加影响力吗？数学可以帮我们解答这个问题。

4. 社交网络上的信息传播效率问题

在社交网络上，有时一篇文章会不断地被转发，然后大家就看到相关事件不断地被发酵。这很好理解，我们常说，一传十，十传百，其实就是说当$r=10$的时候，经过等比级数的增长，数量剧增的情况。

如果在社交网络上总能这么容易地传播信息，创作者和广告主都会乐开花。遗憾的是，通常一条信息传着传着就死了。你如果注意一下各个公众号文章的阅读量，就会发现大部分文章的阅读量都不过万。那么问题出在哪里呢，我们就用等比级数分析一下。

我们假定浏览公众号的人中阅读了某篇文章的第一批读者数量是a_1，这些人读了之后觉得有价值，然后转发了文章的比例为p，每一次转发，平均能有k个受众，而这些受众中打开阅读的比例为q，那么第二批读者就有$a_1 \cdot p \cdot k \cdot q$个，我们把$p \cdot k \cdot q$用$r$代替，即第二批有$a_1 \cdot r$个读者，这就是前面说的等比级数了。依此类推，第三批有$a_1 \cdot r^2$个读者，……。如果$r>1$，那么这篇文章就霸屏了；但是如果$r<1$，级数是收敛的，无论怎么花力气传播，无论一开始花多少钱让a_1变得很大，读的人数都有限。比如，第一批读者是5000人（不算少了），而$r=0.5$，最终所有的读者加起来，不到1万。当然，同样是收敛级数，也有收敛得快和慢的问题。如果$r=0.9$，那么读者数量就可以达到5万，还是不错的；但如果r只有0.1，对不起，最终只有大约5555人会读到。如果一个媒体花大价钱推广，让a_1达到了10万，而r却只有0.1，最后也不过是大约11.11万人会读到。

接下来我们用这个道理来讲讲为什么喜欢搞标题党的媒体人没有出路。说句不客气的话，今天95%以上的新媒体人都是某种程度的标题党。我在某一年接受了大约50次采访，只有两篇报道不是标题党，剩下的无一例外都是标题党，这还是对媒体进行了严格筛选、并在我强烈要求不可以标题党的情况下发生的。从这里可以看出，标题党的问题只会比我遇到得更严重。但是从结果来看，标题党并没有帮助提升阅读量，因为真实的阅读量摆在那里。这里面根本的原因就是，一旦读者发现一篇文章是标题党，他就有上当的感觉，他都未必会读完，更不要说转发了，当转发传播的因子r远远小于1时，第二批读者要比第一批少很多，第三批更少，然后就渐渐趋近于零了。相反，真正有传播力的文章和视频，r会很大。在决定r的三个因素中，k即每次转发后的平均受众，和q即看到转发后文章打开阅读的比例，是很难改变的，能下功夫提高的，就是大家自愿转发的比例p，而这要靠提高内容的价值。类似地，想蹭热度的人，即便找到了一个受众非常多的人作为传播媒介，也就是 k 值很大，但是如果他为你转发或者宣传的意愿近乎为零，那么 r 值也就近乎为零，这样其实蹭不到热度。

相比之下，对注重内容的报道，读者转发意愿就会高很多，因此最终阅读量会是极大的。2019 年我作为今日头条金字节奖的颁奖嘉宾，出席了它的年度优秀报道颁奖，并且利用它的数据了解了一下这一年受欢迎的报道所具有的共性。被提名的 40 篇左右的报道和访谈，都是靠内容取胜的，没有一篇是靠标题而受到关注的。在那些媒体中，其实每篇报道和访谈的初始阅读量都是几万左右，而那些优秀的报道和访谈，其实没有利用更多的推广资源，完全是靠口碑相传。也就是说，各种文章的阅读量起点 a_1 都是几万，但是有些因为有一个很大的 r 值（转发率 p 和阅读率 q 的组合），最后达到了几百万的阅读量。

不仅媒体如此，任何一个产品，要想成为爆款，都需要提高转发率 p 这个值，也就是大家使用后满意、然后愿意主动宣传的比例。

接下来我们再从相反的角度，进一步理解 r 的作用。

我们在生活中，并非所有的时候都希望 $r>1$。很多时候，我们希望 $r<1$，比如我们不希望谣言扩散，希望它尽快终止。事实上，通常时间都会让 r 逐步下降，只要不挑起新的事端，火上浇油。有好几次，我的一些企业家朋友遇到公关危机，被一些自媒体做了不实的报道，然后受到网友的攻击。他们让我帮忙讲讲好话，我通常会和他们讲，这种时候，最好的做法就是什么事情都别做，不要引起新的话题，因为通常新闻传播的 r 值会衰减得很快，负面影响会很快结束。不断解释，不过是让 r 值长期维持在较高的水平。

了解了数列和级数变化的基本原理，我们就可以利用这个工具，解决很多实际问题。有些问题，我们一生中肯定会遇到好几次，它们能否解决好，和我们的生活质量是息息相关的。

本节思考题

某电商通过广告获得顾客。展示广告的成本是每千次50元，广告的点击率是r，点击广告后顾客的转换率为c。每一个顾客每个月可以带来50元的销售额，其中利润率为20%。在什么样的条件下，该电商做广告是有利可图的？如果该电商每个月顾客的流失率为k，又需要满足什么新的条件才能盈利？

2.4 等比级数：少付一半利息，多获得一倍回报

虽然我们强调通识教育的目的是提升理解世界的层次和掌握系统性的做事方法，但是依然有不少数学知识能够学完马上得到应用，数列和级数这个工具就是如此。我们在前面强调通过学习数列和级数，可以理解事物变化的规律，特别是长时间的变化趋势，这些知识在当下非常重要。今天几乎每一个人都要买房，而买房难免要贷款，计算贷款利息的工具就是等比级数，缺乏这方面的知识，

多付出一倍的利息是常有的事情。随着商业社会的发展，大家涉及其他借贷的事情还很多，它们通常不像房屋贷款那么正规，许多人不知不觉多付了几倍高的利息却毫无知觉。当然，有人可能钱多不需要借钱，但是钱多的人在投资时，稍有不慎损失一半的收益也是常有的事情。我们不妨先来看看贷款的问题，以及它和我们讲的等比级数的关系。

1.藏在贷款利息中的秘密

假定我们买房要向银行贷款120万，年化利率是6%，那么月利率是0.486%，接近0.5%，为了方便起见，我们就算是0.5%。我们先看一种简单的情况：1年还清贷款，每个月还1次，一共12次还款，也就是所谓的12期贷款。当然通常人们的房贷还款周期都比较长，不会只有1年，这里，我们为了简单起见，假定只借了12期的贷款，我们需要知道每个月所还的钱会是多少。

有人根据直觉会马上想到，利率6%一年还清，利息就是120万 × 6% = 7.2万。每个月既要还本金，也要还利息，本息平摊到12个月，每个月10万本金，6000利息，一共要还10.6万。这个算法对不对呢？今天很多P2P贷款公司，就是这么和大家算账的，一些不良中介，也是这么算的。但是，这种看似没有问题的做法，其实让贷款者多付了近一倍的利息！那么我们每个月到底应该付多少钱呢？这取决于两种常见的还款方式我们采用哪一种。我们按这两种方式分别进行一下计算。

第一种还贷方式被称为等额本金偿付。顾名思义，就是每个月还的本金数相同。在上面的例子中，每个月要还10万本金。当然，你每个月还要还利息，而利息是随着本金的归还而不断减少的。

我们先看看第1个月，你要还全部贷款的0.5%的利息，也就是120万 ×0.5%=6000元的利息。因此第1个月你需要还10.6万元，这和P2P公司的要求是一样的。

但是到了第2个月，由于我们所欠的本金只有110万了，它的利息是5500元，因此这个月你只需要还10.55万。以此类推，第3个月你只需要付100万本金的利息，这样3月到12月，你所需还的钱分别是10.5万，10.45万，10.4万，……，10.05万，逐渐减少。这是一个等差级数，12个月加起来是123.9万，其中一共支付的利息只有3.9万，即6000+5500+5000+…+500的结果。

从这里可以看出，前面那种带有猫腻的错误计算方法，让我们支付了7.2万的利息，也就是多支付了将近一倍的利息。一些不规矩的贷款公司，做这样一个小的手脚并不是很容易被发现，因为增加的那点利息相比本金看上去不那么起眼，而大部分人是算不清这笔账的，于是他们在被算计之后，无端多付出了一倍的利息。此外，不规矩的贷款公司还有很多猫腻，我们后面会讲到。

第二种还贷方式被称为等额本息偿付，就是说每个月还的本金和利息总和相同。在这种情况下，每个月还款中一部分被用于偿还利息，剩下的才用于偿还所欠的本金。那么每个月要付多少钱呢？这种情况就比较复杂了，我们需要解方程。

我们假设每个月偿付X万元。

第一个月：

所欠本金是L_1= 120（万元），

所欠利息是 $D_1=L_1\times 0.5\%=120\times 0.5\%$(万元)，

因此在偿还利息之后，

偿还本金 $P_1=X-D_1=X-120\times 0.5\%$(万元)，

尚欠的本金是 $R_1=L_1-P_1=120-(X-120\times 0.5\%)$

$=120\times(1+0.5\%)-X$（万元）。

为了找到规律，我们对上面的式子暂时不化简。同时为了清晰起见，我们接下来就省略万元这个单位。

第二个月：

所欠本金 $L_2=R_1=120\times(1+0.5\%)-X$，

所欠利息 $D_2=[120\times(1+0.5\%)-X]\times 0.5\%$，

在归还 X 万元后，扣除归还的利息部分，

偿还本金 $P_2=X-[120\times(1+0.5\%)-X]\times 0.5\%$

$=(1+0.5\%)X-120\times(1+0.5\%)\times 0.5\%$，

尚欠本金 $R_2=L_2-P_2=120\times(1+0.5\%)-X-[(1+0.5\%)X-120\times(1+0.5\%)\times 0.5\%]$

$=120\times(1+0.5\%)^2-[1+(1+0.5\%)]X$。

第三个月：

所欠本金 $L_3=R_2=120\times(1+0.5\%)^2-[1+(1+0.5\%)]X$，

所欠利息 $D_3=\{120\times(1+0.5\%)^2-[1+(1+0.5\%)]X\}\times 0.5\%$，

偿还本金 $P_3=X-\{120\times(1+0.5\%)^2-[1+(1+0.5\%)]X\}\times 0.5\%$

$=(1+0.5\%)^2X-120\times(1+0.5\%)^2\times 0.5\%$，

尚欠本金 $R_3=L_3-P_3=120\times(1+0.5\%)^3-[1+(1+0.5\%)+(1+0.5\%)^2]X$。

……

从上面的分析中我们可以看出一些规律了，到了第 n 个月，

$$\text{尚欠本金} R_n=L_n-P_n=120\times(1+0.5\%)^n-\left[1+(1+0.5\%)+(1+0.5\%)^2+\cdots+(1+0.5\%)^{n-1}\right]X$$
$$=120\times(1+0.5\%)^n-\frac{\left[(1+0.5\%)^n-1\right]}{0.5\%}X。$$

如果我们在第12个月把钱还清，也就是尚欠本金为零，就可以通过解方程求出上面的X。这个公式不需要记住，大家只要知道这是一个等比级数的问题就可以了，今天网上有很多计算等额本息还款的工具，输入偿付的期数、年利率，就能算出月供是多少。

不过有两个结论需要牢记。首先，这种等额本息偿付方式所支付的总利息，大致只有前面那种错误计算方法算得的利息的一半略多一些。其次，这种方式所支付的总利息，要比等额本金偿付所支付的多一些。具体到上面这个例子，等额本息偿付每月的月供是103 279.72元，12期下来一共支付的是1 239 356.59元，其中39 356.59元是利息，相比等额本金偿付多支付了300多元的利息。但是等额本息偿付的好处是前几个月的月供较低，这对需要钱的年轻人来讲更有吸引力。今天大部分银行向客户提供的就是这种支付方案。

当然，通常没有人只贷款1年，一般期限都在15年以上。如果是15年，贷款的年利率还是6%，按照等额本息的还款方式，那么每月的月供大约是10 126.28元，15年下来，要支付利息622 730.75元，比本金的一半稍微多一点。本息加在一起大约是182万。但是，如果按照前面那种不考虑所欠本金不断减少的错误计算方法，算出的利息高达108万，足足多支付了40多万。由此可见，一个人在今天如果不懂基本的数学概念，不会使用数学工具，工作挣钱再辛苦，可能都是替他人做嫁衣裳。

接下来我们来看看利息对月供的影响，进一步理解数学的作用。

如果贷款的年利率降到4%，按照等额本息的还款方式，那么15年算下来，只要支付397 725.92元的利息，大约能省23万元的利息，这不是一笔小钱。这样本息加在一起大约160万。由于支付的利息降低，同样收入的人可以买更贵的房子。在这个例子中，支付同样的月供大约可以向银行贷款136万，也就是说能买更贵的房子。可以看出利息降一点，10多年下来能省很多钱。

相反，如果利率涨到8%，120万的贷款就要支付864 208.50元的利息。如果维持月供不变，只能向银行贷款大约105万。如果利息涨到11%，15年下来要支付的利息已经超过本金了。11%是一个拐点，从此点往上，利率每增加一点，利息会剧增。很多人在买房子时，会为省一万块钱来回讨价还价，但是他们在接受贷款利率时，常常在不知不觉中会多付出0.5%甚至更高的利率，这其实是捡了芝麻丢了西瓜。

今天绝大多数正规的银行在给客户贷款时，都是采用上述方法计算和收取利息的，可以讲是明码收费非常公平。但是，很多P2P公司和民间的贷款机构，在提供贷款时都有很多的猫腻，我们不妨一一看来。

首先，那些贷款机构的利息本身就高。比如他们说每个月收1%的利息，很多人觉得年化利息就是12%，比银行6%的利息只多出一倍，还可以接受。其实，稍微计算一下就会知道年化利息其实是$(1+1\%)^{12}-1=12.68\%$，而不是12%，不要小瞧多出来的0.68%，这无形中就比银行6%的年利率多出了10%，加上1%和0.5%本身一倍的月息差，那些民间贷款的利息就高出了110%。当然，借钱的人既然心甘情愿地接受了1%的月息，还不能算是被坑，只是他们算不过账，不懂得利息指数增长的厉害，交了高出预想的利息。

但是接下来贷款机构收取利息的方式，就确实利用了借款人的无知而让他们落入圈套了。那些贷款机构会采用我们前面说的不降本金的利息计算方法收取利息。我们还是以一年12期为例来说明他们的做法。按照贷款120万、月息1%的利率，他们会让你支付15.2万（120万 ×12.68%）的利息。我们在前面讲了，如果按照年息12%等额本金偿付的方式还款，只应该支付7.8万的利息；即使按照等额本息偿付的方式，也只应该支付7.94万元左右的利息。而实际上，贷款机构多收了将近一倍的利息。但是，到此还不算完，他们还要更多地榨取借款者的利息。

那些贷款机构会要求借款人先支付利息，比如借了120万，它们只给对方104.8万元（120万 -15.2万），然后每个月还按照借出了120万的情况，要求借款人归还本金，即每月10万元。由于借款人需要真的有120万到手，他就得更多地借款，需要在合同上写137.4万的借款额，在扣除先支付的利息后，才能拿到120万。当然此时支付的利息也就更多了，是17.4万。这样算下来，比向银行按照6%的年利率借款（约还3.9万利息），多付了3倍多的利息。也就是说，如果以等额本金偿付的方式计算，贷款120万、支付17.4万元利息，就相当于借了年化利息为26%左右的高利贷。

很多人问学数学有什么用，搞清楚数列和级数的基本原理，知道用什么工具算利息，不要让自己辛苦工作挣的钱都被骗了，就是最现实的用途。

至于那些实在算不清账的人，只要记住下面两个原则就可以了：

（1）借钱不要去找那些不正规的机构（和个人）；

（2）永远记住“卖的人比买的人精”，不要试图贪便宜。

我们讲，人要在边界里做事情，既然计算利息已经超出了自己的能力边界，就不要去借不该借的钱，而是应该恪守上面的原则。

2. 通过数学让自己的利益最大化

当然，大部分人除了房贷，并没有动不动借高利贷的坏习惯，但是他们会遇到另一个问题，就是当把钱借给别人时，如何让自己最大地获利。通常在全世界的范围内，二级市场的投资只有两个工具，第一个是投资到股市，第二个是做所谓的有固定收益的投资，比如购买国库券和国债，以及银行的各种理财产品。前者和数列的关系不大，不是本书要讨论的内容，我们主要来看看在后一种投资中有什么要防范的地方。由于银行里所谓的理财产品，其实就是把它所购买的债券打包，从原理上讲和买国库券、国债是没有差别的，只是风险要高得多，因此我们就以国库券或者国债来说明。

各国国债付利息的方式有两种，一种是到期后连本带息归还；还有一种是定期付息，比如半年或者一年支付一次利息，到期后再支付本金，这种方式叫作剪息或附息。很多人觉得前者是利滚利，更合算，这其实是误解。因为当你在每半年或者一年拿到利息后，可以用利息再买新的国债，依然能实现利滚利。因此，这两种方式在投资上基本上是等价的，这里我们就以连本带息一次归还的国债来说明。

假如你购买10 000元10年期的国债，（复利的）年息为5%，10年后到期，你大约可以拿到6290元的利息。也就是说10年下来，你的投资获利为62.9%，在通货膨胀较低的国家，这一回报率还是不错的。通常发行债券的机构会把它包装成年利率6.29%的单利金融产品，这样显得投资回报高一些，也好计算一些。中国的国债讲的利息，都是折算后的单利利息，每年实际的回报要比标称的利息少一些。

接下来我们看两种情况。第一种情况，如果你刚买了国债，央行就加息0.5%，新的10年期国债的（复利）年息变成了5.5%，你手上的国债就瞬间贬值了。这是怎么回事呢？我们不妨假设你的邻居小明在加息后买了10 000元的新国债，他10年后连本带息大约能获得17 080元，比你手上面值10 000元的国债多出了大约800元的利息。当然，如果他想在10年后获得和你同样多的钱（即16 290元），只要买本金为9536元的国债即可。如果你和他将同样是面值10 000元的国债卖给第三人，由于你的利息低，他的利息高，你手上的国债在市场上只能卖到9500元左右，损失了大约500元，即大约5%。

另一种情况发生时，你手上的国债就会升值，那就是降息。比如央行的利率降低了0.5%，相应10年期国债的利率也下调到4.5%，这时你手上那10 000元的国债，就能相当于10 489元新发行的国债，等于瞬间升值了5%左右。

对于大部分人来讲，如果利息上涨，自己手上的国债收益相对下降了，他们通常不会做任何事情，就是认倒霉。但是，如果利息降了，这些人手里的国债，就成了很多投资者眼中的猎物了，他们会用高出你国债面值的价格收购它们。有些人贪一时的便宜，就把手上的国债卖了，但是当他们拿到现金之后，由于当时的利率下降了，可买不来能够产生同样投资回报的金融产品。我们不妨看这样的一个例子。

假如你去年购买了复利5%的10年期国债，我们前面算了，你10年总的收益是6290元，但是你得等到到期才能拿到。从去年到今年，国家降息了两次，一共降了1%，也就是说今年你去买国债，复利只有4%（相当于4.8%的单利）。这时来了一个倒卖国债的中间商，愿意在面值的基础上加价10%收购你的国债，你愿不愿意卖？

很多人想，去年花10 000元就买到了国债，只过一年就卖得了11 000元，投资回报很高啊，于是就卖掉了。这些人其实瞬间损失了一部分资产，因为那些国债持有到9年后，能够获得16 290元（连本带息），而如果他们今年拿卖出的11 000元来买国库券（9年期），到9年后，只能拿到15 656元，要想获得16 290元的本息回报，需要投资大约11 450元，也就是卖得11 000元时，瞬间损失了4%左右的资产。

今天在中国只有很少炒债券的人做这种生意，但是在全世界范围这类的生意可是个大生意。在美国，股市的总值大约是34万亿美元（2018年），但是同期国债的规模已经是21万亿了，此外还有州政府、县政府的债券和企业债券。因此这是一个大市场。在世界范围内，全世界其他国家的股市总值只有美国的1/3，但是政府债务却是美国的3倍左右。债券的价格主要随利息波动，这个市场的规模其实和股市差不多。在世界比较发达的国家，以及那些离岸的资本避风港，有钱人会把大约1/3左右的资产投入到各种债券中。因此债券价格和利息的关系是那些人生活的常识。

通过上面这些例子，不难看出数学不仅能提高我们在道的层面的见识，也能在术的层面直接给我们提供帮助。在道的层面，我们更多的是通过数学学会看到变化，以发展和全面的方式思考问题，克服我们自身固有的静态的、孤立的和片面的思维方式；在术的层面，我们应当更多地将数学理解为工具，同时通过学习数学，学会使用工具。

当然，数学也不是万能的，有很多它也做不到的事情，因此我们有必要了解数学的边界，而要讲清这件事，我们又要回到勾股定理了。

本节思考题

对于房贷来说，每个月多偿还一些本金后，可以节省下相应的利息部分。假如你每个月在月供的基础之上多偿还1000元，等到房贷到期时，你能少支付多少利息？根据你自己的房贷合同计算一下。

本章小结

数列和级数是由一个个数字构成的，这些数字放在一起，表现出完整的一种整体上的走势和规律，这些规律可以指导我们理解无穷远方的情况。但是，几个具体的数字本身和数列所体现出的性质会有很大差别。因此，我们并不能认为从个别数字得到的所谓的规律就反映了整个数列的走向。

第3章

数学边界：数学是万能的吗

数学是否是万能的？这个问题在今天特别有意义，因为很多人担心人工智能无所不能，而我们知道今天人工智能的基础就是数学。如果数学不是万能的，那么人工智能当然也不是。关于这个问题，简单的答案就是，数学并不是万能的！

3.1 数学的局限性：从勾股定理到费马大定理

在我们的世界里有很多问题不能、也不需要转化为数学问题，这是数学局限性的一种表现，我们可以将之理解成数学是有边界的。如果不考虑那些非数学的问题，我们把注意力集中到数学问题本身上，是否所有的数学问题都能够在有限的时间里找到答案呢？非常遗憾的是，对于这个问题，答案也是否定的。不仅如此，我们甚至无法判定一些问题的答案是否存在，当然就更不用说解决它们了。这不是人类的本事不够大，而是由数学本身的性质所决定的。要理解这一点，我们还是从勾股定理说起。

虽然勾股定理出现在几何学中，我们也可以换一个角度来看这个问题，即方程$x^2+y^2=z^2$有没有整数解。大家肯定会说，有！因为所有满足勾股定理的整数，也就是所谓的勾股数，都是这个方程的整数解，比如3，4，5和5，12，13等。

接下来如果我们再往前问一步，方程$x^3+y^3=z^3$有没有整数解？$x^4+y^4=z^4$呢？更一般性的问题是，对于任意一个大于2的整数n，$x^n+y^n=z^n$有没有整数解呢？这个问题困扰了人类几千年。后来法国数学家费马在17世纪时提出一个假说，除了平方的情况，上面这种形式的方程找不到整数解，它被称为费马大定理（或者费马最后定理）。

费马大定理虽然被称为了定理，但在被证明之前，只是一种猜想。我们在前面讲到，一种猜想哪怕用很多数据验证过了，只要没有证明，就无法成为数学大厦中的一块砖，无法在它的基础上搭建新的东西。因此，这样的猜想就有点像是绊脚石，我们需要对它有一个肯定的或者否定的结论，才能把和它相关的一大堆问题搞清楚。于是费马之后的几百年里，很多数学家都试图证明它，但是都不得要领。[①]这就让费马大定理成了一道跨越三个多世纪的数学难题。直到1994年，它才由著名的英国旅美数学家安德鲁·怀尔斯（Andrew Wiles）证明出来，而这个过程也是一波三折。

怀尔斯在10岁的时候被费马大定理吸引，并因此选择了数学专业。当然，出生在高级知识分子家庭的怀尔斯从小耳濡目染，有很好的科学素养，也接受了长期的训练，为证明费马大定理做了充足的准备。1986年，怀尔斯在做了十多年的准备后，觉得证明费马大定理的时间成熟了，终于决定将全部精力投入到该定理的证明上。为了确保别人不受他的启发率先证明了这个著名的定理，他决定在证明出这个定理以前不发表任何关键性的论文。而在此前，他发表了很多重要的论文。当然，为了避免一个人推导时出现逻辑错误且自己也看不出来的这种情况的发生，怀尔斯利用在普林斯顿大学教课的机会，不断地将自己的部分想法作为课程的内容讲解出来，让博士生们来挑错。

1993年6月底，怀尔斯觉得自己准备好了，便回到他的故乡英国剑桥，在剑桥大学著名的牛顿研究所举行了三场报告会。为了产生爆炸性的新闻效果，怀尔斯甚至没有预告报告会的真实目的。因

---

① 费马曾说他已经证明了这个定理，只是那张纸不够大，写不下。这种说法在后来被认为是费马搞错了。

此，参加前两场报告的人其实不多，但是这两场报告之后，大家都明白接下来他要证明费马大定理了，于是在1993年6月23日举行最后一场报告时，牛顿研究所里挤满了人，据估计可能只有1/4的人能听懂讲座，其余的人来这里是为了见证这个历史性的时刻。很多听众带来了照相机，而研究所所长也事先准备好了一瓶香槟酒。当怀尔斯写完费马大定理的证明时，很平静地说道："我想我就在这里结束"，会场上爆发出一阵持久的鼓掌声。这场报告会被誉为20世纪该研究所最重要的报告会。随后，《纽约时报》用"尤尼卡"（Eureka）做标题报道了这个重要的发现，而这个词是当年阿基米德在发现浮力定律后喊出来的，意思是我发现了。

不过故事到此并没有结束，数学家们在检查怀尔斯长达170页的证明之后，发现了一个小漏洞。怀尔斯开始认为能很快补上这个小漏洞，但是后来才发现这个小漏洞会颠覆整个证明的逻辑。怀尔斯又独立地工作了半年，但毫无进展。在准备放弃之前，他向普林斯顿大学的另一个数学家讲述了自己的困境。对方告诉他，他需要一位信得过的、可以讨论问题的助手帮忙。经过一段时间的考虑和物色，怀尔斯请了剑桥大学年轻的数学家理查德·泰勒（Richard Taylor）来一同工作，最后在泰勒的帮助下，怀尔斯补上了那个小漏洞。由于有了上一次带有乌龙性质的经历，怀尔斯这次有点怀疑自己是在做梦。于是他到外面转了20分钟，发现自己没有在做梦，这才喜出望外。由于怀尔斯在证明这个定理时已经超过了40岁，无法获得菲尔兹奖[①]，因此国际数学家大会破例给他颁发了一个特别贡献奖，这也是迄今为止唯一一个特别贡献奖。

从怀尔斯证明费马大定理的过程，我们也能再次体会，数学是世界上最严密的知识体系，任何的推导不能有丝毫的纰漏。怀尔斯就差点因为一个小的漏洞毁掉了整个工作。关于费马大定理证明过程的更多细节，有兴趣的读者可以阅读《费马大定理》[②]一书。

那么证明这个古老的数学难题有什么意义呢？这个定理的证明过程本身就导致了很多数学研究成果的出现，特别是对于椭圆方程的研究。今天区块链技术用到的椭圆加密方法，就是以它为基础的。在怀尔斯之前，有一批数学家，特别是日本的谷山丰（Taniyama Yutaka），对这一系列理论做出了重大的贡献，怀尔斯的成功是建立在他们工作基础之上的。今天的比特币可以讲完全是谷山丰理论的一次有意义的应用。而在怀尔斯之后，泰勒等人还在不断发展这方面的理论。

如果把勾股定理和费马大定理放到一起，我们可以得到这样一个结论：就是某些多项式的不定方程，即超过一个未知数的方程，有整数解，而另外一些没有整数解。但是对于其他一些多项式不定方程，比如：$2x^2+3y^3=z^4$，或者 $x^2+3y^3-w^5=z^4$，它们是否有整数解呢？这就涉及希尔伯特第十问题，并且涉及数学的边界问题了。

① 菲尔兹奖被视为数学界的诺贝尔奖，用来奖励有卓越贡献的年轻数学家，在四年一度的国际数学家大会上举行颁奖仪式。

② 西蒙·辛格，费马大定理［M］．薛密，译．桂林：广西师范大学出版社，2013。

本节思考题

对于费马大定理，在怀尔斯证明这个定理之前，人们一直没有找到反例，从实用的角度讲，能否就认为这个定理成立了、并且可将这个结论应用于实际问题中呢？

3.2 探寻数学的边界：从希尔伯特第十问题讲起

对于某个数学问题有解还是无解，我们都希望有一个明确的结论，比如$x^2+y^2=z^2$在正整数域有解，而$x^3+y^3=z^3$在整数域无解。但是任给一个多项式不定方程，比如$2x^2+3y^3=z^4$，有没有整数解，一直没有一个方法能够判定。因此，1900年在巴黎举行的国际数学家大会上，德国数学家戴维·希尔伯特（David Hilbert）才把这个问题作为二十三个著名的数学问题中的第十个提了出来，它后来被称为希尔伯特第十个问题（简称希尔伯特第十问题）。这个问题的表述如下：

对于任意一个有理系数[①]的多项式方程，我们能否在有限步内，判定它是否有整数解？

我们可以看出，勾股定理和费马大定理所描述的方程，都是上述问题的特例。

① 在数学上，有理系数等价于整数系数。

在第二次世界大战（后文简称“二战”）之前，一些数学家们思考过这个问题，比如阿兰·图灵（Alan Turing），但是他没有花太多的精力来研究。欧美数学家们真正投入巨大的精力来解决这个问题是二战之后，而且科学家们发现，这个问题的答案，同时能够回答计算机所能处理问题的边界。

希尔伯特第十问题的解决颇具戏剧性。在20世纪60年代，被认为最有可能解决这个难题的是美国著名的女数学家朱莉娅·罗宾逊（Julia Robinson），她从博士一毕业就致力于研究这个问题，也取得了很多突破性的进展。虽然罗宾逊因为这方面的贡献成了美国科学院第一位女院士，美国数学学会第一位女会长，但她离解决这个问题最终还是差几步。1970年，俄罗斯的天才数学家尤里·马季亚谢维奇（Yuri Matiyasevich）在大学毕业后一年就解决了这个问题，证明了这类问题是无解的，从此在世界上一举成名。对希尔伯特第十问题的否定回答，也被称为马季亚谢维奇定理。

到目前为止，我们所能解决的数学问题其实只是所有数学问题中很小的一部分。当然，很多人会说尚未找到答案不等于没有答案。

希尔伯特第十问题为什么重要呢？因为它实际上是在直接挑战数学的边界。不定方程在数学中还算不上最难的问题，至少形式上如此。通过数学的方法，我们可能根本无法判断一些问题答案的存在与否。如果连答案是否存在都不知道，就更不用说通过数学的方法解决它们了。这样就为数学划定了一个明确的边界。

希尔伯特第十问题的解决对人类来讲是个坏消息，也是个好消息。说它是坏消息，是因为它告诉人类世界上绝大多数数学问题，不仅没有明确的解，甚至无法得知它的解是否存在，由此彻底颠覆了依靠数学解决一切问题的幻想。人类的这种幻想从毕达哥拉斯开始就有了。但是，正是因为扑灭了人类这种不切实际的幻想，才让人类老老实实地在边界内做事情。所以说这也是个好消息。当然，这同时也让我们确信，基于数学的人工智能并不是无所不能的。这个世界恰恰有太多事要做，而我们却不知道答案。正如图灵所说："我们仅能前瞻不远，却有很多事情要做。"因此，是时候发挥我们的能动性了。

本节思考题

除了希尔伯特第十问题，能否再举出一个我们无法判断它是否有解的数学问题。

本章小结

数学上有很多复杂问题它们在形式上是很简单的，以至于大家一看就懂，比如费马大定理就是如此。但是，对于这样看似简单的问题，我们却找不到答案，甚至可能并不知道答案是否存在。这并不完全是数学家们水平不够，而是有些数学问题可能就是无法找到答案。

数学是我们通向理性世界的工具，但是我们这个世界里不仅有理性，也有感性，因此数学不是万能的。即使对于数学问题来讲，数学的方法也不可能解决所有的数学问题。这是我们在理解数学、用数学重新武装我们的头脑时所应有的态度。

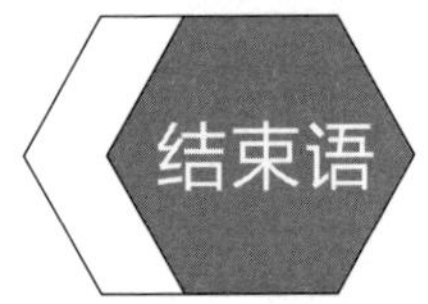

结束语

数学有别于人类所构建的所有其他的知识体系，它是唯一一个具有绝对正确结论（用莱布尼茨的话讲就是absolute truth）的学科，因为数学是建立在公理和逻辑基础上的，只要自洽就是正确的。其他任何知识体系，无论是物理学、化学和生物学，还是医学、历史学、社会学和经济学，都是对宇宙中物质的规律和人类社会规律进行描述，如果其中的一些描述不符合真正的规律或者新发现的现象，那就被证明是“错的”。因此在这些学科中的结论，都是有条件正确的（用莱布尼茨的话讲就是contingent truth）。基于上述特点，数学的定理一旦成立，就有普世的意义，而不像自然科学的规律是会随着条件而改变的。在数学中，不能采用自然科学实证的方法，无论多少次证实都无法确立一条定理。因此，像毕达哥拉斯定理这样的规律，虽然世界各个早期文明都从经验出发发现了它，但是在没有被证明之前，只能算是一个猜想。数学定理的证明只能从定义和公理出发，靠逻辑推理来完成。数学的大厦，就是以公理和定义为基础，靠一条条定理，搭建而成，连接它们的是逻辑。

数字篇

数学发展的过程和人类认识世界的过程从总体上讲是一致的。

每一个阶段，人类都会遇到一些难以解决的问题，这些问题通常是无法依靠现有工具解决的，于是它们就成了难题。直到有一天，人们发明新的工具，便轻而易举地解决了它们。当然，新的工具会扩大人们对数学的认知范围，也就催生出新的概念来描述新的数学规律。当数学的认知范围扩大了之后，又会出现新的难题，它们依然会再次难倒大家。数学就是这样一层层递进发展的，我们自己的知识体系，其实也是这样建立起来的。

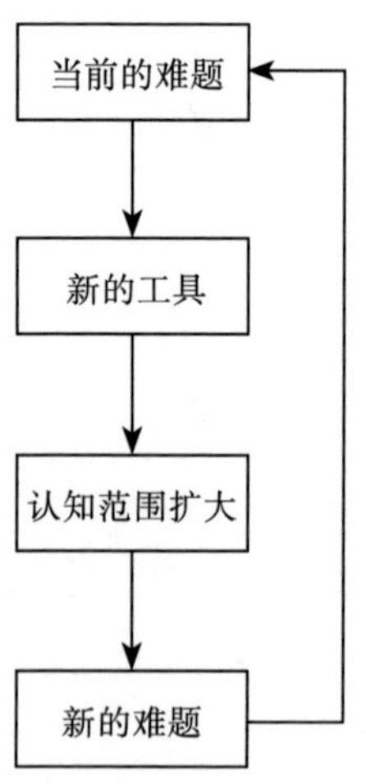

接下来，我们就以数和方程相互促进发展的过程为例，来说明数学的这种发展模式。

第4章

方程：新方法和新思维

人类对数的认识有几次跳跃式的发展，并常常和解方程有关。一开始，人类先认识到了正整数，后来在解形如 $5x=7$ 的方程时发现，正整数不够用了，于是有了有理数；等到了毕达哥拉斯发现了勾股定理之后，人们便无法回避无理数存在的问题了，有了无理数，二次方程的解法就得到了完善；但是等数学家们试图解决三次方程的问题时，就不得不面对负数开根号的问题了，这样虚数的概念就被提出来了。因此我们要讲人类对数的认识过程，就不得不提到解方程。

4.1 鸡兔同笼问题：方程这个工具有什么用

很多人在中学学习列方程和解方程时都会有一个疑问，我将来也不当数学家，为什么要学它。方程从本质上讲是人类设计出的一种数学工具，利用这种工具，解决一些在算术中遇到的难题特别方便。通过学习列方程和解方程，掌握利用工具的方法，初中数学学习的目的就达到了，对数学的认识自然也就提高了。比如，我们在小学遇到的难题鸡兔同笼问题，用上方程这个工具，就变得非常简单了。

1. 鸡兔同笼的中国式解法

鸡兔同笼问题大家应该不陌生，今天小学生都要学习解决这一类问题，在国外也有类似的问题，只是有时鸡和兔换成了鸡和羊。这些问题对小学生们来讲之所以显得难，是因为在没有学习解方程之前，解决问题所用的解题技巧并不直观。因此，绝大多数人虽然学习过，但长大之后基本上就忘了。我曾经问过十几个工作了几年的、有大学文凭的人，只要他们没有继续辅导孩子，大部分人都已经忘了怎么做了。

鸡兔同笼问题最初出现在中国南北朝时期的《孙子算经》中，它是这样记载的：

例 4.1：在一个笼子里，有鸡和兔子，从上面数数出来35个头，从下面数数出来 94 只脚，请问鸡和兔子各有几只。

对于这个问题，《孙子算经》给出了一个很巧妙、但是小学生们难以理解的解法，大意如下：

（1）将所有动物的脚数除以 2（94/2=47）。这样每只鸡有 1 对脚，每只兔子有两对脚。鸡脚的对数和头数一样，兔子脚的对数比头数多 1。

（2）假设所有的动物都是鸡的话，就应该有 35 对脚，但事实上有 47 对脚。

（3）如果将 1 只鸡换成 1 只兔子的话，就会使得脚的对数增加 1。用 47 减去 35，得到 12，说明需要有 12 只鸡被换成兔子，这就是兔子的数目。

（4）知道了兔子的数目，鸡的数目也就知道了。

这个解法小学生们很难理解，因为将所有动物脚的数量除以 2，找不到对应的物理含义，道理讲不清楚，不直观。此外，这个解题技巧很难举一反三，因为这样的技巧学得再多，对数学的进步也没有太大的意义，比如我把问题改一下：

例 4.2：三轮车和汽车（四轮）的数量一共是 20 辆，有 65 个轮子，请问有多少辆汽车，多少辆三轮车？

这个问题就无法用《孙子算经》中的方法解决——无论先把车辆的轮子数除以 3，或者除以 4，都行不通，因为 65 既不能被 3 整除，也不能被 4 整除。在古代东方文明（除了中国外，也包括古印度和日本）的数学著作中，有很多对特定数学难题的解法，那些解法并不缺乏巧妙性，但是它们给出的都是对一个个具体问题的解法，缺乏系统性。再多的这类技巧也难以穷尽我们所遇到的各种数学问题。

同样的道理也可以用在学习上，如果一个人花了很大力气还学不好数学，就要想想是否在学习方法上出错了，是不是把重点放在了零碎知识的积累和具体解题技巧的掌握上？这就等于走歪了路，因为每一次学到的新方法可能对后面的学习都没有太大的帮助。更好的学习方法是重视前后知识的逻辑联系，让前面学到的方法能为后面所用，实现可叠加的进步。

我们今天小学里教的解鸡兔同笼的方法，在逻辑性和通用性方面就要比古代的方法好很多。通常学校里会这么教：

（1）我们假定笼子里全是鸡，那么应该有35 ×2 =70只脚。

（2）现在有94只脚，多出24只脚，就应该是由4只脚的兔子造成的。

（3）如果我们用1只兔子替换1只鸡，就会多出两只脚，那么替换24只脚需要多少只兔子呢？

（4）现在多了24只脚，于是就有12只兔子（24 / 2 = 12），剩下的就是鸡。

这个方法和真实的生活（兔子比鸡多两只脚）可以对应，逻辑清晰，比《孙子算经》的方法好理解得多，而且通用性也好很多，能够举一反三。比如我们就可以用这个方法来直接解决例4.2中的汽车和三轮车的问题，具体做法是这样的：

（1）我们假定都是三轮车，那么应该有20×3=60个轮子。

（2）现在有65个轮子，多出了5个轮子，应该由是汽车造成的。

（3）如果用1辆汽车换1辆三轮车，就会多出1个轮子。

（4）现在多出了5个轮子，因此应该有5辆汽车。

在学校里，孩子们如果遇上一个能把鸡兔同笼问题讲透的好老师，真正学懂了，再遇到汽车和三轮车的问题，即便老师没有讲，聪明一点的孩子也能做出来。当然依然会有一些同学做不出来，因为他们只是背下来了鸡兔同笼算法，只记住了一只兔子腿的数量是鸡的两倍。这些学生要考高分，只好多做题，把三轮车的题目也做一遍，这样不仅把自己搞得很辛苦，而且能否考好全凭运气。

要求一个二、三年级的小学生真正领悟上述方法的精髓，其实挺难的。再要求他们能够灵活运用，就更有点不切实际。事实上大部分小学生在学懂了鸡兔同笼问题后，还是做不出下面这道题：

例 4.3：红皮鸡蛋5元3个，白皮鸡蛋3元两个，小明花了19元，买了12个鸡蛋，问红皮和白皮鸡蛋各几个？

这个问题其实是鸡兔同笼问题进一步的变种，但是用上面改进的鸡兔同笼的解法并不管用。读者朋友如果有兴趣，可以试着不用方程这个工具，看看能否找到解法。对于那些想参加奥数比赛的学生，老师会再教给他们一个新的技巧解决这一类问题。但是，数学问题是无限的，技巧也是学不完的，而学生们的时间却是有限的。按照《庄子》的说法，用有限的时间学无穷的方法，是没有希望的。

2. 鸡兔同笼的美国式解法

那么能不能针对所有这一大类问题，提供一个比较容易掌握的寻找答案的思路呢？美国人的教法很有趣，我一开始觉得他们的教法很笨，后来细想想，又觉得有些道理。

美国人在小学很少教授各种复杂的解题技巧，而是针对学生的接受能力教一些孩子们能够掌握的笨办法。具体到鸡兔同笼问题，通常讲的就是列表这种笨办法。比如，在例4.1中，老师会先让学生们明白，兔子的数量不能超过24只（94/4），然后就列一张表（表4.1），从23只开始往下试验，看看脚的数量有多少。

表4.1　鸡兔同笼问题中鸡兔数量和脚的关系

兔子数量	23	22	21	20	…	13	12
鸡数量	12	13	14	15	…	22	23
脚的数量	116	114	112	110	…	96	94

我看了美国人的解法，第一印象是讲得真笨，果然大部分美国人数学学不好。但是我很快发现，他们再做其他相似的问题时，就可以从前面解题的过程中受到启发，然后能解决更多的问题。比如对于前面的鸡蛋问题，美国小学生会列这样一张表（表4.2）：

表4.2　红皮鸡蛋和白皮鸡蛋数量和价钱的关系

红皮鸡蛋	12	9	6	3	0
白皮鸡蛋	0	不可能	6	不可能	12
价格	20	——	19	——	18

事实上，只要是有整数解的各种二元一次方程的问题，都可以用列表这种笨办法解决。也就是说，对于理解能力不算太强的小学生来讲，一种数学工具的易学性和通用性，要远比巧妙性来得重要。一种一学就会的笨办法，虽然用起来要花很多时间，但总比一

大堆不容易学会、孩子遇见问题时也不知道该挑选哪一个来用的巧妙方法，更有价值。这种笨办法还有一个好处，就是让学生们在列表的过程中，感受到数字变化的趋势，慢慢地就知道该从什么范围进行试验。

不仅是对于鸡兔同笼问题美国老师不讲解题技巧，而且其他的解题技巧他们在小学也很少教，免的学生学不会，有挫败感。对于那些聪明的孩子，可以去上课外班，或者在私立小学干脆和高年级的学生一起去上课。相比之下，中国学校里教的那些聪明办法，常常和具体问题有关，除非是悟性很好的学生，普通孩子记不住多少，真到了用的时候也很难举一反三。

当然，如果数字很大，列表的方法通常就不太管用了。这时，老师会告诉大家，别着急，到了中学（或者小学高年级），学了解方程，那些题目你们就自然就会了。事实上也是如此，那些在小学低年级看似很难的问题，学会使用方程这个工具，就都迎刃而解了。

但遗憾的是，大部分学校在教授方程这部分内容时，并没有通过它培养起学生使用数学工具的好习惯。因此，很多人在离开学校之后，除非要辅导孩子，可能一辈子不会再碰方程，自然也忘记了如何解方程。很多人甚至质疑为什么要学习它。但是，有些人则通过对方程这个工具的学习，慢慢学会了如何使用工具解决问题。

3. 鸡兔同笼的方程解法

接下来，我们还是以上面的鸡兔同笼问题为例，说说方程这种工具的妙用。

在上述问题中，我们假设鸡有x只，兔子有y只，由于题目告诉了我们鸡和兔子的总数是35，我就得到第一个方程：

$$x+y=35。$$

如果只有一个方程，可能会找出许多符合条件的鸡和兔子的数量组合，比如$x=10$，$y=25$，或者$x=12$，$y=23$都可以。要得到唯一确定的解，就需要让鸡和兔子的数量满足第二个条件，即脚的总数是94。我们知道鸡有两只脚，兔子有4只，于是我们就有了第二个方程：

$$2x+4y=94。$$

上述两个方程因为有两个未知数，因此就构成了一个二元的方程组。所谓的元，即未知数。由于每一个未知数的次方都是1，也就是说，没有出现未知数相乘或者开根号的情况，因此它们被称为一次方程。解方程的方法任何一本初中数学书中都有，我们就不讲了。需要指出的是，列方程这种方法其实和美国小学教的列表的笨办法有些关联性。那种列表法在枚举鸡和兔子数量时，一直在满足第一个方程，而在确定唯一解时，是通过不断地计算第二个方程左边的表达式，看看什么时候和右边相等。因此，把列表法讲清楚，其实对理解方程和列方程是有帮助的。

有了方程这个工具，汽车和三轮车的问题就迎刃而解了，我们假定它们的数量分别是x和y，相应的方程组是：

$$\begin{cases} x+y=20 \\ 3x+4y=65 \end{cases},$$

解方程后，x和y分别是15和5。

对于鸡蛋的问题，我们假设红皮鸡蛋和白皮鸡蛋各是 x 和 y 个，每个红皮鸡蛋是 $\frac{5}{3}$ 元，白皮鸡蛋是 $\frac{3}{2}$ 元，相应的方程组就是：

$$\begin{cases} x+y=12 \\ \frac{5}{3}x+\frac{3}{2}y=19 \end{cases},$$

解方程后，x 和 y 分别是 6 和 6。

上述三组方程，对于小学高年级的学生来讲，做出来是分分钟的事情。这可比前面说的那些方法容易多了。在小学，比鸡兔同笼更复杂的一类问题是牛吃草问题，这是牛顿编出的一道数学题，我把它放在了后面的思考题中了。对于这个问题，如果没有方程这个工具，单纯靠算术来解会比较复杂。

从这些例子中，我们也能够体会方程是什么了。

4. 方程的术与道

从术的层面讲，方程是一种工具，这种工具能够把原来用自然语言描述的数学问题，变成数学上的等式。在等式中，我们所需要计算的数量可以先用一些未知数来代表，这个未知数就是变量。方程这个工具的便利之处在于，它有一整套合乎逻辑的解法，因此，只要通过一两个问题掌握这个方法，就能把成千上万的问题解决掉。掌握好工具才是学习数学的正道，而不是做更多的题。

在使用方程这个工具时，最难的部分是把用自然语言描述的现实世界的问题变成用数学语言描述的等式，这也就是我们常说的列方程。人的作用其实相当于一种翻译器，做练习题的目的就是练习把自然语言翻译成数学语言，然后用现成的工具解决它们。学习数学也好、物理也好，关键不在于刷多少道题，而是在于理解这些知识体系中工具的作用。尤其是遇到很难的数学题，常常不是靠钻牛角尖苦思冥想来解决，而是要采用更高层次的工具。

古希腊以来，世界上出现了很多著名的数学难题，动不动就难倒人类上千年，比如古希腊数学中三个著名的几何作图题，费马大定理，哥德巴赫猜想和庞加莱猜想等。这些问题的自然语言表述很简单，它们的含义也很容易懂，因此在数学发展相对早期的阶段就被提出来了。但是，同一时代的数学工具都不足以解决它们，需要更高层次的工具才好解决。事实上，像三大几何作图题，虽然困扰了人们几千年，但一旦有了好的数学工具，解决起来就会非常容易。关于这些问题，我们在后面的内容会讲到。

很多年前我问一位美国华裔物理学家，为什么老一辈的理论物理学家（当时他们在50岁以上）很少能再发表具有轰动效应的论文？他回答说他们的数学工具不够先进，因为他们读研究生时学的数学和新生代科学家相比多有不足。我们常说，工欲善其事，必先利其器，这就说明了工具的力量。因此，作为数学通识教育，比讲授知识点更重要的，就是让大家体会工具的作用。当我们掌握了中学的一些数学工具后，小学的各种数学难题就变得非常容易。当我们掌握了微积分这个工具后，很多中学的数学难题就不值一提了。

在道的层面，方程的意义是指在思维方式上的意义。解方程这种方法从本质上讲是逆向思维——我们对于要求解的问题先存疑，带着疑问把问题描述清楚，然后反向推理，一步步得到答案。比如，我们遇到这样一个问题，“什么数加上3等于5 ？”，正向思维是这个数肯定比 5 小，小多少呢，小 3，于是我们用 5−3=2 得到答案。用方程的方式来解决问题，则是先不管这个数是多少，假设为 x，然后把上面一句话翻译成数学的语言，即 $x+3=5$。至于 x 是多少，方程这个工具会给出一整套系统地解决问题的步骤，一步步来就可以了。而那些步骤，其实就是倒推，最后推导出 $x=2$。

不同类型的方程和不同的数是对应的。怎样理解这一点呢？回顾中学学习的解方程，一方面，我们会发现上面这样的一次方程，即使方程中只有整数（系数），比如 $3x+5=7$，方程的解很可能不是整数，而是有理数解，比如 $\frac{2}{3}$。另一方面，只要一次方程本身不包含无理数，它的解也不可能有无理数。也就是说，一次方程对于有理数是完备的，算来算去都在有理数这个圈子里“转悠”。如果我们把方程这个工具和人类对数的认知做一个对应，我们可以得到这样一个结论：一次方程对应有理数这个层次。如果方程从一次方程上升到二次、三次，对应的数的范围，就也需要扩大了。

本节思考题

【牛吃草问题】牧场上有一片青草，每天都生长得一样快。这片青草供给 10 头牛吃，可以吃 22 天；供给 16 头牛吃，可以吃 10 天。如果供给 25 头牛吃，可以吃多少天？

扫描二维码

进入得到 App 知识城邦“吴军通识讲义学习小组”

上传你的思考题回答

还有机会被吴军老师批改、点评哦～

4.2 一元三次方程的解法：数学史上著名的发明权之争

1. 一元二次方程的通解

有了方程这个工具后，我们在日常遇到的数学问题，一大半都可以解决了。当然，很多时候方程并不都是一次的，还涉及未知数自身相乘，或者不同未知数之间相乘。比如，对于下面这样一个问题，就涉及未知数自身相乘的情况。

例4.4：一个水池的长比宽多两米，它的面积是24平方米，请问这个水池的长、宽各是多少？

如果我们用方程来解决这个问题，假定水池的长为x，宽就是（$x-2$），于是就可以得到这样一个方程

$$x(x-2)=24,$$

化简后得到：

$$x^2-2x-24=0。$$

当然我们也可以假设水池的宽度为y，于是就得到方程组

$$\begin{cases} xy=24 \\ y=x-2 \end{cases}。$$

很容易证明，方程组和上面的方程是等价的。但无论是哪一种形式，方程中都有未知数的二次项出现，因此它们被称为二次方程。

对于二次方程，解决起来就不那么直观了。到了公元9世纪时，伟大的数学家阿尔·花拉子米（Al-Khwarizmi）总结出一元二次方程的解法，并且在他的著作《代数学》中做出了详细的论述。后人只要读了他的这本书，所有的一元二次方程问题就都能解决了，这便是系统性理论的作用。今天我们说的算法一词algorithm，就来源于花拉子米名字的阿拉伯语写法，而代数一词algebra，最初就是指他总结的一元二次方程的解法。具体讲，就是对于一个一般意义上的一元二次方程

$$ax^2+bx+c=0,$$

它有两个通解：

$$x=\frac{1}{2a}\left(-b\pm\sqrt{b^2-4ac}\right)。\tag{4.1}$$

在上面的解法中，有一个开平方的运算，这就无法保证一元二次方程的解是有理数了。因此，一元二次方程这个工具，就迫使人类对数的认知提高到无理数，或者说实数这个层次了。比如我们解$x^2+1=4$这个方程，就会发现虽然它的系数都是整数，但是它的解不仅不是整数，而且不是有理数，它是$\sqrt{3}$或者$-\sqrt{3}$，是两个无理数。也就是说，当我们面对二次方程时，我们对数字的认知必须提升到无理数这个水平。

不过，在上述的通解公式中，还有一个问题被花拉子米等人回避掉了，那就是当$b^2-4ac<0$时怎么办？因为我们找不到两个数字，自己乘以自己，结果是负数。对于这种情况，当时的人直接认为相应的方程是无解的。比如$x^2+1=0$就无解。因为根据我们对实数的认知，$x^2\geqslant 0$，x^2再加上1，当然不会等于零了。不过，对负数求平方根的问题，最终还是没能回避掉，因为人类在寻找一元三次方程

通解时，就无法回避这个问题了。

2. 一元三次方程的发明权之争

一元三次方程看上去只比一元二次方程未知数的次数高了一次，但是寻找它的通解难度非常大，以至于在花拉子米发现了一元二次方程通解之后的几百年里，依然没有人能够找到诸如 $x^3+x+1=0$ 这样的一元三次方程的解法。当然一元三次方程的通解最终还是被发现了，至于是谁发现的，则是数学史上一桩著名的公案。

直到15世纪，人类还不知道一元三次方程的通解，对于一些特殊的方程，数学家们通过技巧可以找到解，但是对于大部分的一元三次方程，大家绞尽脑汁也想不出答案。因此，当时在欧洲，能解几个一元三次方程，就算得上是数学家了。

在当时欧洲著名的博洛尼亚大学[①]，有一位名叫希皮奥内·德尔·费罗（Scipione del Ferro）的数学家。他有一位名叫安东尼奥·菲奥尔（Antonio Fior）的学生，这个人既不聪颖，也不好学，看样子将来是不会有什么出息。费罗临死前对这位不成器的学生有点放心不下，就对他说，你将来怎么办啊，要不为师传给你一些独门绝技，你将来就拿它去找最有名的数学家挑战，如果赢了他，也就能在数学界站住脚了。之后不久，费罗老师就去世了。

菲奥尔在此后果然混得不太好，于是就拿出了老师的独门绝技，去找一位名叫塔塔利亚的数学家挑战。塔塔利亚是意大利语

① 博洛尼亚大学是全世界最早的大学，位于今天的意大利。

口吃的意思，这个数学家的真名叫做尼科洛·方塔纳（Niccolò Fontana），但是今天大家都很少提及他的真名，而用他的绰号。当时欧洲数学家之间盛行挑战，就是各自给对方出一些自己会做的难题，如果自己做出了对方的题，同时把对方难倒了，就算赢了。1535年，菲奥尔听说塔塔利亚会解一些一元三次方程，就给他出了一堆解这类方程的难题，这些题从形式上讲，都大同小异，就是下面这样的一些方程：

$$x^3+8x+2=0,$$

$$2x^3+7x+5=0,$$

$$x^3-18x+12=0,$$

$$x^3+3x-6=0。$$

可以看到这些方程都没有二次项，也就是x^2项。我们不妨将这些方程称为第一类一元三次方程。费罗给菲奥尔留下的独门绝技，其实就是这一类方程的解法。当初，费罗在发现了这类方程的通解后，除了悄悄告诉了自己的女婿（一说是外甥）安尼巴勒·德拉·纳夫（Annibale della Nave），以及这位不上进的学生，没让旁人知道。塔塔利亚在拿到菲奥尔出的这些难题后，也毫不客气地给对方出了一堆难题，也是求解一元三次方程的，但形式上略有不同，诸如下面这样的形式：

$$x^3+x^2-18=0,$$

它们的特点是都没有一次项，也即x项，但是有二次项，我们不妨将它们称为第二类一元三次方程。这一类方程的解法塔塔利亚已经想出来了。双方约定以30天为期解出题目，并且压上了一笔钱做赌注，于是比赛正式开始。

菲奥尔看了一眼对方的题，知道自己做不出来，也就根本没打算做。菲奥尔的如意算盘是，对方如果也做不来自己的题，双方就算是打平了，这样他菲奥尔就一战成名，比肩塔塔利亚了。塔塔利亚并不知道这些情况，他每天从早到晚在书房里认认真真地做数学题。眼看30天的期限快到了，塔塔利亚还没有解出来，菲奥尔暗自高兴，这场比赛看似能打平。然而，皇天不负有心人，塔塔利亚最后经过努力，终于解出了对方的难题，赢得了比赛，菲奥尔自然就退出了历史舞台。

在1535年的那次挑战赛之后，有很多人想从塔塔利亚那里学习一元三次方程的解法，但是塔塔利亚就是不说。当时的数学家们并不像今天一样要抢先发表自己的研究成果，他们宁可保密，然后用它来挑战其他数学家，博取名声和金钱，或者等人上门求他们来解一些数学难题。因此，费罗和塔塔利亚保守秘密的做法在当时很普遍。后来有一位叫杰罗拉莫·卡尔达诺（Girolamo Cardano）的数学家找上门，不断恳求塔塔利亚，想知道第一和第二类一元三次方程的解法，后者受求不过，让卡尔达诺发下毒誓保守秘密后，在1539年将两类特殊的一元三次方程的解法告诉了他。

卡尔达诺有一个学生叫洛多维科·费拉里（Lodovico Ferrari），这个人水平也很高。师徒俩在塔塔利亚工作的基础上，很快发现了所有一元三次方程的解法，我们可以把它称为通解。他们兴奋不已，但是由于之前发了保守秘密的毒誓，因此不能向外宣布自己的发现，这让他们非常郁闷。几年后，也就是1541年，塔塔利亚也发现了所有的一元三次方程的解法，但是他依然保守秘密，不和别人说。

1543 年，也就是塔塔利亚和菲奥尔的挑战赛过去 8 年之后，卡尔达诺和费拉里访问了博洛尼亚，在那里他们见到了费罗的女婿纳夫，得知费罗早就发现了第一类和第二类一元三次方程的解法，这下让这师徒二人兴奋不已，因为他们觉得憋在心里的谜底终于可以说出来了。卡尔达诺决定不再恪守对塔塔利亚的承诺了，于 1545 年将所有一元三次方程的解法发表了。他出版了《大术》（*Art Magna*，就是“数学大典”的意思）一书，这是一本关于代数学的非常重要的书。在书中，卡尔达诺讲费罗是第一个发现了一元三次方程解法的人，他所给出的解法其实就是费罗的思想。同时在一元三次方程解法的基础上，费拉里还给出了一元四次方程的一般性解法。

塔塔利亚知道了这件事后极为愤怒，认为卡尔达诺失信，并且写书痛斥了卡尔达诺的行为。失信在当时学术圈是一件了不得的事情。不过卡尔达诺解释道，他没有发表对方的工作成果，发表的是费罗很多年前的研究，因此没有失信。这件事在当时成了一件很轰动的事情。双方各执一词，旁人也分不出是非，于是只好采用“决斗”的方式来解决。当然，这种决斗是数学家们比拼智力，而非武力相向。卡尔达诺这一方决定由学生费拉里出战，他和塔塔利亚各给对方出了些难题，结果费拉里大获全胜。从此塔塔利亚退出了学术圈。不过今天一元三次方程的通解公式依然被称为“卡尔达诺-塔塔利亚公式”，大家并没有完全否认他的功绩。

数学史上这段著名的公案，其实揭示了一个数学定理发明的过程。通常人们会先发现解决特定简单问题的引理。在一元三次方程的解决过程中，两种特殊的一元三次方程（即缺少了二次项的第一类方程和缺少了一次项的第二类方程）先被解决了，但是解决它们的方法，不具有太多的普遍意义，因此那些解法只能算是引理。后来卡尔达诺、费拉里和塔塔利亚发现的对于任意三次方程的解法，则可以看成是定理，它是建立在引理之上的。

可见，定理解决了一大类通用的问题，具有里程碑的意义，但它不是凭空产生的，而是在之前认知的基础上推进而来的。数学的发展就是这样层层叠加的，而学习数学也应该如此。

3. 学数学，思维方式比技巧更重要

说到这里有人可能会问，既然一元三次方程有标准的通解公式，为什么我们中学的时候老师不讲，而让我们用各种技巧来解题呢？更糟糕的是，解每一道题的技巧都不一样，以至于大家都学得特别辛苦。要回答这个问题，我们先来看一眼一元三次方程的通解公式，即卡尔达诺-塔塔利亚公式。

对于一个标准的三次方程

$$ax^3+bx^2+cx+d=0,$$

要算出它的第一个解，需要先计算下面3个中间变量：

$$\Delta_0=b^2-3ac, \tag{4.2}$$

$$\Delta_1=2b^3-9abc+27a^2d, \tag{4.3}$$

$$CR=\sqrt[3]{\frac{\Delta_1 \pm\sqrt{\Delta_1^2-4\Delta_0^3}}{2}}, \tag{4.4}$$

然后再根据这3个中间变量，按照下面的公式算出第一个解

$$x_1=-\frac{1}{3a}\left(b+CR+\frac{\Delta_0}{CR}\right)。 \tag{4.5}$$

有了一个解，三次方程就可以简化为二次的，接下来就好解决了。

看了上面这一堆密密麻麻的公式，估计大家已经有了结论——宁可不学。实际上，今天中学不教这个公式是对的，因为学生们根本记不住，即使把公式放在手边，带入数字计算，一不小心还会算错，因此还是不知道为好。美国的中学除了教学生们最简单的、谁都能学会的技巧，稍微复杂一点的三次方程怎么解根本不教。学生真遇到那些方程，老师就让学生们使用一款名叫Mathematica的软件来解决问题。根据我个人的体会，今天学习数学，重要的是把实际问题变成数学问题，然后知道如何利用各种软件工具来解决，而不是花很多时间学一大堆无法举一反三的技巧。

讲到Mathematica这款软件，我还要再说一句题外话，这款软件可以推导你能遇到的几乎所有数学公式，他的编写者斯蒂芬·沃尔夫拉姆(Stephen Wolfram)是一位真正的天才。他中学时从著名的伊顿公学退学，因为觉得学校不够好；然后进了牛津，但两年后又退学了，因为觉得牛津也不够好；后来又跑到加州理工，20岁便博士毕业了。因此我想对很多家长说，不要高估了自己孩子的智商，相比沃尔夫拉姆或者陶哲轩[①]这样的人，我们普通人无论是智商还是数学天赋都差太远。对大部分人来说，老老实实学好数学的基本方法、理解其中的思维方式最重要，不要苦练解题技巧。需要技巧的时候，我们应该善于利用沃尔夫拉姆这些人的大脑，用他

① 陶哲轩，华裔数学家。天资过人，24岁时就当上了加利福尼亚大学洛杉矶分校的数学系终身教授，31岁获得菲尔兹奖。

们为我们提供的工具，不要自己傻推公式。只有这样，我们才能省出时间，发现我们自己的天赋。

在求解一元三次方程的那一大堆密密麻麻的公式中，计算 CR 的那个公式特别重要，而它涉及了平方根的运算。我们知道，如果根号里的数字是负数，那么它在过去是没有意义的。在解一元二次方程时，我们可对这个问题视而不见，直接宣布方程没有实数解即可。但是一元三次方程是一定有实数解的（其原因我们在后面介绍实数的连续性时会讲到），因此这个根号里面负数的问题就回避不掉了。为此，卡尔达诺在《大术》一书中引入了 $\sqrt{-1}$ 的概念。后来另一位同时代的意大利数学家拉斐尔·邦贝利（Rafael Bombelli）直接使用了i来代表 $\sqrt{-1}$，i是拉丁语中imagini（影像）一词的首字母，它代表非真实、幻影的意思。而这类负数的平方根就被称为虚数。

有了虚数，数学就又完成了一次叠加，但是这个虚构出来的概念又有什么实际用途呢？这就是下一节的主要内容。

本节思考题

什么数的三次方小于该数的平方？

4.3 虚数：虚构的工具有什么用

1. 如何用虚构的数学概念解决实际问题

上一节中讲到，虚数是在推导一元三次方程通解公式时引入的。根据卡尔达诺-塔塔利亚公式，即使一个有实数解的一元三次方程，在求解的过程中也可能会遇到对负数开根号的情况。比如下面这个方程：

$$x^3-15x-4=0,$$

显然，$x=4$ 是它的一个实数解。但是，如果我们利用卡尔达诺-塔塔利亚公式计算，得到的是这样一个解

$$x=\sqrt[3]{2+\sqrt{-121}}+\sqrt[3]{2-\sqrt{-121}}。$$

如果没有虚数i，上面的式子就演算不下去了。但是当我们把 -1 的平方根写成i，然后按照实数运算的逻辑去计算虚数，奇迹就出现了。我们不妨把上面的式子推导一下：

$$\begin{aligned}&\sqrt[3]{2+\sqrt{-121}}+\sqrt[3]{2-\sqrt{-121}}\\&=\sqrt[3]{2+\sqrt{(11)^2\times(-1)}}+\sqrt[3]{2-\sqrt{(11)^2\times(-1)}}\\&=\sqrt[3]{2+11\mathrm{i}}+\sqrt[3]{2-11\mathrm{i}}\\&=\sqrt[3]{(2+\mathrm{i})^3}+\sqrt[3]{(2-\mathrm{i})^3}\\&=2+\mathrm{i}+2-\mathrm{i}\\&=4。\end{aligned}$$

这个推导过程很有意思，我们在中间过程引入的虚数i，到最后正负抵消了。

如果我们再站到哲学的高度来思考这个问题就会更有启发：明明是现实世界的问题，而且在现实世界里也有答案，但是却无法直接得到，非要发明一个不存在的东西作为桥梁。发明这种桥梁通常需要我们具有非常强的抽象思维能力，善于引入一个和实际问题看似无关的工具来解决问题。有时，我们会觉得某些人特别聪明，其实他们未必是智商很高，而是通过抽象思维寻找工具的能力很强。为了更好地理解桥梁的作用，我们来看三个例子。

第一个例子是化学中的催化剂。我们知道，催化剂在化学反应完成前后是不变的，反应前是多少，反应后还是多少，它只是起到一个媒介的作用。但是如果没有催化剂，化学反应要么特别慢，要么干脆进行不下去。

第二个例子不算太确切，但是容易理解，就是“传话筒”。我们经常看到这样的现象，夫妻俩吵架后，谁都不愿意和对方说话，但是都清楚这个交流不能中断，要继续下去，于是就找孩子传话。比如教孩子说，“去，和你妈说明天的家长会我去，她就不用去了”。孩子把这个意思传递后，又带回一句话，“妈妈说，你要是去开家长会，她就先回家做饭了”。这样传几次话，可能夫妻间的问题就解决了。在这个过程中，夫妻间的问题不涉及孩子，孩子在传话时甚至不明白其中的含义，但是没有这个局外的传话筒，夫妻之间的问题可能无法这么快得到解决。我们有时会觉得某些人在生活中非常智慧，似乎没有他们解决不了的难题。其实很多难题不是他们自己解决的，而是他们能够想到用什么媒介，甚至创造出一种媒介。

最后一个例子是虫洞，这可能要开一点脑洞。假如你和你的爱人在同一个宇宙中，但相隔几十光年，你想对她说一句我爱你，但哪怕你搭载光速飞船去找她，她听到这句话的时候都已经老了。现在有一个虫洞，你可以从中穿过去，瞬间到达另一个平行宇宙中，然后再从另一个虫洞穿回现在的宇宙，这也是瞬间的事情，这样你就能很快到达她身边了。你们二人本来是在同一个宇宙中，但是却要依赖另一个和你们无关的宇宙来回穿越。

虚数在数学中的作用也是如此。在三次方程的解法中，它被创造了出来，然后又通过正负相抵销，得到原来就存在的实数的答案。从更广义的角度讲，很多数学工具都是如此，它们并非我们这个世界存在的东西，而是完全由逻辑虚构出来的。如果缺了那些虚构的工具，现实世界中的问题还真解决不了，比如几何里常用的辅助线就是如此。

2. 虚数的作用和现实意义

对于虚数在数学中的作用，理解到这一步，就算当时学习数学的时间没有白花。但虚数的作用绝不是只有这一点，我们还应该从三个层面进一步理解虚数的意义和作用。

第一个层面是对于完善数学体系的作用。在实数的范围内，很多一元二次方程、一元四次方程是无解的，比如说，$x^2+1=0$ 是无解的。而且即使是有解的方程，有些只有一个解，有些有多个解，这样就不完美了。在引入一个虚拟的概念后，所有的一元方程不仅都变得有解了，而且一元 N 次方程都会有不多不少 N 个解，这就非常完美了。我们在附录 4 中会讲述一元 N 次方程 $x^N=1$ 的 N 个解是如何得到的，有兴趣的同学可以阅读附录 4 中的内容。

第二个层面是让极坐标这个工具变得完善，进而在形式和方法上将很多复杂的数学问题简化。比如说，在飞行、航海等场景中，极坐标要比我们常用的直角坐标更直观、更方便。关于直角坐标和极坐标的细节，我会在代数篇详细介绍。简单来说，往两点钟的方向飞行20千米，这就是极坐标的描述方式。但是，极坐标本身在计算时有一个大问题，就是如果只用实数，它的计算是非常复杂的，如果引入虚数，就极为简单。

第三个层面是应用层面。电磁学、量子力学、相对论、信号处理、流体力学和控制系统的发展都离不开虚数。这些我们在以后相关的通识读本中还会讲到，这里由于篇幅的原因，就不详述了。

虚数的出现，是人类对数这个概念认识的一个巨大飞跃，因为人们对数的理解从形象具体真实的对象，上升到了纯粹理性的抽象认识。

人类早期认识的数字都是正整数，1，2，3，4，…。因为大家接触到的周围的世界就是这样实实在在一个又一个的东西。事实上除了古印度，其他文明在早期数字中都没有零这个数，因为零这个概念比较抽象，人类从有数字开始花了几千年才搞明白。

接下来有了数字就要做运算，两个自然数相加或者相乘，结果还是自然数。但是，到做减法和除法时就出现了问题，因为像2−3和2/3的结果，在自然数中是找不到的。于是人们就发明了负数和分数（就是有理数）的概念。这两个概念就比自然数要抽象一些了。很多人觉得数学越到后来越难学，就是没有能突破抽象思维的瓶颈。

自从勾股定理被发现，人类就不得不面对开方这件事，于是又定义了无理数。再往后，又因为要对负数开方，便发明了虚数的概念。实数和虚数合在一起，就形成了复数。我把人类认识数的过程用图4.1表示出来，它是从中心往四周扩散的。

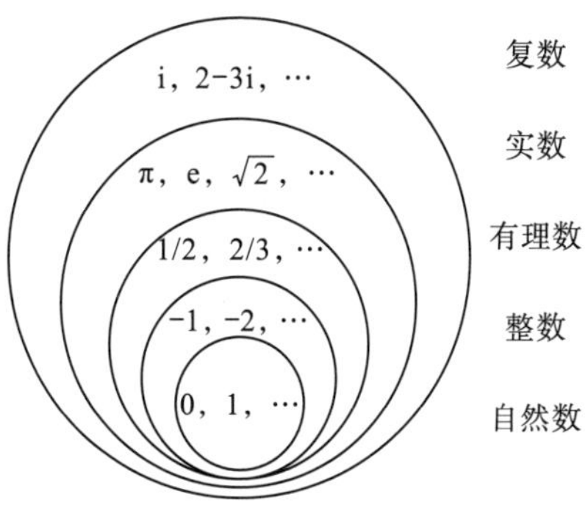

图4.1　人类认识数的过程

复数这个概念，显然也是现实世界里并不存在的，但它却是一个非常强大的数学工具，能帮助我们解决很多现实世界里的问题。比如我们使用的三相交流电是实实在在存在的，它里面的很多问题，用复数这个工具解决要比用实数加上三角函数解决起来容易得多。实际上，涉及电磁波的几乎所有问题，都需要使用复数这个工具来解决。

这也说明，所谓的抽象思维的能力，不仅在于理解那些人们虚构出的概念，更在于利用它们接近真实的问题。因此，每当人问我："我不当数学家，甚至在工作中很少用到数学，是否需要接受那些虚构的概念，使用虚构的工具呢？"我对这个问题的回答总是非常肯定的。因为上述能力涉及我们的认知水平，甚至是在这个世界上生存的空间。通过学会使用虚数这种抽象的概念、人造的工具来解决实际的问题，也是数学通识教育的目的所在。好的教学，就是让受教育者能够知道为什么要学习某个知识点，而不是学了之后更加一头雾水。

事实上，我们的祖先现代智人超过其他动物的地方就在于，能够在头脑中虚构出那些不存在的东西，比如神，法律，国家，有限公司，法人团体，典章制度，货币，股票，债券，等等。这些都是在人类发展过程中虚构出来的东西。没有它们就没有我们社会的发展。

为了让你更好地理解这一点，我们不妨来看一个法律学的概念——法人。

早期的罗马法中，提出了法律主体的概念，它最初只涉及自由人，后来因为要处理经济纠纷，就把一些机构看成是法律的主体，当作人一样看待，这就是法人概念的来源。这些法人，其实就相当于数学中所说的虚数的概念。

我们今天和一个公司打官司，其实在打官司的过程中接触到的还是人，但是你不会去告里面某个具体的人，而是针对这个虚构出的组织。当你打赢这个官司后，是里面具体的人执行对你的赔偿，但是你拿到的赔偿却是法人这个机构给你的。这就如同解方程时，我们需要借助虚数得到实数的解一样。

今天，一个人接受虚拟概念的能力，是衡量他的认知水平的一个重要因素。如果他只停留在看得见摸得着的东西，他的水平就不是很高。

本节思考题

什么数乘以自己等于i？

本章小结

在数学史上，数的扩展经历了几千年的时间，因为人类认识的升级是一个缓慢的过程。所幸，我们今天每一个人学习的过程则要短得多，只需要几年的学习，就可以让自己完成前人几千年的升级过程。

人类在完成了数从实到虚的拓展之后，还需要完成的是从有限到无限的突破。

第5章

无穷大和无穷小：从数值到趋势

庄子有句名言："夏虫不可以语于冰者，笃于时也。"人其实也是一样，以区区几百年的生命，去体会千万年的历史和未来，多少有些困难，这是生命长度对我们认知的天然约束。

在数学上，最难想象的是无穷，因为我们人类是生活在有限的世界里，无穷和我们的距离最遥远。这一章，我们就来看看人类是如何获得对于无穷的认识的。

5.1 无穷大：为什么我们难以理解无限大的世界

说起无穷大，先要说大数字。小孩子们常常爱比谁说的数大，比如一个孩子说出一百，另外一个孩子知道有一万的存在，他会说出一万。别的孩子就问了，一万有多大？他说，一万就是一百个一百，别的孩子只好不说话认输了，因为孩子们还是有基本逻辑的，知道一百个一百显然比一个一百多。当然，过两天输了的孩子可能跑去问家长，从家长那里知道一亿这个数，他就又赢回来了。这时，如果输了的孩子脑瓜子灵，会说出两亿来翻盘，最后孩子们就不断地喊，一亿亿亿亿亿亿……，最后是肺活量最大、气最长的那个孩子赢。接下来，可能又有孩子要回去问家长，家长告诉他无穷大。这回，他就可以回去秒杀那些一亿亿亿亿亿……喊个不停的孩子们了。但是你要问无穷大有多少，谁也说不出来，大家只是接受了这个虚构的概念，认为它是世界上最大的数。

1. 无穷大到底是什么

接下来的问题就来了，无穷大是一个数吗？它可以被看作数轴的终点吗？它在数学上和某个具体的大数一样大吗？这些最基本的问题很多人在大学里学完了高等数学之后，其实也没有得到一个明确的答案。在绝大多数人心目中，无穷大只是一个最大的数而已，依然会用理解那些具体数字的方式去理解它。孩子们比赛说大数时，会有人喊出“无穷大加一”，或者“两个无穷大”，仿佛这样就赢了别人。很多大人，可能也有这样的想法。其实无穷大加一和无穷大本身完全是一回事，并没有更大，因为无穷大的世界和我们日常认知的世界完全不一样。

人类也是直到现代才开始正确认识无穷大的。最初在数学上把无穷大和无穷小这两个概念想得非常清晰的，是19世纪末20世纪初德国数学家保罗·巴赫曼（Paul Bachmann）和埃德蒙·兰道（Edmund Landau），他们还用量级这个概念和大O这个符号在数学上准确描述无穷大和无穷小的变化趋势。他们同时代的数学家格奥尔格·康托尔（Georg Cantor）则发现了比较无穷多的方法。在他们的研究成果之上，大数学家希尔伯特觉得有必要提醒同行们不要再用对有限世界的认知去理解无穷大的世界。因此，1924年，他在一次演讲中提出了旅馆悖论，让人们重新认识了无穷大的哲学意义。希尔伯特的旅馆悖论是这样讲的：

假如一个旅馆有很多房间，每一个房间都住满了客人，这时你去旅馆问，还能给我安排一间房子吗？老板一定说，“对不起，所有的房间都住上了客人，没有办法安排您了”。

但是，如果你去一家拥有无限多个房间的旅馆，情况可能就不同了。虽然所有的房间均已客满，但是老板还是能帮你“挤出”一间空房的。他只要这样做就可以了：让服务生把原先在1号房间的客人安排到2号房间，把2号房间原有的客人安排到3号房间，以此类推，这样空出来的1号房间就可以给你了。类似地，如果来了10个人，也可以用这种方式安排进“已经客满”的酒店。

这种已经客满、却有无穷多房间的旅馆，不仅可以再住进有限位客人，甚至能住进无限位新客人。具体的做法是这样的：让原来住在第1间的客人搬到第2间，第2间的客人搬到第4间，第3间的搬到第6间，……总之，就是让第n间的客人搬到第$2n$间即可。这样就可以腾出无数间的客房安排新的客人了。

接下来的问题来了，既然每个房间都被现有的客人占据了，怎么又能挤下新的客人？因此我们说这是一个悖论。但是“旅馆悖论”其实并不是真正意义上的数学悖论，它仅仅是与我们直觉相悖而已。在我们的直觉中，每个房间都被占据，和无法再增加客人是等同的，但这只是在有限的世界里成立的规律。在无穷大的世界里，它有另一套规律。因此，数学上有关有限世界的很多结论，放到无穷大的世界里，有些能够成立，有些则不能成立。比如说在有限的世界里，一个数加上1就不等于这个数了，要比这个数大1，1万乘以2是两万，不等于原来的1万。这些规律放到无穷大的世界里就不成立，无穷大加1还是无穷大，无穷大乘以2还是无穷大。这也是为什么在酒店悖论中的那个酒店，再增加一位客人，甚至无穷位客人，酒店依然能够容纳得下的原因。

至于哪些规律成立，哪些不成立，不是把有限世界的规律简单地放大，而是要用逻辑重新推导一遍。比如，在有限的集合中，整体的数量大于局部的数量，1万个房间中，偶数号的有5000间，要小于总数。然而，在有无穷房间的旅馆中，偶数号房间的数量是可以与总房间数量相同的。类似地，我们也可以证明一条长5厘米的线段上的点，和一条长10厘米线段上的点是“一样多”的。这个证明也很简单，大家不妨画图5.1这样一个图形。

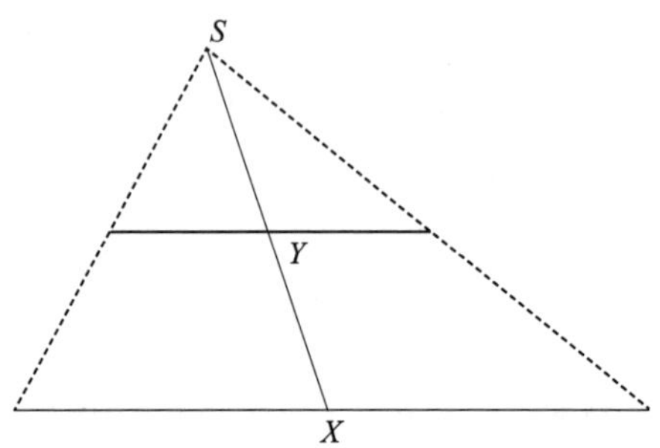

图5.1　长线段上的每一个点X，在短的线段上都能找到一个对应点Y

在图5.1中，下面线段的长度是10厘米，上面的是5厘米。我们将它们平行放置，再将它们两端相连（用虚线），交汇到点S处。接下来，对于10厘米线上的任意一个点X，我们将X和S相连，就会和5厘米的线有一个交点，我们假设为Y，这就说明长线上的任意点，在短线上都可以找到对应点，因此，短线上的点应该不少于长线上的点。这样，在无穷大的世界里，我们可以认为10厘米线段上点的数量和它的一个子集，即5厘米线段上的点是“相同的”。当然更准确的说法是基数相同。

希尔伯特通过旅馆悖论，提醒大家有限世界中的规律和无限世界里可能完全不同。事实上，在希尔伯特做完那个报告后，全世界数学家不得不回去把所有的数学结论在无穷大的世界里又推导了一遍，看看有没有什么漏洞。经过验证，还真发现了很多漏洞。再后来，美国著名的物理学乔治·伽莫夫（George Gamow）在他的科普著作《从一到无穷大》（*One Two Three... Infinity*）中讲了这个悖论，让普通老百姓都知道了它。

2. 无穷大的本质和现实意义

既然无穷大不是一个简单的数，不能按照对于一般数的理解来看待它，那它的本质是什么呢？巴赫曼和康托尔给出了答案：无穷大不是静态的，而是动态的，它反映了一种趋势，一种无限增加的趋势。在增大的过程中，有的无穷大会比其他的无穷大发展得更快，通俗地讲就是更大的无穷大，当然用数学的话讲，就是高阶无穷大。比如 $y_1=x$ 和 $y_2=x^2$，在 x 不断增加时，它们都越来越大，但是后者变化的趋势比前者更快，因此就是高阶的无穷大。为了表示这二者的区别，巴赫曼和兰道用了大 O 的概念来表示无穷大的阶数，比如 y_1 就是 $O(x)$ 量级的无穷大，而 y_2 则是 $O(x^2)$ 量级的。至于两倍的 x，即 $2x$，它依然是 $O(x)$ 量级的。事实上，无穷大（以及以后要介绍的无穷小）代表着一种新的科学世界观，就是让我们关注动态变化的趋势，特别是发展变化延伸到远方之后的情况。

无穷大世界的很多特点颠覆常人的认知，这并不是说大家原先的认知有问题，而是说我们在有限世界里得到的认知太狭隘了，相比浩瀚的宇宙和人类的知识体系，我们的认知可能就如同夏天的虫子，受限于我们的生活环境。当然，有些读者朋友可能会问，既然我们是生活在有限的世界里，甚至宇宙也是有限的，那么了解无穷大世界有什么现实的意义。它的意义很多，这里我不妨说一个计算机科学中的例子。

在计算机科学中常常要衡量一个算法的好坏。比如有 A、B 和 C 三种算法能够完成相同功能，算法 A 要进行 100 000N 次运算，算法 B 要进行 N^2 次运算，算法 C 要进行 N 次运算，请问哪种算法好？

很多人会说，当然是算法C好，至于A和B，要看情况，如果$N<100\ 000$，那么算法B更好，否则就是算法A好。这是按照有限世界思维方式给出的结论。在计算机科学中，在衡量两个算法的复杂度时，只会考虑它们在处理近乎无穷大的问题上的表现，也就是N趋近于无穷大的情况。因为它关心的是，当问题越来越复杂后，每一种算法所需要消耗的计算机资源（比如计算时间）的增长趋势。这样一来，算法B显然是计算量最大的，用刚才的大O概念表示，复杂度就是$O(N^2)$。至于A和C两个算法，虽然在计算量上差出了10万倍，但是10万毕竟是常数，和无穷大是没法比的，因此在计算机科学上会认为它们是等价的，复杂度都是$O(N)$。对计算机科学家们来讲，将一个算法从平方的复杂度降低到线性，这是捡西瓜的事情，将一个线性复杂度的算法计算量再减小几倍，这是捡芝麻的事情。

当然，还有一些无穷大，它们的变化趋势不是那么直观，彼此之间就不太好相比了。比如，我们知道有理数和无理数的数量都是无穷大，但是哪一个更多？由于有理数和无理数是无法对应的，对它们数量的比较就很难理解。19世纪后期，德国数学家康托尔证明了无理数的数量要远远多于有理数，甚至在0和1之间的无理数的数量都要多于全部的有理数，用康托尔的话讲，就是前者的基数比后者大。这个结论和我们的想象也有较大差异，但事实确实如此。这个例子也说明，我们不能以有限的认知，去理解无限的事物，能够洞察无限世界的，只有逻辑。

无限变化的趋势既然能够往大的方向变化，自然也能往小的方向走，这就引出数学上最重要的一个概念——无穷小。

本节思考题

如果一个算法的计算复杂度是 $O(N^{1.5})$，另一个算法是 $O(N\lg N)$，哪个算法的复杂度更高？

5.2 无穷小：芝诺悖论和它的破解

无穷小和无穷大一样，并不是一个确定的数，更不是零，它也是一种趋势，更重要的是，它是一种帮助我们把握“动态”和“变化”的工具，以及一种新的认知世界的方式。

一个人的数学水平怎么样，是停留在了小学水平，还是到了高等数学的水平，不在于是否会做高等数学的练习题，而在于他用什么眼光看待数和数学中的概念。如果把无穷小这个概念看成是一个静态的数，甚至看成是零，那么微积分题做得再好，对数学的认知还是小学水平；一个人如果从本质上掌握了无穷小这个概念，他的数学思维水平就得到了飞跃，就理解了高等数学。当然，没有人一开始就能够很准确地把握无穷小这个概念，一个人认识这个概念的过程，其实是人类对它认知升级过程的缩影。因此，我们就从这个概念的来历说起。

1. 芝诺的四个悖论

世界上最初认认真真思考无穷小这个概念的，是公元前5世纪时古希腊的一位怪人芝诺（Zeno），他所生活的年代是被称为雅典黄金时代的伯里克利时期，也就是比苏格拉底大约早一代人的时候。我们之所以说他是怪人，是因为按照东方人通常的思维方式来看，他不仅考虑的是那些属于庸人自扰、完全没有实际意义的问题，而且为人还特别较真。

虽然今天的人把芝诺说成是数学家，但其实他一生并没有留下什么数学成果，甚至历史上对他的生平鲜有记载。由于这个人和他诸多同胞——比如苏格拉底一样喜欢辩论，而且提出了好几个他搞不清楚、别人也解释不了的问题，因此被亚里士多德写进了书中，后人才知道这个人的存在。

为什么我们说芝诺的问题是“庸人自扰”呢，我们不妨看看他的那四个著名的悖论，就能体会了。

悖论一（二分法悖论）：从A点（比如说天安门）到B点（王府井）是不可能的。

看了这个命题，你会马上说，这怎么不可能？别着急，我们先来看看芝诺的逻辑。

芝诺讲，要想从A到B，先要经过它们的中点，假设是C点；而要想到达C点，则要经过A和C的中点，假设是D点；……，这样的中点有无穷多个，找不到最后一个。因此从A点出发的第一步其实都迈不出去。

悖论二（阿喀琉斯悖论）：阿喀琉斯追不上乌龟。

我们知道阿喀琉斯是古希腊神话中著名的飞毛腿，但是芝诺讲如果他和乌龟赛跑，只要乌龟跑出去一段路程，阿喀琉斯就永远追不上了。按照我们的常识，芝诺的讲法当然是错的。不过我们还是听听他的逻辑。为了方便起见，我们简单地假设阿喀琉斯奔跑的速度是乌龟的10倍，当然实际差异要比这个大。如果乌龟先跑出10米。等阿喀琉斯追上了这10米，乌龟又跑出1米，等阿喀琉斯追上这1米，乌龟又跑出0.1米，……，总之阿喀琉斯和乌龟的距离在不断接近，却永远追不上。

这两个悖论其实是一种类型。我们如果从常识出发，就会觉得芝诺的观点不值一驳。我们从天安门出发，一步就走过了芝诺所说的无数中点，阿喀琉斯一步迈得大一点，不就超越乌龟了嘛！在这里我们的常识当然没有错。但是，如果按照芝诺的逻辑来思考，就会发现他似乎也有道理，只是忽略了一些事实，因此要想驳倒他，让他心服口服，就不能绕过他的逻辑！在解释这类问题之前，我们再来看看他另两个悖论。

悖论三（飞箭不动悖论）：射出去的箭是静止的。

在芝诺的年代，运动速度最快的是射出去的箭。但是芝诺却说它是不动的，因为在任何一个时刻，它有固定的位置，既然有固定的位置，就是静止的。而时间则是由每一刻组成，如果每一刻飞箭都是静止的，那么总的说来，飞箭就是不动的。

这个悖论，可能就比前两个难辩驳了。

悖论四（基本空间和相对运动悖论）：两匹马跑的总距离等于一匹马跑的距离。

如果有两匹马分别以相同的速度往两个相反方向远离我们而去，我们站在原地不动，如图 5.2 所示。在我们看来，单位时间里它们各自移动了一个单位Δ，显然一匹马跑出去的总距离就是很多Δ相加。但是两匹马上的人彼此看来，单位时间却移动了两个Δ长度，彼此的距离应该是很多两倍的Δ相加。那么，如果Δ非常非常小，接近于零，根据$0=2\times0$，我们应该得出$\Delta=2\Delta$的结论。

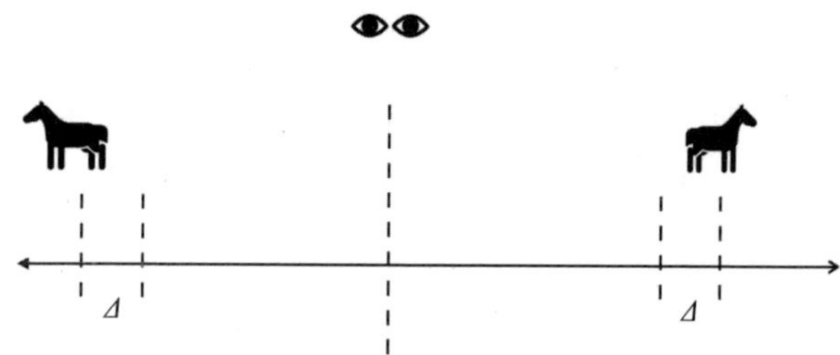

图 5.2　两匹马分别往左右两个方向跑，每匹马各自跑出非常小的距离Δ后，它们彼此的距离应该增加2Δ

但是左右两匹马跑出去的总距离怎么可能等于一匹马跑的距离呢？

看到这些问题，大家可能会觉得很无聊。在中国的文化里，我们讲究的是学以致用。在中国古代，除了当年庄子和惠子会讨论这一类的问题，绝大多数时候中国的知识精英阶层是不屑理会芝诺的这种没有用的傻问题的。现在这种情况其实也没有太多的改变。我在大学时，我的哲学老师和科技史的老师说这些问题是唯心主义的。但是正是这些问题，才让古希腊文明和其他文明有所不同，而这种严守逻辑的思维方式，才让数学和自然科学能够成体系地发展。

2. 芝诺悖论的逻辑问题

当逻辑和我们的经验有了矛盾时，通常有两种结果：一种结果是我们的经验错了。比如说到底是地球围绕太阳转，还是太阳围绕地球转，在这件事上，我们的经验就错了。当然还有一种结果是，我们看似正确的逻辑其实本身是有问题的，通常是有概念的缺失，或者把几种不同的概念混淆了。芝诺的这些悖论就属于第二种。在这种情况下，找到了缺失的概念，或者分清那些不该混淆的概念，数学和科学就会获得一次巨大的发展。我们前面讲的从勾股定理引出无理数的概念，也属于这一种。今天回答芝诺的问题其实很容易，因为有了无穷小的概念，以及微积分中关于导数的概念，芝诺悖论中的概念缺失就被补上了。

无穷小和极限的概念可以回答芝诺的第一、第二、第四个悖论，微积分中导数的概念能解决第三个悖论。由于第一个和第二个悖论其实是一回事，我们就先来讨论下第二个悖论，也就是阿喀琉斯和乌龟赛跑的例子。

在芝诺之后的上千年里，欧洲总有人不断地试图找出这个悖论逻辑上的破绽，包括阿基米德和亚里士多德，但都没有给出很好的回答。不过亚里士多德的思考还是道破了这个几个悖论的本质，就是一方面距离是有限的，另一方面又可以把时间分成无穷多份，以至于有限和无限对应不上。

在这个悖论中，芝诺其实把阿喀琉斯追赶的时间分成了无限份，每一份逐渐变小，趋近于零但却又不等于零。比如我们假设阿喀琉斯一秒钟跑10米，那么芝诺所分的每一份时间就是1秒，0.1秒，0.01秒，0.001秒，……。如果我们把它们加起来，就是之前讲的等比级数，即：

$$S=1+0.1+0.01+0.001+\cdots$$

接下来的问题是，这样无限份的时间加起来是多少？假如每一份时间都存在一个最小的、具体的长度，那么这样子的无限份加起来显然就是无限大，这也就是芝诺诡辩说阿喀琉斯追不上乌龟的原因；当然，如果说时间分到最后等于零了，似乎也不符合事实，其实这正是矛盾所在。解决这个问题，就需要定义一个新的数学概念，就是无穷小量（简称无穷小）。

无穷小需要满足下面两个条件：

（1）它不是零；

（2）它的绝对值小于任何一个你能够给定的数。

从这个定义可以看出，无穷小和无穷大一样，并非是一个具体的数，而是一种趋势，一种不断地趋近于零的趋势。在阿喀琉斯追赶乌龟的例子中，虽然时间被分为了无穷多份，但是到后来，每一份不仅越来越小，而且都是一些无穷小量。那么无穷多个无穷小量加起来是多少呢？有三种情况，分别是：有限的数、无穷大或者无穷小。具体是哪种情况，要看是相应的无穷大往“远方”发展的速度快，还是无穷小往零的方向趋近的速度快，用数学的话讲，就是谁的阶高，具体的内容我们会在后面讲。

在这里，我们可以给出阿喀琉斯追赶乌龟例子的结论，就是无穷小趋近于零的速度，比分割次数趋近于无穷大的速度要快得多。如果用一个不太严格、却比较容易理解的方式讲，前一个是以指数级的速度减少，而后一个是线性增加的。在这个具体情况中，无限个无穷小量加起来是一个有限的数，即 10/9。

引入了无穷小的概念，就解决了阿喀琉斯悖论。如果我们反过来看这个问题，正是阿喀琉斯悖论帮助我们补上了数学上的一个缺失。

有了无穷小这个不等于零、又趋近于零的量，芝诺的第四个悖论，也就是相对运动悖论，就很容易破解了。芝诺所说的Δ，其实就是无穷小，虽然它趋近于零，但是不等于零，因此$\Delta \neq 2\Delta$。

事实上，牛顿是从物理学研究的需要出发，研究出无穷小这个概念的，而莱布尼茨则是从哲学和逻辑学出发，引入这个概念的，可以说是殊途同归。他们二人的工作，提升了人类对于数的认知，把数的概念从一个个具体的数，上升到一种趋势，这样，人类的思维就进步了。再往后，德国数学家尤利乌斯·戴德金（Julius W. R. Declekind）用这种思维方式，提出了公理化的、非常完美的实数概念，这一点我们在后面还会讲到。在自然科学领域，用发展趋势取代静态视角来解释自然界的现象也成为一种潮流。比如现代物理学中的弦论，被认为是到目前为止最有可能统一相对论和量子力学的工具，相比今天建立在基本粒子上的物理学模型，弦论讲得就不是一个个具体的点，而是一个个趋势。

对于每一个学习高等数学的人，能够体会其在数的概念这方面和初等数学的不同，并且养成不再以一个个点的视角去看待时间和空间，而是以一种种趋势去把握它们的规律，便达到了高等教育的目的。

当然，牛顿和莱布尼茨关于无穷小（和极限）的概念，其实定义得非常模糊，甚至可以说是不准确，以至于受到了大哲学家乔治·贝克莱（George Berkeleg）的挑战。在介绍这场著名的争论之前，我们先来看来牛顿等人是如何使用无穷小概念的。

本节思考题

试着解释一下飞箭不动悖论。

5.3 第二次数学危机：牛顿和贝克莱的争论

1. 从平均规律到瞬间规律的认知变化

如果只给牛顿一个头衔，今天的人很难确定应该叫他数学家还是自然哲学家（也就是今天所说的科学家）。不过，牛顿研究数学很重要的目的却是为物理学和天文学服务，就连他那本影响世界的巨作《自然哲学的数学原理》（*Mathematical Principles of Natural Philosophy*），显然也是为了解决科学上的问题而提供数学基础的。

在牛顿之前，人们对很多物理学的基本概念根本搞不清楚。比如大家会混淆质量和重量，力和惯性，速度和加速度，动量和动能这些物理概念。其中一个重要的原因在于，一些相似物理量之间的关系不是初等数学上的关系，而是微积分中微分和积分的关系，比如加速度、速度和位移之间的关系。而为了计算这些物理量的动态数值，就要将时间这个概念从时间间隔精确到瞬间。我们不妨沿着牛顿的思路，看看加速度、速度和位移之间的关系。

我们都知道，速度是距离（更准确地讲是位移）Δs 除以时间 Δt。如果你花了两个小时走了 10 千米，速度 v 就是每小时 5 千米，因为 $v=\Delta s/\Delta t=10/2=5$（千米 / 小时）。但这其实说的是平均速度，而不是某一时刻的速度。如果你从北京的颐和园走到香山公园，其实每分每秒的速度都是变化的，它们和平均速度可能相去甚远。那么如果想知道某一时刻特定的速度怎么办呢？牛顿说，当间隔的时间 Δt 趋近于零的时候，算出来的速度就是那一瞬间的速度。为了直观起见，我们把位移和时间的关系用一条曲线来表示（图 5.3）。

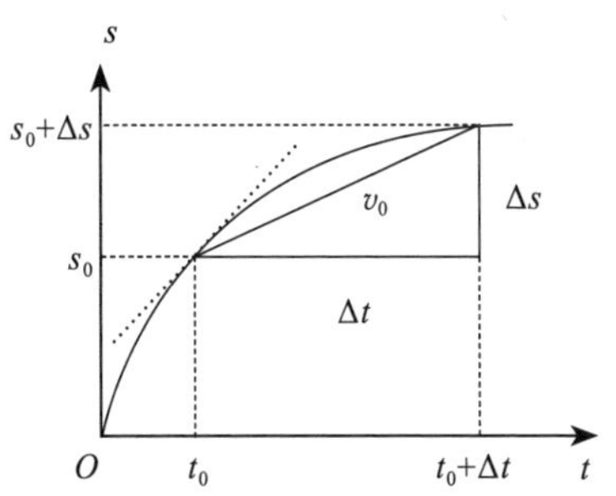

图 5.3　位移和时间的关系

在图 5.3 中，横轴代表时间变化，纵轴代表位移变化。从 t_0 这个点出发，经过 Δt 的时间，走了 Δs 的距离，因此 t_0 时刻的速度大

约就是 $\Delta s/\Delta t$。这个比值，就是图 5.3 中三角形斜边的斜率。如果 Δt 减少，Δs 也会缩短，$\Delta s/\Delta t$ 比值就更接近 t_0 那一瞬间的速度。当 Δt 趋近于零时，那么时间和位移关系曲线在 t_0 点切线的斜率，就是 t_0 的瞬时速度了。由此，牛顿给出了一个结论，时间和位移关系曲线在各个点切线的斜率，就是各个点的瞬时速度。

瞬时速度其实反映了在某个时刻距离的变化率。至于为什么我们想了解瞬时速度，则是因为在很多应用中我们只关心瞬时速度，而不是平均速度。比如我们关心子弹出膛的速度，命中目标的速度，汽车在出交通事故一瞬间的速度等，它们都是瞬时速度。

牛顿把位移在 t_0 那一时刻的变化称为位移的“流数”。之后，他又把这种数学方法推广到了任意曲线，他将一条曲线在某一个点的变化率都称为流数。流数其实就是我们今天在微积分中所说的导数。在本书后面的章节里，我们就直接使用导数这个名称，而不用流数了。从导数的定义出发，可以得知速度就是位移的导数。类似地，作为衡量在某一时刻速度变化的物理量加速度，又是速度的导数。导数的概念适用于对任何函数变化细节的描述，从而找出世界上任何变化瞬间的变化规律。

有了某一时刻速度的概念，我们就能很好地解释芝诺的第三个悖论——飞箭静止悖论了。芝诺其实混淆了两个概念，即某一时刻的位移量和那一时刻速度之间的差别。芝诺注意到了当时间间隔 Δt 趋近于零的时候，箭头飞行的距离（即位移）Δs 也趋近于零。但是，芝诺所不知道的是，它们的比值，也就是速度，并不是零。就如同我们在图 5.3 中所画的那样，曲线的斜率并不是零。

导数这个概念的提出，把很多物理量之间的数学关系建立了起来。除了速度与加速度、位移与速度的关系是一阶导数的关系，动能与动量的关系也是导数的关系。后来物理学家麦克斯韦在总结电磁学规律时，也是使用导数这个工具将电和磁统一起来，比如电场就是磁场动态变化的导数。此外，在经济学上，经济增长率就是GDP的导数，而增长率的增速又是增长率的导数。导数概念的提出，使得人类能够从掌握平均规律，进入到掌握瞬间规律，从对变化本身的观察，上升为对变化速度的观察，这是人类认知的一次飞跃。今天在我们的生活中，导数，或者说瞬时变化率，已经随处可见，只是大家对这个名称未必很熟罢了。因此，我们应该感谢牛顿，他把人类的认知带到了一个崭新的高度。

2. 贝克莱对牛顿的挑战

牛顿用导数的概念成功地解释了速度和加速度在物理上的含义，并且用它来解释了宇宙运动的规律，但遗憾的是，他的理论在数学上却存在着一个小缺陷。牛顿在他的巨著《自然哲学的数学原理》一书中，多次成功地使用了无穷小这个概念，却没有用数学的办法将它的含义讲清楚。而和牛顿一同发明微积分的莱布尼茨在这方面也是含糊其词。在那个年代，科学家们的数学水平以今天的标准来衡量都不算太高，因此绝大部分人看不出问题所在。但是有一个讲究逻辑的学者却向牛顿提出了质疑。这个人叫贝克莱。

贝克莱这个名字，对熟悉哲学的人来说是如雷贯耳，非哲学专业的人对他也未必感到陌生，因为他在中国哲学课中是唯心主义哲学家的代表人物，他的一句名言“存在就是被感知”受到了很多批评和嘲笑。我在国内学习微积分和科学史时，贝克莱被嘲笑为不懂微积分、孤立静止地看待世界的人。然而，在西方世界，贝克莱是很受尊敬的，他被认为是一位了不起的哲学家和学者，和约翰·洛克（John Locke）、大卫·休谟（David Hume）一同被誉为经验主义哲学的三大代表人物。今天著名的加州大学伯克利分校里面“伯克利”三个字，其实就是贝克莱的名字。贝克莱说“存在就是被感知”这句话，可不是拍脑袋想出来的，而是做了科学研究的。这里面的细节我们就不多讲了，总之，贝克莱是研究了人们如何在两个维度的视网膜上知觉到有深度的三维图像，他的结论和今天生理学研究所给出的结论基本一致。

贝克莱挑战牛顿，主要是两人的宗教观不同。贝克莱是一位天主教的大主教，而牛顿在骨子里有自然神论的倾向。贝克莱对牛顿理论的挑战是全方位的，比如他否定牛顿所说的绝对时空观，因为在他看来只有上帝是绝对的，再比如他否认物理学中力的客观存在，把它归结为灵魂和“无形的东西”。贝克莱在物理学上对牛顿理论的反驳都相当主观，而且无法证实，因此，当时牛顿等人就懒得理他。当然，在今天看来他的这些反驳都是错的。不过，贝克莱这个人非常讲究逻辑，他终于在数学上找到了牛顿的一个小漏洞，他挑战牛顿说，你说的无穷小的时间 Δt 到底是不是零？如果是零，它不能做分母；如果不是零，你的公式给出的依然是一个平均速度（虽然是很短暂的时间间隔），而不是瞬时速度。

对于贝克莱的质疑，牛顿也不知道怎么回答。你如果问牛顿什么是无穷小，牛顿可能会说，就是非常非常小，可以忽略不计。我们在上一节给出的无穷小是一种趋势的描述，其实是一百多年后奥古斯丁·路易斯·柯西（Augustin Louis Cauchy）和卡尔·魏尔斯特拉斯（Karl Weierstrass）给出的，牛顿那时的人给不出这样的描述。当然，如果仅仅是在物理学上使用这样含义不太明确的无穷小，还勉强说得过去。但是，在数学上是决不允许有这种逻辑上可能产生矛盾的概念或者结论存在的，因为数学的一大用途就是靠逻辑上的完备性，发现自然界的规律。一旦出了类似悖论的问题，就很难用于自然科学或者实践。

我们可以通过下面的一个例子来说明在数学中逻辑自洽的重要性，那就是伽利略发现物体落地时间和重量无关的例子。

伽利略是在牛顿之前最伟大的物理学家。我们今天知道他，其实并不是了解了他在物理学上有多少贡献，而是听说过他在比萨斜塔上进行铁球实验的故事。根据他的学生记载，当时伽利略通过扔下两个分别重 1 磅和 10 磅的铁球，发现它们同时落地，从而否定了亚里士多德过去关于“重的物体要比轻的物体先落地”的论断。这个实验是否是他的学生虚构的，今天有争议。实际上，伽利略质疑亚里士多德的结论并不是从做实验开始的，他是从简单的数学逻辑中找出了亚里士多德结论中的矛盾之处。

伽利略的逻辑很有意思，既然亚里士多德说了重的物体比轻的物体能更快地落地，那么将 10 磅和 1 磅的两个球绑在一起，它们是比 10 磅的球更快落地还是更慢呢？如果你认为它们是两个球，一个快一个慢，1 磅的要拖 10 磅的后腿，那么它们就要比单独一个 10 磅的球落地慢；但是，如果你认为它们是一个整体，一共 11 磅，落地就要更快。这就在逻辑上产生了矛盾。这个矛盾就推翻了亚里士多德的结论。但是，伽利略能够用数学预言物理学结论的前提是数学本身是严密的。假使10+1和10-1能得到同样的结论，伽利略就无法做出这样的预言。

回到无穷小这个概念本身，它是导数的基础，也是很多高等数学工具（比如收敛的数列、公理化的实数）正确性的基础。利用这些工具，人类才得以从静态或者宏观变化把握住瞬间的动态变化或者微观变化，然后近代的物理学和天文学，以及后来的古典经济学，才得以建立。如果无穷小这个基础本身在逻辑上不能自洽，在上面建立起来的所有大厦都可能被推翻。

所以，贝克莱提出的无穷小悖论，是一次实实在在的数学危机，史称第二次数学危机（第一次数学危机就是前面提到的无理数的发现）。危机的根源就在于牛顿那个时代的人在逻辑上讲不清楚无穷小是什么。

解决第二次数学危机的，并不是牛顿、莱布尼茨等人。事实上，某个时代所发现的危机从来都不是那个时代的人能够解决的。这个原因也很容易理解，所谓时代的危机，就是因为它的成因超出了那个时代所有人的认知，才会成为危机。因此解决危机，总是需要后面的人发展出新理论来解决。

接下来我们就来看看第二次数学危机是如何解决的。

你能想象的最小的无穷小是什么?

5.4 极限：重新审视无穷小的世界

要解决无穷小危机，单纯围绕“无穷小”这个概念争来争去是不行的，要在认识上有所提升。具体讲，就是要认识极限这个概念。

1. 牛顿和莱布尼茨对于极限的认识

极限这个概念从字面上讲不难理解，因为我们会联想到生活中一个能够无限接近、但却不能超越的限度。比如我们知道，$\frac{1}{2}+\frac{1}{4}+\frac{1}{8}+\frac{1}{16}+\cdots$是不断增加的，而且肯定超不过1，事实上它在数学上的极限就是1。你如果拿尺子在纸上画一条1cm长的线段，在一半的地方（也就是0.5cm的位置）标一下，在后一个0.5cm的一半，也就是0.75cm的位置再标一下，重复这个取一半的动作，最后无论多么精细，这些刻度加起来，最后逼近于1cm的位置，因此1cm就是它的极限（图5.4）。

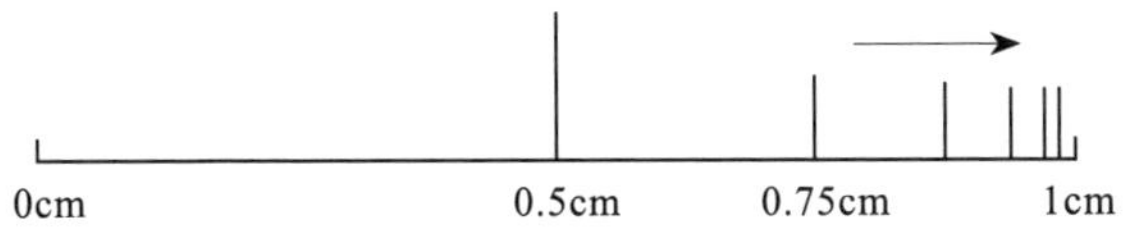

图5.4　每次的增量是上一次的一半，不断增加下去，极限就是1 cm

很多人想自学微积分，但是基本上看到极限那部分内容时就卡壳了，因为脑子没有换成“动态数学”的脑子，还是静态地看问题。这也怪不得大家，伟大如牛顿、莱布尼茨，也不得不在极限这个概念上含糊其词，更何况我们普通人呢？我们不妨看看牛顿他们是如何理解无穷小的。

牛顿认为极限是逐渐变小的量之间的最终比值。回想一下上一节所说的他对于速度的定义，其实就是时间和距离这两个逐渐变小的量之间的比值。牛顿认为，平均速度在时间间隔不断缩小后，极限就是瞬时速度。

莱布尼茨不是物理学家，他是数学家，更是哲学家和符号学家。因此他从纯逻辑的角度看待极限，他认为，如果任何一个连续变化都以一个极限为终结，那么在这个变化过程中的普遍规律，也适用于最终的极限。

这两段描述让我想起物理学家理查德·费曼（Richard Feynman）对一些低质量物理书的评论——对新概念的定义只是字面上的解释，其结果是，你原来不懂，看了定义可能还是不太懂。但是，牛顿和莱布尼茨讲的极限至少有一点和我们所理解的生活中的极限是不一样的——它并没有不可超越的含义。这二人只是强调极限是一个最终的状态。

2. 柯西和魏尔斯特拉斯重新定义了极限

那么我们到底应该怎么理解极限呢？前面讲到的斐波那契数列相邻两项之比 F_{n+1}/F_n，它本身也是一个数列。我们把它画在了图5.5中。大家可以看到它先是上下浮动，然后逐渐趋近于一个特定的值，这个值就是黄金分割，因此我们说斐波那契数列相邻两项比值的极限是黄金分割。

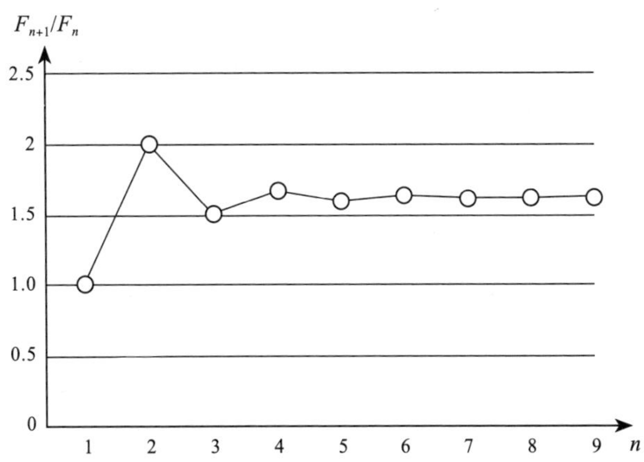

图 5.5　斐波那契数列相邻两项的比值趋近于黄金分割

在数学上，任何一个数列，如果有极限，它们都和斐波那契数列相邻项比值的走势类似，当它的项数 n 不断增大时，它们都“无限逼近”某个特定的值（比如黄金分割点），即最后趋同了。这种对极限的认知，来自柯西。

柯西是19世纪法国数学界的集大成者。他在法国数学史上的地位，犹如牛顿在英国，高斯在德国。我们今天所学习的微积分，其实并不是牛顿和莱布尼茨所描述的微积分，而是经过柯西等人改造过的、严格得多的微积分。相比牛顿，柯西放弃了微积分在物理学和几何学上直接的对应场景，完全是从数学本身出发来重新定义微积分中各种含糊的概念。他试图像几何之父欧几里得改造几何那样改造微积分，让它变成一个基于公理、在逻辑上更准确的数学分支，这样微积分的应用场景就更普适。柯西很清楚，微积分要想像几何学那样几千年屹立不倒，对于概念的定义就需要极为准确，不能有任何二义性。而对于无穷小和极限这样的概念，要想定义清楚，就不能再静态地描述它们，而要把它们定义为动态的趋势。这是柯西超越了牛顿和莱布尼茨的地方。

为了描述一个数列最终的极限，柯西使用了任意小的正数的概念。柯西认为如果一个数列为x_1，x_2，x_3，…，x_m，…，x_n，…，当m和n足够大时，x_m和x_n之间的差异（即$|x_m-x_n|$）小于任意小的正数，那么这个序列的极限就存在。这样的数列后来也被称为柯西序列。当然，大家可能要问，任意小是多小？柯西讲，比你能够给定的任何小的正数还要小。比如你说10^{-100}，柯西说，比这个还要更小；你如果说10^{-1000}，柯西说，还要更小。总之但凡你能说出一个小数，他都说还要更小。

柯西这种想法，已经有点逆向思维的意思了，他不是像牛顿和莱布尼茨那样从正面论述逐渐接近，而是说，我永远可以做到比你想象得更接近。我们不妨用一个简单的例子来说明他们之间思维方式的差别。

来看这样一个序列：

$$1，\frac{4}{3}，\frac{6}{4}，\frac{8}{5}，\frac{10}{6}，\frac{12}{7}，\cdots，\frac{2k}{k+1}，\cdots$$

它最终的极限值是多少？

大家会马上说是2，因为这个比值最终趋近于2，或者说无限逼近于2。这是牛顿和莱布尼茨的思路。柯西的思路略有不同。他会说，你给定任何一个很小的正数，比如0.1，那么k比较大之后，这个数列的浮动范围就小于0.1了。如果你说0.1不够小，我们再给一个更小的数，比如10^{-1000}，柯西讲，我总能让k足够大之后，数列的浮动范围小于10^{-1000}。这种讲法就比所谓“越来越接近”的描述要准确得多了。

但是，对于这样的描述，德国数学家魏尔斯特拉斯依然认为不够精确，因为它更像是自然语言的描述，而不是用严格的数学语言。于是魏尔斯特拉斯给出了他的定义法。

魏尔斯特拉斯在定义数列的极限时，继承了从牛顿和莱布尼茨到柯西所有数学家对这个概念的共识，即无限逼近的某个趋势的观点，这样保证了数学家们说的都是相同的事情。在描述无限逼近的方法上，他也采用了逆向思维，这一点和柯西相同。但魏尔斯特拉斯超越所有前人的地方在于，他对极限进行了量化的定义。

首先，魏尔斯特拉斯用一个特殊的符号ε表示柯西所说的任意小的正数，又用了另一个特殊的符号N代表数列中足够大的序号，也就是序列在往无穷方向走的情况。

接下来，魏尔斯特拉斯讲出了他的逻辑。他说，由你来给一个小的正数ε，多小都可以，只要你给定了，我来确定一个大的正整数N，当$n>N$之后，我保证x_n和某个数μ的差异在ε的范围之内，即$|x_n-\mu|<\varepsilon$。比如说，在上个序列中，大家挑了一个很小的数，ε为一亿分之一(10^{-8})，那么只要选择N等于一亿(10^8)即可，这时，对于任何$n>N$，比如一亿零一(10^8+1)，就能满足$|x_n-2|<\varepsilon$($|x_{100\ 000\ 001}-2|<10^{-8}$)。如果这时你还不满意，说一亿分之一的误差还是误差，x_n依然不等于2，没关系，你再说一个小数，我们还能满足。于是你说$\varepsilon=10^{-100}$，这时，我们只要让$N=10^{100}$就可以了。总之，你说要多么接近，我们都能做到，这就是无限逼近。

有了对一个数列极限的定义，魏尔斯特拉斯对函数的极限也做了类似的定义。比如我们来看这样一个函数$f(x)=\dfrac{\sin(x)}{x}$，请问当x

趋近于0时，它等于多少呢？为了得到直观的感觉，我们把x不断变小时$f(x)$的数值的变化总结在表5.1中。

表5.1　$\sin(x)/x$ 的比值在x趋近于0时越来越接近1

x	1	0.1	0.01	0.001	…	→0
$f(x)$	0.84	0.998	0.99998	0.9999998	…	→1

从表5.1中可以看出x越接近0，这个函数值就越趋近于1。我们知道x是分母，不能等于0，不过没关系，我们可以让它趋近于0，这时我们说函数的极限等于1。

对于函数$f(x)$在0附近的极限，魏尔斯特拉斯是这样定义的：

给定任意一个很小的数字ε，我总能在0附近，设法找到一个范围Δ，只要x落在这个范围内，即$|x|<\Delta$，$f(x)$和1之间的误差就比ε要小，即$|f(x)-1|<\varepsilon$，也就是说$f(x)$在0附近的极限等于1。

从这个定义中我们可以看出，函数在某一个点的极限也是一个动态的对趋势的定义。这种定义的方式，也使用了逆向思维，即我们不说函数值和极限值有多么接近，而是让质疑者提出它们认定的范围ε，只要他们给出的范围确定下来，无论范围有多么小，我们都能够根据ε倒推出一个区间Δ，在这个区间内，函数值跑不出极限值$\pm\varepsilon$的范围。当然，魏尔斯特拉斯用的语言比我们这段描述更精确些，但是为了让数学显得不是那么高冷，我们还是用相对通俗的语言重新描述了魏尔斯特拉斯的意思。

有了极限严格的定义，我们可以看出无穷小其实是一种特殊的极限。假如有一个正数序列

$$X=x_1, x_2, x_3, \cdots, x_n, \cdots,$$

对于任意给定的ε，我们总能找到一个N，当$n>N$之后，就有$|x_n|<\varepsilon$。于是，我们就说这个序列X趋近于0，或者说x_n是无穷小。

通过这种方式，就可以严格地定义某一时刻的速度了。我们要首先假定位移量是连续变化的，因为如果变化不连续，就会有速度为无限大的情况，这个与实际情况不符合。我们在t_0这个时刻取一个时间间隔Δt，在Δt的时间里，位移量为Δs。我们可以让Δt的取值越变越小，比如是$\Delta t_1>\Delta t_2>\Delta t_3>\cdots$，最后趋近于零，当然相应的$\Delta s$也越来越小，这时$\Delta s/\Delta t$也构成一个序列，我们假定为$V=v_1$，$v_2$，$v_3$，…，$v_n$，…。这时任意给定一个$\varepsilon>0$，我们都可以找到一个$N$，当$n>N$以及$m>N$之后，$|v_n-v_m|<\varepsilon/2$，即$V$是一个收敛的序列，它会收敛到某一个值$\mu$，这时$|v_n-\mu|<\varepsilon$。也就是说，$\mu$就是$t_0$时刻的速度。

利用无穷小和极限，贝克莱所提出的无穷小悖论，以及之前所有的芝诺悖论才算彻底解决。

3. 数学中的定量和逆向思维

极限是微积分中最重要也是最难懂的概念。大家读到这里，就已经跨越了微积分中最难逾越的门槛。极限这个概念的难点在于，它和我们在初等数学中学到的其他概念都不一样，它是对动态变化趋势的描述，但同时它又必须非常准确。理解好这个概念，我们对数学的理解就逐渐进入高等数学的水平了。

当然，如果大家一时还理解不了极限、无穷大和无穷小概念，其实也不用着急，因为数学家们一开始对它们也是雾里看花。人类受限于自己生活在有限而具体的世界，会想当然地觉得无穷大就是一个非常大的数，无穷小就是反过来。以这样静止的眼光看待数，就会遇到一些数学悖论，而这些悖论会导致数学危机。危机的根源在于我们人类直观的认识和数学内在逻辑之间的矛盾。

解决这些矛盾的方法是什么呢？数学家库尔特·哥德尔（Kurt Gödel）曾证明，在一个封闭的数学体系内，无法做到一致性和完备性的统一，体系内所遇到的漏洞，在这个体系内是无法弥补的。因此，通常解决数学上“悖论”的方法，只能是定义新的概念，把原来数学的体系扩大为新的体系。这里我对悖论一词打了引号，因为它不是数学本身的漏洞，其实是我们人类认知上的漏洞。这就有点像中国话讲的“不识庐山真面目，只缘身在此山中”。

具体到对无穷世界的认识、以及对极限的认识，最初发现漏洞的人居然是芝诺、贝克莱这样“胡搅蛮缠”的“杠精”，这就源于古希腊人以及牛顿和莱布尼茨等人对一些基本概念在理解上的漏洞。当然，这也才给了柯西和魏尔斯特拉斯等人机会来完善微积分。魏尔斯特拉斯超出前人和常人的地方有两个：一个是他定量地描述出无限的趋势，另一个是他用逆向思维让大家理解了这种趋势的含义。定量和逆向思维，是我们今天经常应用的思维方式。

关于无穷大和无穷小还有一个问题我们没有回答，就是如果让它们彼此计算，比如把无穷多个无穷小加起来等于多少，又该如何计算呢？

本节思考题

如何用魏尔斯特拉斯的方法证明当$x\to\infty$时，$\frac{1}{x}\to 0$。

5.5 动态趋势：无穷大和无穷小能比较大小吗

我们讲无穷大是比任何数都大，那么世界上只有一个无穷大吗？似乎应该如此。如果我们静态地看待无穷大或者无穷小，就会认为无穷大都是一样的，无穷小也都是如此。但是从无穷大是一种动态趋势的角度考虑，那么显然就有变化快和变化慢的分别，也就应该有不同的无穷大。类似地，趋近于零的无穷小也会有快、慢的分别。因此，数学上有各种无穷大和各种无穷小，而且它们还能“比大小”。当然，在数学上，诸如“比某个无穷大更大的无穷大”这样的描述是不精确的，而且也无法定量度量它们的区别。因此，我们需要严格定义，并且用一种可量化的方法度量无穷大或者无穷小变化的趋势。

1. 无穷大和无穷小的大小比较

先来看一个具体的例子，两个无穷小的函数比较大小。当 x 趋近于 0 时，线性函数 $f(x)=x$ 和正弦函数 $g(x)=\sin x$ 也都趋近于 0，那么它们趋近于 0 的速度相同吗？我们把这两个函数在 0 附近的趋势做了一个对比，放在了表 5.2 中。大家不必在意表中的具体内容，体会一下它们后来的差异大小就可以了。

表5.2　$f(x)=x$ 和 $g(x)=\sin x$ 在 x 趋近于0时的走势

x	1	0.1	0.01	0.001	0.0001
$f(x)$	1	0.1	0.01	0.001	0.0001
$g(x)$	0.8414	0.099 833 334	0.009 999 83	0.000 999 999 83	0.000 099 999 999 8
$g(x)$ 的另类表述	1−0.16	0.1 − 0.000 167	0.01 − 0.000 001 67	0.001 − 0.000 000 017	0.0001 − 0.000 000 000 000 2

从表5.2中可以看出，x 本身和正弦函数趋近于0的速率惊人的一致。于是，我们可以得到这样一个结论，上述两个函数它们趋近于0的速率是相同的，或者说当 x 趋近于0时，$f(x)$ 和 $g(x)$ 是同阶无穷小。如果我们使用前面讲到的大 O 的概念来量化描述它们，我们可以得到 $O(f(x))=O(x)$，由于 $g(x)$ 和 $f(x)$ 同阶，因此 $O(g(x))=O(x)$。

为了让大家体会不同的无穷小趋近于0的速度不同，我们不妨再对比另外两个函数，平方根函数 $h(x)=\sqrt{x}$ 和平方函数 $l(x)=x^2$，看看它们趋近于0的情况。为了方便对比，我们把它们和 $g(x)$ 放在同一张表中，如表5.3所示。

表5.3　$g(x)=\sin x$、$h(x)=\sqrt{x}$ 和 $l(x)=x^2$ 在 x 趋近于0时的走势

x	1	0.1	0.01	0.001	0.0001
$g(x)=\sin x$	0.8414	0.099 833 334	0.009 999 83	0.000 999 999 83	≈0.0001
$h(x)=\sqrt{x}$	1	0.333 333 3	0.1	0.033 333	0.01
$l(x)=x^2$	1	0.01	0.0001	0.000 001	0.000 000 01

从表 5.3 中可以看出，平方根函数相比正弦函数趋近于 0 的速率慢得多，而平方函数则要快得多。这时就比较出两个无穷小谁"更小"了。正弦函数在 0 附近，相比平方根函数，是"更小"的无穷小，而它比平方函数则"更大"，当然这里更小和更大两个词是打了引号的，因为这里并不是具体数字大小的比较，而是趋势快慢的对比。对于那些以很快的速度趋近于 0 的无穷小，我们称为高阶无穷小，而不是更小的无穷小。反之，那些以较慢的速度逐渐趋近于 0 的无穷小，则被称为低阶无穷小。

表 5.4 给出了一些函数在 0 附近趋近于 0 的速度，它们的阶数是从高到低排序的。

表 5.4　不同阶数的无穷小

函　　数	同阶的函数
$\frac{1}{e^{\frac{1}{x}}}$	$\frac{2}{e^{\frac{1}{x}}}$，$\frac{1}{10e^{\frac{1}{x}}}$
x^3	$3x^3$，x^3+x^4
x^2	$4x^2$，$3x^2$
x，$\sin x$，$\tan x$	$2x$，$\frac{1}{2}\sin x$，$x+\tan x$
$\sqrt{x}$	$2\sqrt{x}$，$\sqrt{x}+x$
$\frac{1}{\ln\frac{1}{x}}$	$\frac{1}{\lg\frac{1}{x}}$，$\frac{2}{\lg\frac{1}{x}}$

需要说明的是，如果两个无穷小只是差常数倍，比如相差 5 倍，我们认为它们是同阶的。虽然它们趋近于 0 的速度略有差别，比如一个从 0.001 变成了 0.0001，另一个从 0.005 变成了 0.0005，但是它们的相对差异保持不变，我们也就不在乎那点差别了。

类似地，我们也可以对无穷大比较大小，它们比的也不是绝对的大小，而是增速的高低。所谓高阶的无穷大，就是增速更快的那种。比如表5.5的几个函数往无穷大方向发展的速度就差别很大。

表5.5　不同函数趋近于无穷大的速度不同

x	100	10 000	10^{10}	10^{100}	$10^{10\,000}$
$f(x)=x$	100	10 000	10^{10}	10^{100}	$10^{10\,000}$
$h(x)=\sqrt{x}$	10	100	10^{5}	10^{50}	10^{5000}
$g(x)=x^2$	10 000	10^{8}	10^{20}	10^{200}	$10^{20\,000}$
$l(x)=\lg x$	2	4	10	100	10 000

从表5.5中可以看出，平方根函数$h(x)$就比线性函数$f(x)$增长得慢很多，而平方函数$g(x)$则要快很多，越到后来差距越大。当然还有比平方根函数$h(x)$增长更慢的函数，比如对数函数$l(x)$。至于增长更快的，也有很多，我们没有列出来的指数函数是增长得非常快的。我将一些函数按照往无穷大方向增长的速率从快到慢列举在了表5.6中。

表5.6　不同阶数的无穷大

函　　数	同阶的函数
e^x	$10e^x$, e^x+x
x^n（幂函数，通常x=2，3，4，…）	x^3+x^2, $3x^3$
x	$5x$, $x+5$
$\sqrt{x}$	$\sqrt{x}+\sqrt[3]{2x}$, $100\sqrt{x+20}+5$
$\log_a x$	$\lg x$，$\ln x+100$

增长越快的函数阶越高，增长越慢的函数阶越低。当然，如果两个函数差常数倍，它们就是同阶的。此外，如果一个函数中有一项是高阶，另一项是低阶，低阶的那一项其实在无穷大的附近起不到什么作用，我们也就认为这个函数的阶数，就是由高阶的部分决定的。

为什么要比较无穷大和无穷小的大小呢？很多人会觉得这些函数最后反正都趋近于无穷大，或者趋近于0，这样的比较有意义吗？答案是有意义，而且意义很大。在5.1节中我们曾讲到，在计算机科学中要利用无穷大来比较算法的好坏，这里我们来详细讲解一下这部分内容。在计算机科学出现之后，了解一种算法的复杂度，按照什么趋势增加是非常重要的，而这就有赖于对于无穷大的比较。

我们知道，计算机是一个计算速度极快的机器。对于小规模的问题，无论怎么算，也花不了多少时间，因此不同算法在小规模问题上的表现其实不重要。如果计算机遇到规模很大的问题，算法的优劣，差别就大了。因此，计算机算法所关心的事情，是当问题非常非常大时，不同的算法的计算量以什么速度增长。比如，我们把问题的规模想成是N，当N向着无穷大的方向增长时，计算量是高阶的无穷大，还是低阶的。

假如算法A的计算量和N成正比，那么当N从1万增加到100万时，计算量也增加100倍；如果算法B的计算量和N^2成正比，事情就麻烦多了，当N同样从1万到100万时，计算量要增加1万倍，类似地，如果算法C的计算量是N^3的关系，则要增加100万倍。当然遇到极端的情况时，如某一算法的计算量是e^N，问题就无法解决了。相反，如果算法D的计算量是$\lg N$，那么太好了，无论N怎么增加，计算量都增加得很慢。

因此，计算机算法的精髓其实就是在各种无穷大中，找一个“小一点”的无穷大。一个好的计算机从业者，他在考虑算法时，只在无穷大这一端，考虑计算量增长的趋势；一个平庸的从业者，则是对一个具体的问题，一个固定的N，考虑计算量。可以讲前者是用高等数学武装起头脑，后者对数学的理解还在小学水平。我们进行数学的通识教育，接受高等数学的知识，首要的目的是转换思维，其次才是掌握知识点。

除了计算机科学，在生活中其实我们也时常对无穷大比大小。比如我们知道房价每年增长一点，累积下来最终是往无穷大的方向发展的。当然大多数人的收入及存款也是如此。如果房价每年涨3%，而一个人的存款每年涨10%，只要生命足够长，早晚买得起房子。如果另一个人的存款是每年增长20%，长久来看这就是一个相对高阶的无穷大，他会很快买得起房子。相反，如果有人的存款每年增长不到3%，相比房价的增长，它就是低阶的无穷大，那个人就永远买不起房子。

那么对于无穷小，区别出高阶和低阶也有很大的意义，还是以计算机算法为例来说明。很多时候我们要求计算的误差在一次次迭代后不断下降，往无穷小的方向走。比如我们在控制导弹和火箭飞行的精度时，需要通过不断地微调让它们向着目标方向靠近。那么是通过简单的几次调整就能趋近于目标方向，还是要经过很多次迭代才达到目的，其中的差异就很大了。假如我们有一种控制的方法，它是按照下面一个序列逐步消除误差的：

$$1,\ \frac{1}{2},\ \frac{1}{3},\ \frac{1}{4},\ \cdots,\ \frac{1}{1000},\ \cdots$$

虽然这个序列最终发展下去是无穷小，但是如果我们想把误差控制在 1/1000，需要调整 1000 次，这可能就太慢了。相反，如果我们有办法让误差按照下面的序列消除：

$$1，0.1，0.01，0.001，\cdots$$

那么只需要 4 次调整，就能做到误差小于 1/1000。

你可以想象，火箭在高速飞行中，每一秒都能飞出去几公里到十几公里，如果需要调整 1000 次才能消除误差，在调整好之前，火箭可能早就偏出十万八千里了。因此，在很多计算机算法里，更希望以高阶无穷小的速度接近 0。

从另一个层面来看，无穷大之间、无穷小之间的这种大小比较，其实是把“比大小”这个概念的含义拓展了。

2. 无穷大和无穷小的计算

无穷大和无穷小不仅能比较，而且也能计算。有些计算结论是一目了然的，比如无穷大和无穷大彼此相加相乘，结果都是无穷大，而无穷小之间做加减乘，结果都是无穷小这比较好理解。但是，无穷大除以无穷大，无穷小除以无穷小等于多少呢？那就要看分子和分母上的无穷大或者无穷小谁变化快了，或者说它们谁的阶更高了。我们以无穷小为例来说明。

我们知道，当 x 趋近于 0 时，$\sin x$ 和 $\sqrt{x}$ 都是无穷小，那么 $\sin x/\sqrt{x}$ 等于什么呢？

如果在过去，我们认为 0 不能是分母，因此在 0 附近这个除法没有意义。现在我们有了极限的概念，我们只需要对比一下 $\sin x$ 和 $\sqrt{x}$ 哪个趋近于 0 更快，就能得到比值了。我们知道 $\sin x$ 相比 $\sqrt{x}$ 是高阶无穷小，因此，当$\sin x$已经比较接近于0时，$\sqrt{x}$相对来讲“差的还远”，于是这个比值是0。我们用表5.3中的数据，也很容易验证这一点。

如果反过来，要计算$\sqrt{x}/\sin x$，这个比值就是无穷大，因为分母已经很接近0了，分子还是一个相对大的数字。

对于无穷大的除法，情况也是类似。比如，当x趋近于无穷大时，$\lg x/\sqrt{x}$的分子分母都趋近于无穷大，但是分母趋近的速度更快，于是这个比值就是0。当然如果将分子和分母互换，它的比值就是无穷大。如果我们计算$10\ 000x/x^2$，你会发现，这两个无穷大的比值等于0，这说明再多个（10 000个）低阶的无穷大（$O(x)$），也比不过一个高阶的无穷大（$O(x^2)$）。

如果一个无穷大乘以一个无穷小，会是什么结果呢？它可以是一个常数，也可以是0，或者无穷大，就看它们谁的阶数更高了。

我们在前面讲芝诺悖论二时提到，对于那个比值$r=0.1$的等比数列中，无穷多个无穷小相加，结果是有限的，就是这个道理。因为不断变小的等比数列，最后会形成一个高阶无穷小。当然，有了对无穷小严格的定义，我们可以非常严格地证明等比级数$S=1+0.1+0.01+0.001+\cdots$是收敛的。

我们只要构造这样一个序列：

$$u_1=0.1^0/(1-0.1),$$

$$u_2=0.1^1/(1-0.1),$$

$$\vdots$$

$$u_n=0.1^{n-1}/(1-0.1),$$

$$\vdots$$

接下来我们计算相邻两个元素的差：

$$u_1-u_2=1,$$

$$u_2-u_3=0.1,$$

$$u_3-u_4=0.1^2,$$

$$\vdots$$

$$u_n-u_{n+1}=0.1^n,$$

$$\vdots$$

我们把等式两边分别相加，就得到：

$$u_1-u_{n+1}=1+0.1+0.01+0.001+\cdots+0.1^n,$$

显然这个序列是递增的，但是它小于 u_1。当 n 趋近于无穷大时，$S=u_1-u_{n+1}$。我们从 u_{n+1} 的定义可以看出，它此时是无穷小，趋近于 0。于是就有 $S=u_1=\frac{1}{0.9}=\frac{10}{9}$。

有了无穷小和极限的概念，我们就能回答一个问题，无限循环小数0.999 999…到底等不等于1 ？这是我的一个学生问我的，我想很多人其实也有这个疑问，就是前者是否只是不断逼近1，而不能等于1 ？这个问题就涉及实数的公理化体系了，这部分内容我们放到微积分的公理化过程里讲述。大家在这里记住一个结论，就是0.999 999…=1，而不仅仅是趋近于1。关于这个结论的严格证明，我们会在后面的章节中给出。

本节思考题

能否找一个比指数函数增长更快的函数?

本章小结

在古希腊，主人和奴隶都需要学习，前者是主动学习知识，后者是被动学习技能。在大学里，老师讲无穷大和无穷小时，总是会找一些虚构的例子，一般不会和生活联系起来，更不会用上面我提到的买得起或者买不起房子的例子来做说明。这样一来，数学就会显得非常高冷，以至于大家不知道为什么学数学。渐渐地，大家在学习数学时就变成了被动地学习，只满足于会做练习题，这样其实就把自己当成了古希腊的奴隶。相反，如果把自己当作主人来学习数学，学到后来掌握的就不仅是各种数学的知识点，而是各种思维方法和解决问题的工具。这样数学学得越多，就会对趋势的认识越深刻、越有感觉。

结束语

通过数字篇，我们基本了解了人类对于数字的认识的全过程，从这个过程可以看出人类思维进步的轨迹。

最初，人们是通过自然数、整数、有理数、实数、复数来一步步认识数字的，但这只是认知提升的一个维度。对于数字认知提升的另一个维度则是从有限上升到无限。

在这个维度上，数字从一个表述数量信息的记号，上升为描述变化趋势的工具。这里最有代表性的成就就是魏尔斯特拉斯关于极限概念 ε-Δ 的表述，以及戴德金对实数公理化的构建。他们都以动态的眼光看待原本孤立的数字，这种方法论极大地提高了人类的认知水平。

最后还需要回答的一个问题是，像实数是否连续，或者 0.999 99… 是否等于 1 这样的问题，答案似乎是很显然的，为什么还要绕这么一个大圈子严格地证明它们？这其实和欧几里得利用几条公理构建几何学大厦的初衷是一样的，就是要将数学建立在最少的假设和最严密的逻辑之上。除了那些无法进一步简化的假设（即公理），剩下的那些内容哪怕是我们在生活中天天验证的常识，也需要经过严格的证明，才能成为数学中的一部分。

人类建立起的第一个公理化的数学分支是几何学，接下来就让我们看看它是如何建立起来的，以及公理化的数学体系又有什么特点。

几何篇

几何学被很多人认为是最难学的数学分支，但是它却是最早发展起来的数学分支。它的出现仅晚于算术，比代数学早了上千年。今天存世最早的几何书是古埃及的莱茵德纸莎草书，它成书于公元前 1650 年前后。不过该书的作者声称，书中的内容是抄自古埃及另一本更早的书，那本书写于公元前 1860 年 — 公元前 1814 年。这样算下来，世界上最早的几何学文献应该在 3800 年之前，这甚至比殷墟甲骨文的历史都长。相比之下，代数学到了古希腊时期才基本定型下来。

在人类的早期文明中，肯定有很多算术解决不了的问题，怎么办呢？说起来很有意思，那时的人们会用几何学的方法来解决本该属于代数学的问题。今天我们学了代数和几何之后，会发现代数相对容易，几何要难不少，因此倾向于用较简单的代数工具来解决几何问题，笛卡儿所发明的解析几何，就是这个目的。那么为什么古代人类要绕路走呢？这是因为早期人类在生产和生活上太需要几何学的知识了，几何学得以优先发展了起来。

第6章

基础几何学：公理化体系的建立

小学生们最早接触到的几何知识，就是计算各种图形的边长和面积。人类最初发展几何学也是从这里开始的。英语中几何一词 geometry 源于希腊语，它是由土地的词根（geo）和丈量（metry）一词组合而成的。顾名思义，几何源于对土地的丈量。当然，几何学传到古希腊已经是很晚的事情了，丈量土地的传统源于更早的古埃及文明。要了解几何学的起源，就要从 6000 年前的古埃及文明讲起。

6.1 几何学的起源：为什么几何学是数学中最古老的分支

1. 古埃及人对于几何学的感性认识

虽然说古代的农耕文明多源于大河地区，但是尼罗河和中国的黄河、长江有很大的不同。尼罗河不是惊涛澎湃掀起万丈狂澜，而是静静地流过古埃及的北部，形成一大片平缓的三角洲。尼罗河的洪水虽然每年泛滥，但不是像黄河决堤一样肆虐周围的土地，而是给它淹过的土地带来了肥料。从大约公元前6000年开始，尼罗河下游就有了定居的农民，他们每年在尼罗河洪水淹过的土地上耕种，并且有相当不错的收获。在随后长达几千年的时间里，当地人一直这样耕作，农业的出现和发展是文明的基础。

在早期农耕年代，要实现有效的农业耕种，必须解决两大难题。一个是什么时间播种和收获——播种早了，庄稼出苗率就低，而晚了就要误农时，当然收获的时间也很重要；另一个则是在哪里种植——既不能离河床太近，以免涨潮时河水淹没农田，也不能太远，否则土壤的肥力就不够了。在今天看来，这两件事是再容易不过的了。在农时方面，我们可以用节气来指导农业生产，比如在春分前后播种，到夏至左右收获就可以了。至于洪水涨落的边界，记下12个月涨落的边界变化就可以了。但是在古埃及时期，做到这两件事并不容易，因为那时根本没有准确的计时方法，人们无法通过身体感受来体会一年四季具体的时间。至于确定洪水涨落的边界，没有测量方法和工具，其实是做不到的。解决这两件事情都需要用到几何学的知识。

先说说如何确定每一年开始的基准时间。我们今天习惯于把1月1日0时0分作为这一年的基准时间，但是直接测定这个时间对古代的人来讲是很困难的。因此，设定一个基准时间比较确实可行的办法，就是测定一下地球转到了太阳的什么位置。由于地球的轨道基本上是一个圆，要了解当前的位置，就要再有一个参照点才行。具体讲就是在天空中，找到一个和太阳位置相对固定的、容易观察到的恒星。在天空中，除了太阳，最亮的恒星是天狼星，它距离我们大约是8.6光年，亮度高达-1.46视星等[①]，它的位置相对太阳变化很小。其他更亮的天体，包括月亮、木星和金星，都是不断“漂移”的，无法做参照点。

我们把地球、太阳和天狼星相对的位置画在了图6.1中。

从图6.1中可以看出，由于地球围绕太阳旋转，当地球转到不同位置时，看到的天狼星和太阳的夹角是不同的。根据此夹角就可以判断地球相对太阳的位置，即一年中的时间了。于是，他们就把太阳和天狼星同时升起（也就是地球、太阳和天狼星大致连成一线）的那个时间作为开始，等到地球围绕太阳运行一周又转回到起

① 视星等是对天空恒星亮度的衡量方法。最早是由古希腊天文学家喜帕恰斯（Hipparkhos）制定的，他把自己编制的星表中的1022颗恒星按照亮度划分为6个等级，即1等星到6等星。今天准确的视星等是英国天文学家诺曼·普森（Norman Pogson）制定的，以织女星为0等，每一等之间亮度大约相差2.5倍，并引入了“负视星等”的概念，数值越小，亮度越高，反之越暗。

始位置时，即地球、太阳和天狼星又连成了一线时，作为一个地球年。古埃及人就这样把测定一年基准时间的问题，变成了一道几何题。

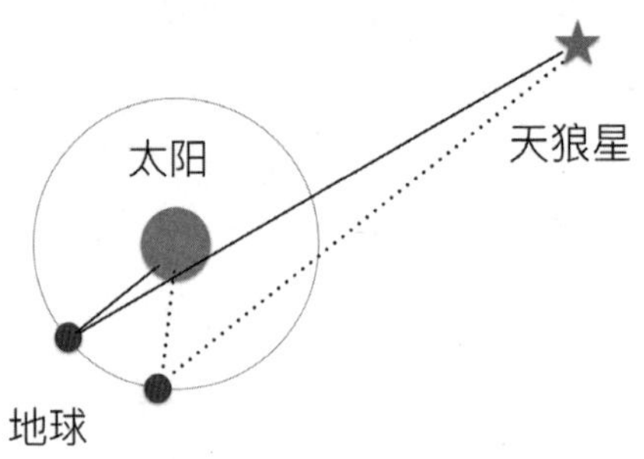

图6.1　古埃及人通过地球、太阳和天狼星相对角度来确定地球上一年中的时间

由于地球公转一周并非完整的365天，而是多大约1/4天，因此地球、太阳和天狼星又连成一条线时，大约是中午12点钟，看不到天狼星。那么什么时候人们才能再次看到天狼星和太阳一同升起呢？是1461天之后，也就是四年之后。由于古埃及没有闰年，它无法每四年校正一天，这样1460年下来，就会差出整整一年。对此，古埃及人自有办法，他们干脆以1461个太阳年（每年固定为365天）为一个大周期，称之为一个天狼星年。这样他们的一个天狼星年，就相当于我们通过闰年校正后的1460年。然后，古埃及人就按照天狼星年的周期，编制了一个八万多年的大历法，有了这个历法，什么时候播种、什么时候收获就清楚了。

在解决在哪里种植的问题上，古埃及人也广泛运用了几何学的知识。每年尼罗河洪水泛滥时会暂时淹没全部耕地，洪水退后大家就要重新丈量居民的耕地面积。由于这种需求，古埃及人逐渐积累起来了测地知识，以及面积和体积的计算方法。经过上千年的发展，古埃及人掌握了很多几何学的知识，并且对几何学从懵懂的感性认识上升到量化的感性认识。古埃及人发现了各种面积以及很多复杂几何体体积的计算公式，他们还知晓了圆周率的存在，并且对其做出了3.16的估算。这也是几何学起源的第一个阶段。

几何学的发展也推动了古埃及大规模的城市建设，尤其是大金字塔的建造。在修建胡夫金字塔的年代（距今大约 4600 年），他们就知道了勾股定理、黄金分割，并且在设计金字塔尺寸时，将这些几何关系应用在了大金字塔的尺寸上，以展现他们的几何学成就。至此，几何学发展的第一个阶段告一段落。

2. 美索不达米亚人对几何学发展的贡献

几何学发展的第二个阶段和第一个阶段几乎是平行的，就是美索不达米亚人发明了量化的角度度量。我们知道平面几何所需要度量的最主要的对象，一个是长度，另一个就是角度。前者比较直观容易，后者比较困难。美索不达米亚人对几何学最大的贡献在于发明了量化度量角度的方法，就是我们今天360° 的原则和角度上的60进位。

美索不达米亚人对几何学的研究，也源于占星或者天文学研究的目的。占星在早期可不是算个人运势的，而是和农业生产有关。星空不同的位置和地球上一年里那些特定的时间有着一一对应的关系，而在地球上每一年特定的时间里，植物和动物都会处于类似的的生长繁衍阶段，因此美索不达米亚人就把天上星星的位置和地上发生的事情联系了起来。美索不达米亚人发现天上有两种星星：一种似乎固定不动，就是恒星；另一种位置却是不断变化的，就是金、木、水、火、土五大行星，因此他们给这几颗星星起了一个名字，叫作漂移的星，这就是行星名称的由来。他们和古代中国人一样，试图用这些星星相互的位置来解释地面上的事情。当然，我们今天知道这种事情迷信的成分居多。

既然要占星，就要标记星星的位置，美索不达米亚人就是出于这个目的发明了角度制。早在苏美尔人统治时期，他们就发现每个月看到的星空会有1/12的差异，于是它们就把天空分成了12份，每一份用一个有代表性的星座来代表，这就是今天12星座的由来。由于一个月大约有30天，后来的古巴比伦人就把一年看到的天空，又分为了360份（$12 \times 30=360$），每一份就是今天说的一度角的由来。我们今天学习几何学时可能都会有一个疑问，一个圆为什么有360°，而不简单定义为100°，原因就是美索不达米亚早期的几何学。当然，如果以360°作为进位的基本单位太大、太复杂，于是他们选用了它的1/6，即60为进位单位。60这个数字在数学上来说特别“漂亮”，因为它可以同时被2、3、4、5、6、10、12、15、20、30和60整除，因此使用很方便。60进制也就这样产生了。

美索不达米亚人在几何学上有很高的成就，他们不仅掌握了很多几何图形面积的计算方法，而且还了解了三角形的很多性质，比如角平分线的性质，等腰三角形顶点垂线平分底边，相似直角三角形的对应边是成比例的，等等。特别需要指出的是，他们还观察到了勾股数的现象，并记录下很多组的勾股数，其中最大的一组勾股数是（18 541，12 709，

13 500），发现这么大的一组勾股数非常不容易。当然知道了勾股定理就有可能利用它来计算一个数的根号，古巴比伦人也做到了，他们算出$\sqrt{2}$大约是1.41。此外，古巴比伦人还给出了一些角度的三角函数值。

3. 几何学知识的传播

不过需要指出的是，尽管古埃及和美索不达米亚文明积累了很多几何学知识，能够进行量化的角度度量，但是它们的几何学依然不成体系，有很多前科学或者纯粹经验的味道。几何学知识体系的形成，要感谢后来两个善于经商的民族，他们是我们随后要讲到的闪米特人和古希腊人。当然，在此之前古老文明所获得的几何学知识需要传播出去，这就进入了几何学发展的第三个阶段——记录所发现的规律，传播知识，然后形成体系。

今天存世最早的几何书是我们前面提到的古埃及的莱茵德纸莎草书，其实除此之外，古埃及还留下了不少记录在纸莎草纸上的几何学知识，这些知识后来逐渐渗透到地中海的东岸地区。不过，在传播几何学知识上，记录在美索不达米亚出土的泥板上的内容更丰富，也更容易传播，因为那些泥板比纸莎草纸便宜得多。今天，考古学家在美索不达米亚地区发现了300多块记载了他们几何学成就的泥板，当然有些遗失和毁坏了。美索不达米亚几何学知识（以及其他的科学成就）的广泛传播更要感谢一个特别喜欢外出经商的民族——闪米特人。

闪米特人是今天犹太人和阿拉伯人的祖先。闪米特人的一支腓尼基人在地中海沿海和很多岛屿建立了殖民地，走到哪里，便把科学和文化传播到哪里，他们还发明了简单的拼音书写系统，那是后来希腊文和拉丁文的前身。直到毕达哥拉斯时代，美索不达米亚人和腓尼基人建立的殖民城市的科学和艺术水平都要远高于希腊诸岛和本土。各地的人们都到那里学习数学、天文、科学和艺术，毕达哥拉斯也是留学生中的一员。几何学在后来传到了古希腊文明圈之后，就在那里被发扬光大，并形成了体系。在毕达哥拉斯学派的手中，几何学从一种实用性的数学测量和计算工具，逐渐成为单纯基于逻辑推理的数学分支。到了公元前4世纪—公元前3世纪，古希腊数学家欧几里得等人完成了对几何学公理化体系的构建，并且写成了《几何原本》一书。此时距离古埃及人在尼罗河下游进行土地丈量的时期，已经超过3000年了。

为什么是古希腊人而不是更早的苏美尔人或古巴比伦人完成几何学公理化体系的构建呢？一般认为有两个主要的原因。首先，古希腊人对物质生活要求很低，他们把大部分时间用于了理性的思考和辩论，这让他们能够从知识点中抽象出概念，然后形成体系；其次，古希腊没有强权的政治，在自由民的范围内，有着自由的空气和独立思考的传统，这让学者可以自由思考。我们前面介绍芝诺悖论时曾经讲到过，在古希腊，芝诺这样胡搅蛮缠的知识分子能够存在，而且大家还尊重他的诡辩，这在其他早期文明中很少看到。在一个专制的王权社会，可以发展出知识，培养出技能，但是很难完成需要很多创造力的事情。这就是为什么缺乏自由的奴隶，建造不出复杂宏大的金字塔的原因。金字塔的建立，是一个复杂而庞大的系统工程，它需要人的创造力。相比金字塔，构建几何学公理体系所需要的创造力更多，只有享受足够的自由，才能完成这件事。也正是这个原因，今天的大学教授都不用定点打卡上班，因为自由是科学进步的必要条件。同样，带着自由民的心态学习，和单纯为了谋生学习，其收获是完全不同的。

早期几何学3000多年的发展过程，其实也对应着我们学习几何学的过程。在幼儿园的时候，我们会学习认识各种几何图形；到了小学，会学习周长和面积的计算、角度的测量等。但是这些都是孤立的知识点和经验，一个小学生很难将角度和圆弧的长度联系起来考虑。这些对应于几何学发展的前两个阶段。到了初中，我们会学习几何学的公理、定理和推论，这对应的是几何学发展的第三个阶段。在这个阶段，我们是成体系地学习几何学的。也就是说，人类花了千年才走过的几何学认知历程，我们现在只需要10年左右的时间就能学完，这要感谢前人把几何学变成了一门系统性、公理化的知识体系，才让我们能以非常快的速度进步。

本节思考题

古埃及人将时间和天体的位置对应起来，你是否能想到一个例子，将地球上的位置和时间对应起来？

扫描二维码

进入得到App知识城邦“吴军通识讲义学习小组”

上传你的思考题回答

还有机会被吴军老师批改、点评哦～

6.2 公理化体系：几何学的系统理论从何而来

说到对几何学贡献最大的人，大家首先会想到欧几里得。他在两千多年前写成的《几何原本》，至今依然有不少人将它作为数学教材使用，其完整性和严密性令人叹为观止。更为重要的是，欧几里得把零散的几何学知识通过公理化系统统一起来，完成了对几何学公理化体系的构建，这件事情在数学的发展过程中意义巨大。可以说，欧几里得完全超越了古代文明时期所有的数学家。接下来我们通过一个实例，说明构建数学体系的重要性，以及给后人所带来的便利性。

1. 几何学公理化体系的创立

中国虽然在数学上对世界有不少贡献，也曾经出过很多优秀的数学家，但这些数学家几乎无一例外都是偶然产生的，有很大的随意性。比如中国5世纪（南朝）时的数学家祖冲之，就将圆周率估算到了小数点后7位，但在此后的1000多年里，在清代数学家李善兰等人翻译《几何原本》的全文之前，中国再没有出现过这个水平的数学家了。类似地，同时期阿拉伯学者的水平，也未必能超过他们1000年前的祖先花拉子米。当然，大家可以说祖冲之的方法失传了，不过失传本身就映射出一个问题，那就是那些学问很难学。

这样的情况在世界文明史上举不胜举，后人经常不如前人，这使得很多研究都不得不一遍遍从头再来，导致了科学研究在上千年的时间里原地踏步。

但是，《几何原本》传入中国之后，中国数学的面貌就大为改观了。比如，当时很年轻的曾纪鸿（曾国藩的小儿子）在李善兰的指导下，自己拿着这本书和入门的代数书学习之后，很快成为了数学大家，并一口气将圆周率推算出了200位。

从祖冲之到曾纪鸿这1400多年的时间里，中国并非没有人学习数学和研究数学，而是缺乏系统性的学习，才使得数学无法在原有体系之上往前发展。

为什么数学一旦形成公理化的体系就能够被快速掌握并得以快速发展呢？简单地讲，再难的数学题都可以通过一个个定理，不断地被拆解成一些比较简单的问题，并最终被拆解为几个基本的公理，只要把那些小问题解决了，难题就解决了。因此，掌握了这样一些基本方法，不仅各种应用难题都可以得到解决，而且在原有公理和定理基础之上还可能再增加新的定理，整个知识体系就扩大了。

具体到几何学，它就是建立在下面5条一般性公理（也被称为“一般性概念”）和5条几何学公理（也被称为“公设”）之上的。其中5条一般性的公理分别是：

（1）如果$a=b$，$b=c$，那么$a=c$；

（2）如果$a=b$，$c=d$，那么$a+c=b+d$；

（3）如果$a=b$，$c=d$，那么$a-c=b-d$；

（4）彼此能重合的物体（图形）是全等的；

（5）整体大于部分。

这些一般性的公理，大家可能会觉得都是大白话。但是在数学上，什么事情都不能想当然，都要有根据。如果一个结论实在找不到根据，又符合事实，而且将来要不断地被使用，就只能称之为公理了。当然，如果是能够从其他公理推导出来的结论就不是公理，而是定理了。

对于几何学来讲，除了一般性公理，还需要一些和几何相关的公理（即几何学公理），欧几里得给出了这样5条几何学公理：

（1）由任意一点到另外任意一点可以画直线（直线公理）；

（2）一条有限直线可以继续延长；

（3）以任意点为心，以任意的距离（半径）可以画圆（圆公理）；

（4）凡直角都彼此相等（垂直公理）；

（5）过直线外的一个点，可以做一条而且仅可以做一条该直线的平行线（平行公理）。

这5条公理读起来也是大白话，其中第5条是英国数学家莱昂·普莱费尔（Lyon Playfair）根据它原来的含义重新表述后的表达。欧几里得原来的描述非常长，而且非常费解。对于前4条，数学家们都没有异议，对于第5条，由于不直观，而且在几何学上必须使用它的时间相对较晚，一直有人怀疑它的独立性，直到19世纪才由意大利数学家欧金尼奥·贝尔特拉米（Eugenio Beltrami）证明了它独立于前4条几何公理。

有了5条一般性公理和5条几何学公理，欧几里得又定义了一些基本的几何学概念，比如点、线、夹角等，在这些基础之上，他把当时所知的所有几何学知识都装进了一个极为严密的知识体系。欧几里得构建公理化的几何学的过程大致是这样的：

首先，遇到一个具体问题，要做相应的定义，比如什么是夹角，什么是圆；

其次，从定义和公理出发，得到相关的定理；

最后，再定义更多的概念，用公理和定理推导出更多的定理。

这样层层递进，几何学大厦就一点点建成了。在构建几何学的公理化体系中，逻辑是从一个结论通向另一个结论唯一的通道。

2.几何学公理化体系的运用和优势

为了理解这个思路，我们看两个简单的例子。

例6.1：证明：对顶角相等。

假定 l_1（即 AB）和 l_2（即 CD）是两条直线，它们相交于 O 点，∠1和∠2被称为对顶角（这句话其实是对顶角的定义），那么∠1=∠2（即要证明的结论）（图6.2）。

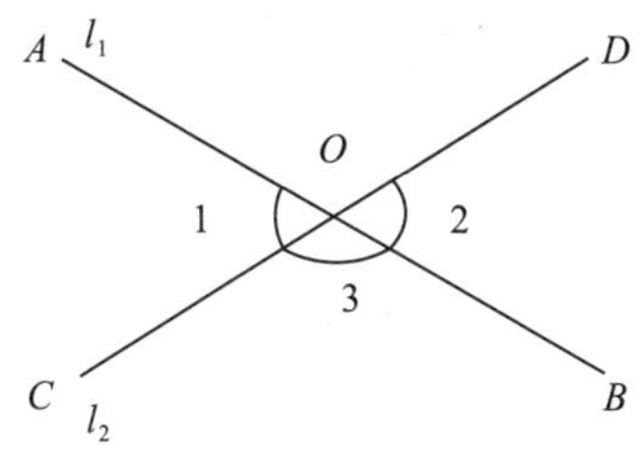

图6.2　由两条直线相交得到的对顶角相等

为了证明这个定理，我们先要证明一个引理：所有直线的对应的角都相等，也就是我们所说的180°。大家看到这个引理可能会说，这不是显而易见的吗？在几何学中，除了公理之外，没有显而易见的规律，所有的表述（statements）都需要证明。

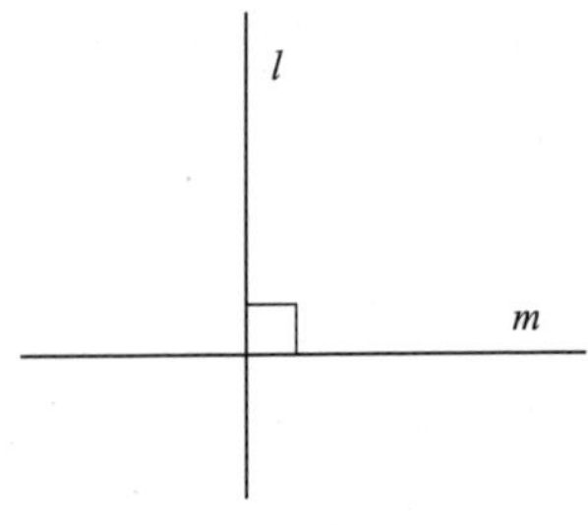

图6.3　两条直线l和m垂直

怎么证明这个引理呢？我们只能从定义和公理出发。我们要用到两个定义，即垂直的定义，以及直角的定义。垂直的定义是这么说的，当一条直线l和另一条直线m相交后，左右两边的夹角相等，则称m和l垂直，如图6.3所示。在图6.3中，l和m相交后，左右两个角都相等，于是m和l垂直。

那么直角又是怎么定义的呢？如果直线l和m垂直，那么夹角就是直角。

从这两个定义我们可以得到下面的结论：一条直线自身的角度，等于左右两个直角相加，这是显而易见的。

接下来我们就要用到垂直公理了。因为任何直角都相等（都是90°），而任何一条线对应的角是两个直角相加，于是，所有直线对应的角都相等（当然，严格地讲，我们还需要运用一次一般性公理的第2条，才能得到上述结论）。

有了这个引理，我们就可以证明对顶角相等了。

我们先看图6.2中直线l_1，这条直线对应的角是∠1和∠3两个角相加得到的，至于直线l_2所对应的角，也是两个角相加，即∠2+∠3。

这时我们就可以利用前面证明的引理了，由于任何直线对应的角都相等，因此∠1+∠3=∠2+∠3。

再接下来，我们利用一般性公理第3条，在等式的两边都减去一个相等的量∠3，它们依然相等。于是就得出结论：∠1=∠2。

至此，对顶角相等这一结论才算证明完，也就成了一条定理。

为了方便大家理解整个证明过程的逻辑，我们把这个过程中用到的定义和公理，以及它们的前后依赖性，总结成图6.4这张流程图。

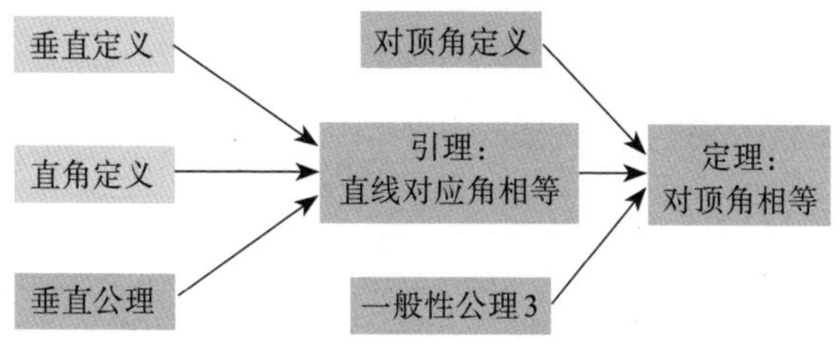

图6.4　证明对顶角相等所要用到的定义、公理和引理

看到上述证明过程，大家可能会觉得很烦琐。有人会想，为什么不直接用量角器量一量∠1和∠2呢，这样就可以知道它们是否相等了。正如我们在前面介绍勾股定理时所讲的，这样得到的结论不是数学的结论，最多算是实验科学的结论。

在证明对顶角相等时，我们只用到了定义和几个基本的公理，没有加入任何主观的假设，也没有用到公理之外的任何工具，比如某个看似正确的客观假设。即使对于“凡直线对应的角都相等”这样直观的结论，也是经过了严格证明的，这样我们才敢说得到的定理是正确的、普适的。

在证明上述定理的过程中，我们借助了一些和问题并不直接相关的媒介。在证明引理时，我用了一条垂线，它在几何学上被称为辅助线；在证明定理时，我用了一个辅助角（∠3）。它们都是为了证明结论而虚构出来的内容，但是这些虚构的内容对于证明结论不仅有帮助，而且是必不可少的。它们的作用就如同我们在前面讲到的虚数这类工具一样，看似是无中生有，而且用完之后本身也就消失了，但是在证明（或者演算）的过程中却非常重要。只有理解了这样的辅助工具和所要解决的具体问题之间的关系，才能精通数学。

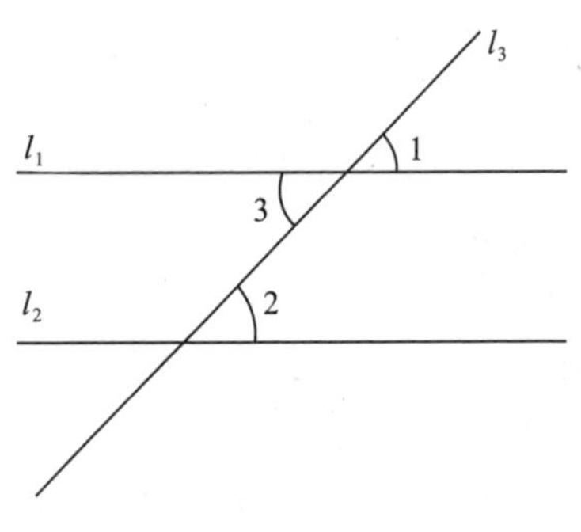

图6.5　同位角和内错角

接下来，我们再证明一个定理：内错角相等。当然，在证明这个定理之前，需要先证明另一个定理：同位角相等。这个定理的证明不是很直观，我们就省略了。至于同位角和内错角的定义，看一下图6.5，就很容易理解了。

在图6.5中，l_1和l_2是两条平行线，l_3和它们相交，∠1和∠2被称为同位角，而∠2和∠3则被称为内错角。

例6.2：证明：内错角相等。

已知l_1和l_2是两条平行线，l_3和它们相交，∠2和∠3是内错角，则∠2=∠3。

现在我们有了“对顶角相等”，以及“同位角相等”这两个定理，就可以证明上述定理了。

我们先从第一个定理（对顶角相等）出发，得到∠1=∠3；再从第二个定理（同位角相等）出发，得到∠1=∠2。然后，我们应用一般性公理中的第1条，得到∠2=∠3这个结论。

这样我们就又证明了一个定理：内错角相等。

通过上面这两个例子，我们可以看出几何学是如何一步步搭建起来的，越到后来它的结论越复杂，但是再复杂的结论都可以溯源回简单的定义和公理。这种从简单到复杂一步步构建起一个知识体系，再用知识体系中的知识解决具体问题的做法，虽然没有古代东方文明直接解决具体问题的做法来得直接，但是却有后者所不具备的优势。前者不仅能够在各种问题之间形成很强的关联性，进而将复杂的问题拆解为简单的、已经有答案的问题，而且便于后人学习。任何人只要运用逻辑推理，就能够先易后难地学会整个体系的知识。相比之下，古代东方文明虽然发现了不少数学知识，但是由于问题和问题之间没有太强的逻辑关联，那些知识无法形成体系。因此当遇到新问题时，就很难用已有的知识来解决。

3. 几何学公理化体系的意义

在几何学的发展过程中，除了欧几里得，他之前的数学家恩诺皮德斯（Oenopides）也起了很大的作用。恩诺皮德斯明确指出了一般性问题和定理的区别。虽然我们在做几何题时，证明一个一般性的结论和证明一个定理的难度可能差不多，但是解决一般性问题对体系建立的帮助并不大。定理则不同，它们是搭建体系的基石。分清了定理和一般性问题的差别，几何学才走向了正轨。

数学的通识教育，就是教会我们改掉自身固有的直观思维的习惯，学会利用逻辑推理，从确定无误的现有知识出发，解决未知的问题，或者发现前人没有发现的结论。而我们今天的发现，又会成为后人继续进步的基石。在所有的数学分支中，几何学是第一个完成公理化的分支，而且相比其他公理化的数学分支，比如实数理论、集合论、概率论等，几何学相对更直观一些。因此，我们才会在中学教授几何学，这样有助于我们理解任何一个公理化的体系，以后做事能事半功倍。事实上，现代的很多学科，包括人文学科，都受益于这种公理化体系。

最后，我来分享两点我学习几何学的体会。

首先，明确定理和一般性问题的区别，通过定理，把握整个知识体系，同时要在脑中形成各个定理之间的关系导图。这样，遇到新的问题，就知道该将问题拆解为怎样的简单问题，从而可以逐一解决。否则，做再多的题，遇到新问题，照样会不知所措。

其次，在任何时候，除了那些客观的、被验证了的，或者不证自明的道理（也就是公理），其他的陈述，哪怕看起来是正确的，也不能在没有被证明的情况下使用。在几何学中，没有什么“显然”，一切结论都需要有根有据。我们解题时，不能引入主观的假设。我们常说，未经审视的人生没有价值，其实未经逻辑检验的结论，也是靠不住的。很多人在证明几何题时，自认为证明的过程没有问题，但是里面有太多想当然的成分，这样的证明便站不住脚。就拿前面的例6.1来说，很多人会想当然地认为，任何直线对应的角必然相等，其实这是他们的直觉，虽然正确，但却不能直接使用，必须经过严格的证明才可以。

本节思考题

其他知识体系是否有可能建立在公理基础之上?

本章小结

虽然几何学源于农业生产、城市建筑以及观测天象的需要，并且最初是对一些经验的总结，但是它很快地发展成了一门依靠逻辑推理、建立在纯粹理性之上的学科。几何学的基础是少量不证自明的公理，它所有的结论都是这些简单公理自然演绎的结果。几何学构建和推理的思想，不仅对于数学有重大意义，对于其他学科也具有借鉴意义。它为人类提供了一种基于纯粹理性的知识体系的样本。

第7章

几何学的发展：开创不同数学分支融合的先河

欧几里得创立的几何学公理体系并不是唯一公理化的数学分支，我们后面会讲到，实变函数分析（也就是微积分）、概率论、集合论等，都可以通过设立几条公理，然后在此基础之上建立起完整的学科体系。因此，在数学上就有一个很重要的问题需要回答，那就是公理从何而来，我们是否能够相信这些公理？

7.1 非欧几何：换一条公理，几何学会崩塌吗

我们初中学的几何学，是建立在欧几里得创立的几何学公理体系之上的，因此被称为欧几里得几何，简称欧氏几何。

在欧氏几何中，5 条一般性公理很直观，大家都没有疑问。对于 5 条几何学公理中的前 4 条，大家也都没有疑问。但是对于第 5 条，也就是平行公理，一些数学家就产生了疑问，怀疑它是否该是一个定理，而非公理。他们之所以这么想有两个原因：首先，这个公理在《几何原本》比较后面的内容中才用到，以至于很多人考虑，没有它几何学公理体系是否也能搭建起来？其次，欧几里得对这个公理的描述非常晦涩，让它听上去不像是一个公理。

当然，后来数学家们发现几何学似乎绕不开平行公理。不过大家又开始从另一个角度来思考这个问题——假如我们把平行公理修改一下，会得到什么样的结果？几何学体系会崩塌吗？

1. 非欧几何的由来

欧几里得对平行公理的描述非常晦涩难懂，他的原话是这样写的：“如果一条直线与两条直线相交，在某一侧的内角和小于两直角和，那么这两条直线在不断延伸后，会在内角和小于两直角和的一侧相交。”这段表述画出来就是图 7.1 所示的内容。

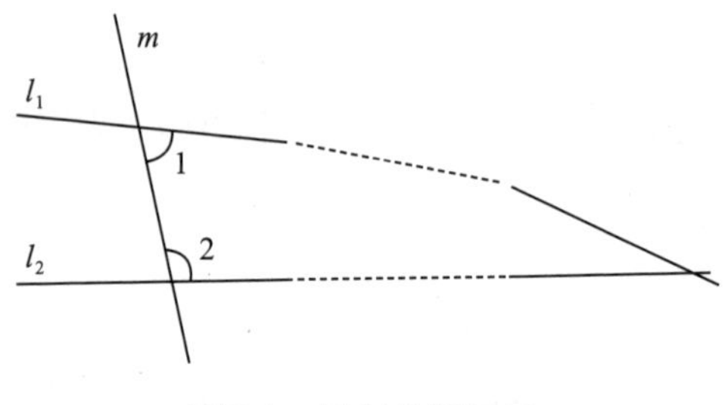

图7.1　平行公理图示

在图7.1中，∠1+∠2<180°，因此l_1和l_2最终会相交，这就是几何学公理第5条的含义。当然，如果∠1+∠2>180°，和它们相邻的两个角相加就会小于180°，于是l_1和l_2就会在反方向相交。如果∠1+∠2=180°，情况会是什么样呢？根据几何学公理第5条，l_1和l_2永远不会相交，因此它们就是平行线。如果承认这个公理，我们很容易得到一条结论，就是过某个直线外的一个点，只能做一条该直线的平行线。这也是几何学公理第五条被称为平行公理的原因。

从上面的描述可以看出，几何学公理第5条真的不如其他4条公理那么直接、易懂，因此有人怀疑它是否能够从其他4条公理中推导出来，或者这个公理并不成立。

19世纪初，俄罗斯数学家尼古拉·罗巴切夫斯基（Nikolai Lobachevsky）试图在没有几何学公理第5条的前提下重构几何学，也就是说他试图证明几何学公理第5条是个定理，能够由其他公理推导出来。但是他的这种尝试失败了。后来意大利数学家贝尔特拉米证明了平行公理和几何学公理前4条一样是独立的。不过罗巴切夫斯基的工作并没有白做，他发现如果让几何学不受几何学公理第5条的限制，也就说，通过直线外的一个点，能够做该直线的任意多条平行线，就会得到另一种几何学系统。这一种新的几何学系统，后来被称为罗巴切夫斯基几何，简称罗氏几何。这两种几何学采用的逻辑完全相同，所不同的只是对几何学公理第 5 条的不同表述，当然结果也就不同了。再往后，著名数学家波恩哈德 · 黎曼（Bernhard Riemann）又假定，经过直线外的一点，一条平行线也做不出来，于是又得到另一种几何学系统——黎曼几何。罗氏几何和黎曼几何也被统称为非欧几何。

2. 到底哪种几何学才是正确的

这三种几何学哪种对、哪种错呢？这就要看它们所依赖的公理是否正确了。根据我们的直觉，显然欧几里得的想法是对的。因为在现实生活中，对任意直线和线外的一点，我们不可能做不出一条平行线，更不可能做出两条来。但是，数学并不是经验科学，不能靠经验和直觉。我们之所以觉得欧几里得的假设是对的，罗巴切夫斯基和黎曼的想法难以理解，是因为我们生活在一个“方方正正”的世界里。比如说，我们看到一束光射向远方，走的是直线；两条铁轨笔直地向远方延伸，是不会相交的。

但是，如果我们所生活的真实空间是扭曲的，我们以为的平面，实际上是马鞍形，也就是所谓的双曲面，那么罗巴切夫斯基就是正确的，因为过直线外的一个点真的能够做很多条这条直线的平行线，如图 7.2 所示。

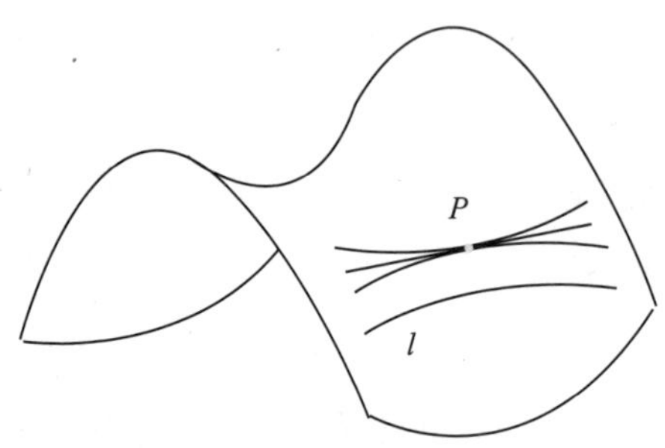

图7.2　在双曲面上，过直线（l）外一个点（P），
可以做该直线的任意条平行线

相反，如果我们生活在一个椭球面上，过直线外的一个点，是一条平行线也做不出来的。如图7.3所示，如果想过P点做一条和直线l平行的线，无论怎么做，那条线最终都要在球的某一点上和直线l相交。

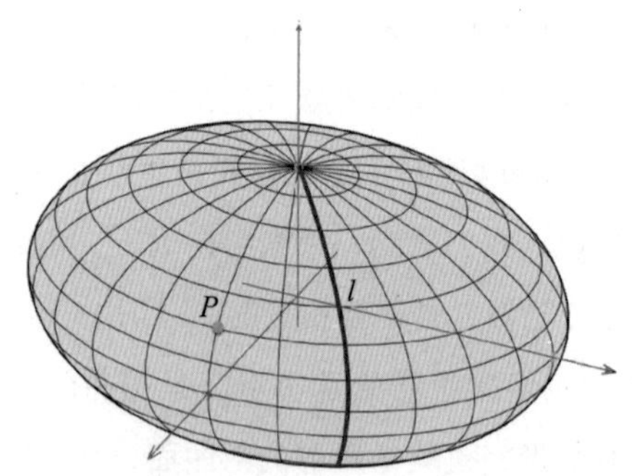

图7.3　在椭球面上，过直线（l）外一个点（P），
无法做该直线的平行线

从上面的分析中可以看出，欧氏几何、罗氏几何以及黎曼几

何，在“方方正正”的空间、双曲面的空间和椭球的空间，分别都是正确的。可以证明，虽然非欧几何和欧式几何在形式上很不相同，甚至给出的结论也不相同，但却是殊途同归。同一个命题，可以在这三种系统的框架内相互转换，因此如果欧几里得几何是自洽的，非欧几何也是如此。

当然，我们不能在一个几何体系中把对同一公理的三种不同结论放到一起，这违反了我们前面讲到的矛盾律。如果硬要在能够自洽的公理系统中加入一条新的会带来矛盾的公理，就会得到一系列荒唐的结论，当然也就不会建立起任何知识体系。

比如说，我们画一个三角形，它的三个内角加起来等于180°。这个结论对我们来讲是常识。但是，我们很容易证实另一个结论，就是球面上三角形的三个内角之和大于180°。以地球为例，我们只要从北极出发往正南走100米，再往正西走100米，最后往正北走100米，就回到了出发的原点，也就是北极点。我们走过的这个三角形，三个角之和为270°，如图7.4所示。类似地，在图7.2的双曲面上，我们可以证明三角形的三个内角之和小于180°。

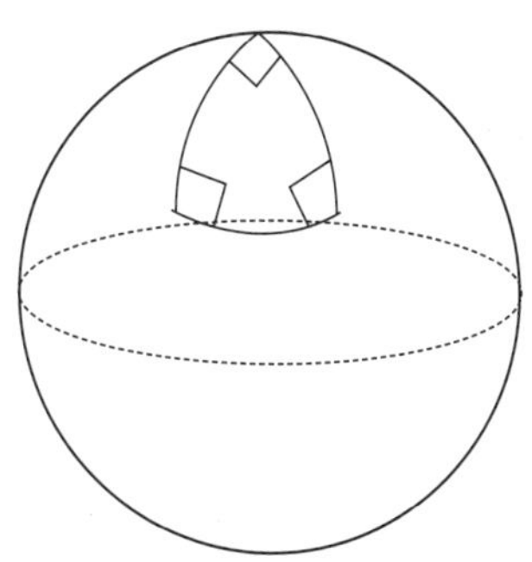

图7.4　球面上的三角形内角之和大于180°

但是，如果我们把上述三个结论用在同一个三角形上，说它的内角之和既小于180°，又等于180°，还大于180°，就违反了矛盾律。

为什么数学家们要“吃饱了撑的”，构造出一些和我们生活直观经验不同、却又互相等价的几何学系系呢？要知道，欧几里得所确定的公理已经经过了两千多年的实践检验，被证明很好用，而且它似乎对于数学和自然科学是足够用的。应该讲，在罗巴切夫斯基和黎曼构建各自的几何学体系时，他们并不知道自己建立的非欧几何能有多少实际用途。在历史上，真正的数学家常常是像希尔伯特形容的那样，思考的是纯粹数学的问题，不问应用。后来得到广泛应用，是由后来的科学家们完成的，而不是由最初建立理论的数学家想到的。罗巴切夫斯基的初衷，是看看能否从前4条几何学公理推导出第5条公理，黎曼的初衷则是希望给那些涉及曲面的数学问题一个简单的表述而已。比如说，在欧几里得空间中，一个球面的方程是$x^2+y^2+z^2=25$，而在黎曼几何的空间中，它就是$r=5$这么简单。它们在本质上讲的是同一件事情，但是在形式上差异很大。

在黎曼几何诞生之后的半个多世纪里，并没有太多实际的用途。后来真正让它为世人知晓的并非是某个数学家的功劳，而要归功于著名的物理学家爱因斯坦。根据爱因斯坦著名的广义相对论，一个质量大的物体（比如恒星），会使得周围的时空弯曲，如图7.5所示，而并不像牛顿力学里面所认为的时空是固定的，所以，爱因斯坦在描述广义相对论时采用了黎曼几何这个数学工具。在广义相对论所说的这样的扭曲空间里，光线的路径不再是直线，而是曲线。

图7.5　地球的引力场让周围的时空弯曲

但是，爱因斯坦的这套理论对于生活在方正空间中的人来说，是很难理解的。不过，在1918年，当亚瑟·斯坦利·爱丁顿（Arthur stanley Eddington）利用日食观察星光，发现光线轨迹在太阳附近真的变成了曲线时，大家才开始认可爱因斯坦的理论。这件事也让黎曼几何成了理论物理学家们的常用工具。比如在过去30年中，物理学家对超弦的理论极度着迷，而黎曼几何（以及由它派生出的共形几何）则是这些理论的数学基础。此外黎曼几何在计算机图形学和三维地图绘制等领域也有广泛的应用。特别是在计算机图形学中，今天计算机动画的生成是离不开黎曼几何的。

既然黎曼几何在很多应用中证实了它的“正确性”，而它的很多结论和欧几里得几何又不相同（比如三角形三个角之和大于

180°），这是否说明欧几里得几何错了，或者说它是黎曼几何的一个特例？就如同牛顿力学是相对论的一个特例？还真不能这么说，因为在更广义的几何学中，欧氏几何、黎曼几何和罗氏几何其实是不同条件下的特殊形式，它们彼此没有包含关系。

3. 三种几何学系统带来的启示

今天，我们有了三个等价的几何学工具，它们在不同场景下使用的方便程度是不同的。这就如同一字改锥和十字改锥，二者在功能上大同小异，但有些需要用十字改锥的地方如果换成了一字改锥，就无法得心应手。爱因斯坦的一个过人之处就在于他善于找到最称手的数学工具。

这也正是数学通识教育的意义——理解数学作为工具的作用。所谓数学好，并不是能解出几道难题，而是在于知道什么时候使用何种数学工具最方便。

数学通识教育的意义还在于，能让我们用一种理性眼光来看待习以为常的事情。很多概念在没有明确定义清楚之前，大家彼此的认同其实会有偏差。比如我们常常说深颜色，并不觉得这个概念有什么不清晰的地方，但是不同人理解的深颜色其实是不同的。在数学上，人们对于平面的认识也是如此。19世纪末，数学家们发现，欧几里得在提出几何公理时，忽略了一个问题，那就是他没有定义什么叫作平面。如果我们将满足平行公理的面定义为平面，那么欧氏几何的基础就更扎实了。如果我们将满足黎曼提出的第5条公理的面定义为平面，得到的就是黎曼几何，两种系统就不会再有任何混淆之处了。

通过非欧几何诞生的过程，我们能够进一步理解公理的重要性。可以讲有什么样的公理，就有什么样的结果，这就如同有什么样的DNA就会得到什么样的物种一样。数学的美妙之处在于它的逻辑自洽性和系统之间的和谐性。黎曼等人修改了一条平行公理，因为改得合理，所以并没有破坏几何学大厦，反而演绎出新的数学工具。但是，如果胡乱修改其他的一条公理，比如把垂直公理给改了，几何学大厦就崩塌了。

我想，了解这段历史对我们思维上的启发至少有两点。

首先，这三种几何系统90%的公理都是相同的，最后差出了一条看似最无关紧要的公理。但是，由此之后发展出来的知识体系就完全不同了。我们在学习别人的经验时，常常觉得自己已经学到了，但是做出来的东西就是不一样。大部分时候，这种差异可能就来自于这10%的细节。我们总会满足于90%的一致性，忽略了那一点差异，就导致了完全不同的结果。

不过，当我们基于新的假设，创造出一个和别人不同的东西时，除非假设很荒唐，否则那些与众不同的东西或许在特定场合是有用的。李白讲天生我才必有用，这是很有道理的。一个人不必刻意强求和别人的一致性。只要基本的设定没问题，每一个人活出自己的精彩就是对社会的贡献。

其次，数学是工具，而一类工具可能有很多种，它们彼此甚至是等价的。在不同的应用场景中，有的工具好用，有的用着很费劲，学数学的关键就是要学会知道在什么情况下使用什么工具。

接下来，我们就来看看用不同工具在解决同一个问题时，难度会有多大差别，效果会有多大的不同。

本节思考题

能否找一个例子，证明地球上某些城市之间沿曲线飞行距离比沿直线飞行距离来得短?

7.2 圆周率：数学工具的意义

在初等几何学中，所有的问题都可以归结为两种——和直线图形有关的问题，以及和圆有关的问题。此外，任何有关角度的问题，其实也都和圆有关。因此，圆在欧几里得几何中占有重要的地位。

1. 圆周率π发展的五个阶段

人类对于圆的认识起源于何时，今天已经无法考证。不过早在苏美尔人统治美索不达米亚时期，他们就发明了轮子。由于圆是弯曲的，不是直线，因此无论是圆的周长还是面积都不好计算。在各个早期文明中，人们发现了圆的周长和直径是成比例的，这个比例和圆的大小无关，因此便有了圆周率，即圆的周长和直径的比例这个概念。在很长的时间里，各国数学家用不同的符号表示这个比例，有些人甚至用的是圆周长和半径的比例，这样非常不便于交流，因此到了18世纪，数学家们统一采用了希腊字母π代表圆周率，这种习惯沿用至今。

由于圆周弯曲的弧线和我们容易度量的直线很难找到对应关系，因此早期对圆周率这个比例的估算只能从经验出发，或者说靠测量。比如在古埃及，人们将它近似为22/7≈ 3.1429，而古印度人则用了一个更复杂的分数339/108 ≈ 3.1389来表示。在其他的早期文明中，也都有关于圆周率估算及记载。但是不同人测量的方法不同，得到的圆周率的值也各不相同。除了22/7这个比较简单的估值曾经被多个文明采用外，各个文明测定的圆周率的值几乎没有相同的。在数学上，正确的答案只有一个，而带有偏差的答案则可能有无数种。**通过经验对圆周率进行估算，是人类计算圆周率值的第一个阶段**。

在欧几里得建立起欧氏几何后，人们发现圆周的长度介于它的内接多边形和外切多边形之间，并且可以通过增加多边形边的数量而不断逼近，如图7.6所示。这是人们第一次发现了靠数学推算，或者说靠理性而不是实验，计算圆周率的方法。这时，**人类就进入到估算圆周率的第二个历史阶段了**。著名数学家阿基米德就用这种方法，通过计算边数非常多的内接多边形和外切多边形的边长，给出了圆周率的范围，即在223/71到22/7之间，大约在3.1408和3.1429之间，因此今天圆周率也被称为阿基米德常数。大约公元150年前后，著名天文学家克罗狄斯·托勒密（Claudius Ptolemy）给出了当时最准确的圆周率估计值3.1416。几百年后，祖冲之将这个常数的精度扩展到小数点后7位，即3.141 592 6～3.141 592 7。

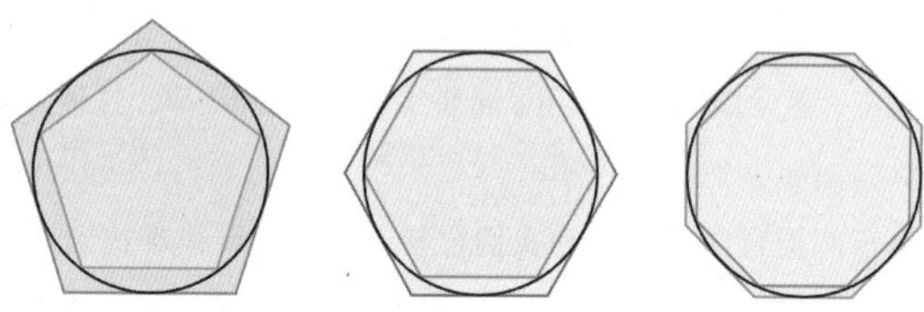

图 7.6　对圆周长度的估算随着多边形边数的增加而越来越准确

14 世纪之后，代数学的发展让数学家们能够解比较复杂的二次方程，于是阿拉伯和欧洲数学家们不断增加内接和外切多边形的边数，圆周率估算的精度也不断提高。但是这个方法实在太复杂，比如 1630 年奥地利天文学家克里斯托夫·格里恩伯格（Christoph Grienberger）在将圆周率计算到小数点后面 38 位时，用了 10^{40} 个边的多边形。10^{40} 是一个巨大的数字，如果我们把地球上海洋里的水都变成水滴，也只有这个数字的一亿亿分之一。可以想象，靠这种方式再想提高圆周率的精度难度有多大。事实上，直到今天格里恩伯格依然是利用内接和外切多边形估算圆周率的世界纪录保持者。这倒不是因为今天无法再增加多边形的边数，而是没有必要，数学家们已经找到了更好的数学工具来估算圆周率。具体地讲，就是用我们前面提到的数列的方法。

利用数列，人类进入到估算圆周率的第三个阶段。在这个阶段，圆周率的计算被大大简化了。1593 年，法国数学家费朗索瓦·维埃特（François Viète）发现了一个计算公式：

$$\frac{2}{\pi}=\frac{\sqrt{2}}{2}\times\frac{\sqrt{2+\sqrt{2}}}{2}\times\frac{\sqrt{2+\sqrt{2+\sqrt{2}}}}{2}\times\cdots, \quad (7.1)$$

根据这个公式，我们可以直接计算圆周率 π。当然，可能有读者朋友担心这个连乘公式有无穷多项，会永远乘不完。其实，连乘中的因子到后来趋近于1，多乘一个、少乘一个只是影响估算π的精度而已。如果想要获得更高的精度，只要多乘几项就好了，这比计算近乎无数边的多边形容易多了。

当然，在没有计算机时，开根号运算也不太容易。1655年，英国数学家约翰·沃利斯（John Wallis）发现了一个不需要开根号的计算π的公式：

$$\frac{\pi}{2}=\left(\frac{2}{1}\cdot\frac{2}{3}\right)\cdot\left(\frac{4}{3}\cdot\frac{4}{5}\right)\cdot\left(\frac{6}{5}\cdot\frac{6}{7}\right)\cdot\left(\frac{8}{7}\cdot\frac{8}{9}\right)\cdots, \qquad (7.2)$$

利用这个公式，只要做一些简单的乘除，就可以计算出π。当然如果想算得比较精确，需要乘几千几万次。

等到了牛顿和莱布尼茨发明了微积分，圆周率的计算就变得非常简单了，**也就进入了圆周率估算的第四个阶段了**。牛顿自己用三角函数的反函数做了一个小练习，轻易地就将圆周率计算到小数点后15位。在此之后，很多数学家都把计算圆周率当作练手工具，并且很轻松地就将它估算出几百位。这时，已经没有人把将圆周率多计算出几位当作什么了不得的事情来看了，他们只是将它作为一种智力游戏来玩。在历史上，莱昂哈德·欧拉（Leohard Euler）等数学家留下了各种各样数不胜数的含有π的计算公式，所有这些公式的推导都离不开微积分。

再往后，有了计算机，只要愿意，一个大学生都可以轻易将圆周率计算出任意有限位，让计算机不断运行就可以了。**我们也可以将这视为估算圆周率的第五个阶段**。不过需要指出的是，今天用计算机计算π时，其算法仍然是基于微积分。比如2002年，计算机将

π算到1万亿位时，用的是下述公式，其推导也离不开微积分。

$$\frac{\pi}{4}=44\arctan\frac{1}{57}+7\arctan\frac{1}{239}-12\arctan\frac{1}{682}+24\arctan\frac{1}{12\,943}。\quad(7.3)$$

可以讲，人类估算圆周率的历史就是数学发展史的一个缩影。最先是从直觉和经验出发估计圆周率，然后使用几何的办法估算它，当然几何的方法比较复杂。后来人们终于找到了代数的方法、微积分的方法，这就使圆周率的估算简单了很多。从这段历史，我们可以看到数学作为工具的作用——要想把事情做得更好，就需要更强大的数学工具。

2. 为什么要计算圆周率

了解了圆周率的发展史，人们不禁会产生两个疑问：首先，人类为什么几千年来要乐此不疲地计算圆周率呢？其次，它为什么那么难计算？

我们先回答第一个问题。简单地讲，从数学理论到文明建设应用中的很多计算，都绕不过圆周率。圆周率不仅是几何学上的问题，也涉及天文学、工程学和很多其他的应用领域。这是由圆在数学、自然科学和工程上的特殊地位决定的。

圆有两个特别好的性质。一是它在各个方向上的对称性，二是特别平滑。第一个性质使得我们可以以圆心为中心，建立起坐标系。在这样的坐标系中只有两个变量，一个是从中心看过去的角度，另一个是目标距离中心的距离。我们前面讲到的把天空分为12份，就是以我们的眼睛为圆心建立坐标系来标识远处目标的方法。第二个性质使得圆可以和任何由直线组成的几何图形，或者其他的圆平滑地相连接，也就是几何上说的相切。这个性质对于各种机械制造至关重要。也正是因为圆具有的这两个非常好的性质，毕达哥拉斯才认为圆是最完美的图形。事实上在西方的语言里，圆作为形容词时是没有比较级和最高级的，也就是没有更圆和最圆一说，因为它原本就已经达到完美了。

毕达哥拉斯的这种看法对后世的学者产生了巨大的影响，无论是完善地心说的托勒密，还是提出日心说的哥白尼，都接受了这种看法，并且坚持把不同圆的运动轨迹组合起来，来描述天体的运动。由于地心说和日心说的模型都涉及圆的计算，圆周率准与不准对计算结果的影响巨大。如果圆周率的误差为万分之一，即便地球围绕太阳运转的轨迹是正圆（实际上是椭圆），那么制定的历法一千年下来累积的误差也可能会长达一个月。托勒密了不起的地方在于，他估算的圆周率，误差仅仅为百万分之二左右，这是他地心说模型极为准确的原因。事实上，地心说的模型一千多年仅差出10天，不仅非常准确，而且比后来哥白尼做了大量近似的日心说模型还准确。

不仅圆的计算需要用到圆周率，有关椭圆的计算也要用到这个常数。到了开普勒和牛顿的年代，他们分别发现和校准了地球等行星围绕太阳运转的椭圆模型，从理论上讲人们对行星运动的轨迹可以做出极为精确的预测了，但是如果圆周率的估算是不准确的，再准确的模型也得不到精确的结果。这也是数学家们要准确估算圆周率的原因之一。

到了近代，机械革命更离不开和圆相关的计算了，因为我们靠机械动力能实现的重复运动只有直线运动和圆周运动。大到火车、小到钟表的设计都离不开对圆周运动的精确计算。可以讲，近代工业的发展，根本离不开小小的圆周率π。

圆周率π的作用不仅体现在几何学中，在微积分中，圆周率π也扮演着重要的角色，很多积分的结果都和它有关，比如$y=\frac{1}{1+x^2}$这个函数的积分结果就等于π（图7.7）。

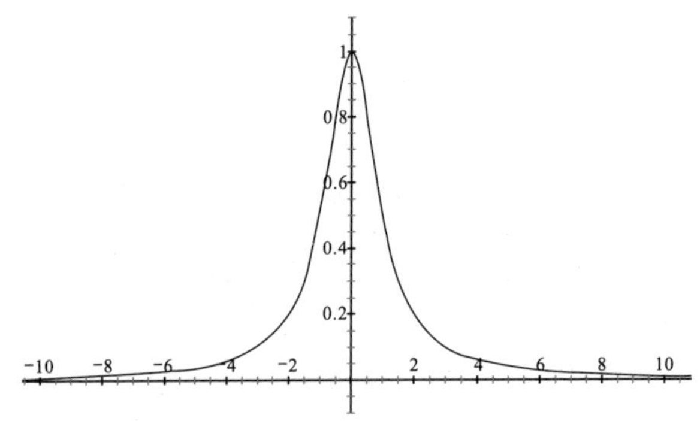

图7.7　$y=\frac{1}{1+x^2}$的积分（曲线和x轴之间的面积）等于π

在更高深的数学分支中，π依然扮演着不可或缺的角色。比如它出现在了高斯－邦尼公式中，该公式将曲面的微分几何与其拓扑联系起来。此外在电学、信号处理等领域，我们也能看到π的身影。

至于为什么圆周率有那么多的用处，或许正如毕达哥拉斯所说，圆是最完美的图形，而且我们的世界离不开它。

接着再说说第二个问题，为什么π那么难计算。简单地讲，它不是一般的数。人类对圆周率π的认识是不断深入的。最初人们以为π是一个有理数，因此试图找到一个等于圆周率的分数。但很快人们发现它是一个无理数。当然，无理数也分为两种，一种是像$\sqrt{2}$、$\sqrt[3]{5}$这样的无理数，它们本身很容易计算，而且是一个整数系数方程的解，这种无理数和有理数一同被称为代数数，黄金分割比

例 φ 就是代数数；另一种则不是整数系数方程的解，它们属于超越数。超越数这个名称源于欧拉说过的一句话，它们超越代数方法所及的范围。超越数则很难计算，不幸的是 π 就是一个超越数。这件事直到1882年，才由德国数学家费迪南德·冯·林德曼（Ferdinand von Lindemann）证明。除了 π，另一个著名的无理数e也是超越数。

本节思考题

利用正多边形，证明 π 在3和 $2\sqrt{3}$ 之间。

7.3 解析几何：如何用代数的方法解决几何问题

几何虽然是继算术之后最早出现的数学分支，但是它的难度却比后出现的代数学要高。一方面，一些稍微复杂一点的计算，单靠几何学是无法完成的；另一方面，学习几何学也比学习代数学要难一些，因为人类逻辑推理的能力远不如套用公式的能力强。因此，早在11世纪，波斯数学家欧玛尔·海亚姆（Omar Khayyam）就开始将代数和几何结合起来解决问题。但是，他在这方面并没有形成系统的方法。要利用代数学系统性地解决几何问题，特别是比较难的几何问题，就需要构造一个系统，让点、直线、平面、三角形、圆等几何形状可以用代数的方法，也就是未知数和方程来表示。

1. 解析几何的诞生

能够用解方程的方法解决几何问题，同时还能够利用几何学直观的特性赋予方程形象的解释，是极具创造力的，而建立一个系统完成这一目标则更了不起。做成这件事的，是法国思想家和数学家笛卡儿。因此，今天西方一直称解析几何为笛卡儿几何，称平面直角坐标系为笛卡儿坐标系。[①]我们中学课本里一直用平面直角坐标系的叫法，但在国外的教科书里，找不到平面直角坐标系这种说法，只有笛卡儿坐标系。过去的中国文化不喜欢用人名来命名名词，但这样一来，学生们对解析几何的来龙去脉就缺乏了解，而且大家到国外读书时，说平面直角坐标系没有人懂。因此，在这里我给家长一个建议，对于教科书中那些缺失了外国人名的数学名词，家长辛苦一点到网上查一下，给孩子补上。

讲回到解析几何，为什么笛卡儿要设计一种平面坐标，然后将几何图形放到坐标中用代数的方法研究呢？他的目的当然是为了把几何问题变简单，尤其是那些和曲线、圆相关的几何问题。如果对初中的数学还有印象，你就会发现在引进圆之后，几何变得特别难，无论是证明还是计算都是如此。虽然那些内接、外切等概念理解起来并不难，但真要算一算或者证明一下，就很困难了。这不是大家本事不大，而是涉及曲线的几何就是难。如果你遇到比圆更麻烦的曲线，比如椭圆，甚至比椭圆更复杂的曲线怎么办？用欧几里

① 在笛卡儿之前，虽然有托勒密使用的球面坐标，也有了把平面按照水平和垂直线划分出区域的方法，但是没有人使用在平面上用两个彼此垂直的无限长的直线设定坐标的方法。因此后世就把这种坐标用笛卡儿的名字命名了。

得几何学几乎没有办法解决。

其实在笛卡儿之前，就有少数人已经开始研究代数和几何的关系了，但是那时人们并没有遇到太多非要使用坐标和代数方法解决的几何学问题，因此偶然使用一些代数的方法解决零星几何问题并不能形成知识体系。到了笛卡儿的时代，情况就不同了。开普勒已经提出了行星运动的三定律，这三个定律都是基于椭圆轨道的，而不是当初哥白尼和伽利略基于的圆形轨道。比椭圆问题更复杂的是其他曲面的问题——当时科学家和仪器商人们开始利用玻璃透镜制造望远镜，需要研究光在曲面上的折射和反射问题，使用传统的几何学工具很难解决这些问题。笛卡儿就是在这样的背景之下发明了笛卡儿坐标系以及解析几何的方法。

笛卡儿发明解析几何的过程很传奇。他身体一直不好，经常卧病在床。据说他就是躺在床上看着房顶上绕着弧线飞来飞去的苍蝇，想到了把房顶画上格子，来追踪苍蝇的轨迹。当然，更可信的情形可能是，笛卡儿在脑子里先开始思考构造解析几何体系，后来看到苍蝇在长方形天花板背景下飞行，想到了把曲线画在有刻度的平面上。

2. 解析几何在数学发展上的贡献

笛卡儿的解析几何在数学和认识论上有三大贡献。

首先，笛卡儿构造出一个统一的体系，就是笛卡儿坐标系，**它把一个平面的任意一个点，根据水平和垂直两个维度进行定位**。平面上任意一点，都可以用两个有序的数值来表示，它们分别表示这个点在水平方向和垂直方向的位置。通常，在水平方向上越往右数值越大，在垂直方向上越往上数值越大。比如，（3，1）这个点就比（2，1）在水平的方向上往右位移了1个单位；（2，2）则在（2，1）的垂直方向上往上位移了1个单位，如图7.8所示。

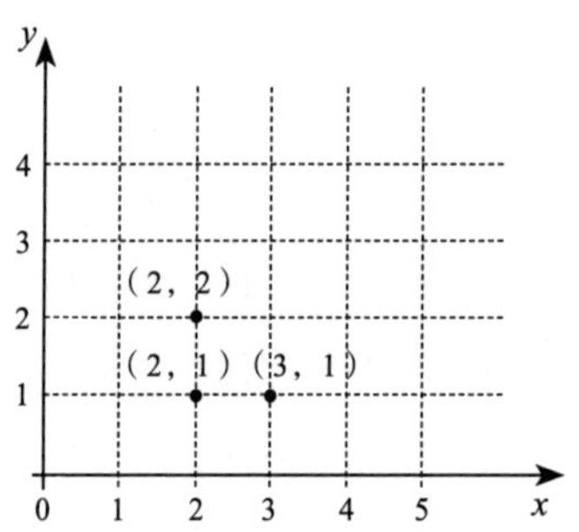

图7.8　笛卡儿坐标系描述平面中的点

由于平面上的点有两个自由度，因此平面才被称为二维空间。类似地，一根数轴上的点只有一个自由度，因此直线是一维空间，而一个空间中的点需要用三个变量（x，y，z）来表示，因此空间是三维的。维度这个概念，是笛卡儿在发明解析几何后提出来的，笛卡儿还提出了高维空间的概念，但是对高维空间准确的描述，直到19世纪才由阿瑟·凯莱（Arthur Cayley）、威廉·哈密顿（William Hamilton）、路德维希·施莱夫利（Ludwig Schläfli）和黎曼完成。

其次，笛卡儿把欧氏几何的基本概念用代数的方法描绘了出来。

由于各种几何图形其实都是由点构成的，因此在笛卡儿坐标系中，可以通过确定点来确定任意几何图形，同时将几何图形之间的相对位置关系准确地表示出来。我们不妨看这样四个例子。

（1）直线。

平面上的一条直线，对应于代数中的二元一次方程，即 $ax+by+c=0$。当然，如果是在三维空间中，一条直线就是一个三元一次方程；在 N 维空间中，一条直线则对应于一个 N 元一次方程。正是由于直线和一次方程的对应关系，一次方程也因此被统称为线性方程。

在一些特殊的情况下，比如 $a=0$，直线就变成了水平线；反之，如果 $b=0$，直线就变成了垂直线。如果 $a=b$，直线就和水平、垂直方向都有 45° 的夹角，如图 7.9 所示。

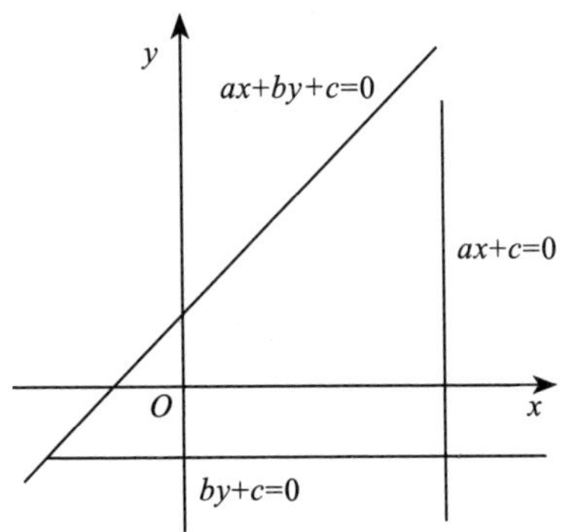

图 7.9　在笛卡儿坐标系中，直线的表示方式

（2）线段的长度。

在一个平面上，一条线段由两个端点决定，因此在笛卡儿坐标系中，线段由两个二维的坐标表示，比如（2，2）和（6，5）。

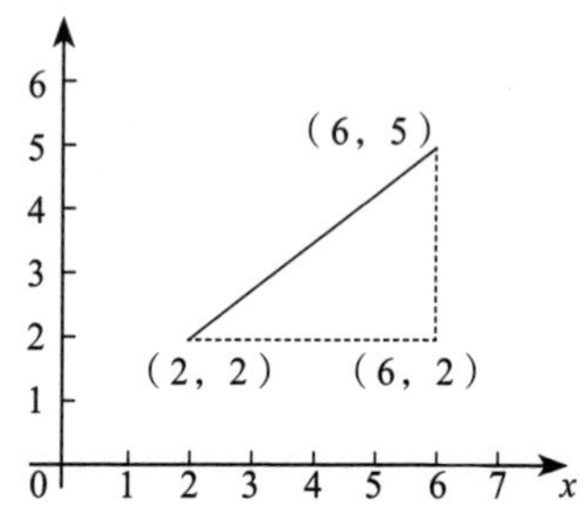

图7.10　在笛卡儿坐标系中，可根据勾股定理计算线段的长度

这个线段的长度怎么计算呢？利用笛卡儿坐标很容易完成。如图7.10所示，我们不妨先引入一个辅助点（6，2），这个点和前面两个点构成一个直角三角形，两条直角边长度分别是4和3，根据勾股定理，（2，2）和（6，5）之间线段的长度为5。对于一般的情况，两个点（x_1，y_1）和（x_2，y_2）之间线段的长度，或者说这两个点之间的距离d，可以用勾股定理来计算，即：

$$d=\sqrt{(x_1-x_2)^2+(y_1-y_2)^2},\tag{7.4}$$

特别地，任何一个点（x，y）到原点（0，0）的距离是：

$$d=\sqrt{x^2+y^2}。\tag{7.5}$$

（3）圆。

我们知道，圆的定义是距离某个点（圆心）等距离的点的轨迹，而这一距离，就是半径r。在笛卡儿坐标系中，我们假设圆心在原点处，那么圆上的任何一点（x，y）都满足$\sqrt{x^2+y^2}=r$这个条件，这就是圆的方程。当然，一般大家将它写成：

$$x^2+y^2=r^2,\tag{7.6}$$

这其实就是勾股定理的另一种表述。

当然，如果将圆心从原点移开，放到坐标系的另一个位置，比如（x_0，y_0）点，那么平面上任意一点到这一点的距离就等于$\sqrt{(x-x_0)^2+(y-y_0)^2}$，因此半径为$r$的圆的方程就是：

$$(x-x_0)^2+(y-y_0)^2=r^2。\quad (7.7)$$

（4）平行和垂直。

在解析几何中，利用坐标很容易描述几何形状相互的关系，比如直线之间的平行关系。我们在前面讲到，在平面上的一根直线 l 可以写成 $ax+by+c=0$，如果有另外一条直线 l' 和它平行，那么 l' 就可以写成 $ax+by+d=0$ 的形式，其中 $c\neq d$，如图 7.11 所示。

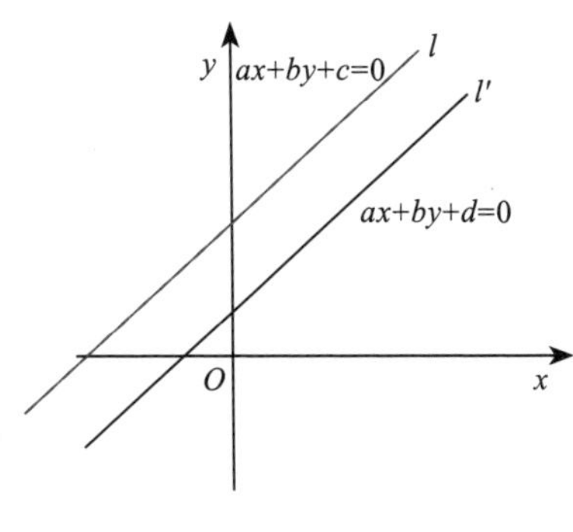

图 7.11　两根平行线

为什么 $ax+by+c=0$ 和 $ax+by+d=0$ 是平行的呢？那我们就要先说说两条直线相交的条件。如果这两条直线有交点，我们假定交点是 $P(x^*, y^*)$，它既在第一条直线上，又在第二条直线上。那么（x^*，y^*）就满足第一个方程，同时也满足第二个方程。但是，由于 $c\neq d$，满足第一个方程的点永远不可能满足第二个方程。因此，这样两个方程对应的直线在欧几里得空间中就是平行的。

类似地，我们也能证明，如果两条直线 $ax+by+c=0$ 和 $a'x+b'y+c'=0$ 满足 $aa'+bb'=0$ 的条件，它们就是垂直的。这样，几何学中这种图形之间的关系，都可以用代数的方式表示出来。

建立了几何和代数之间的桥梁之后，很多原本复杂的几何学问题就变得很简单了。比如在几何中有一个定理：三角形的三条高交于一点，如果单纯用几何的办法证明它还得费点周折，但是用代数的方法在笛卡儿坐标系下证明它就极为容易。而且，利用代数方法解决几何学问题时，也让很多原本看似抽象的代数问题变得很直观，进而可以发现代数问题的规律性。

以前面的直线平行关系为例。如果我们反过来看这个问题，想知道一组二元一次方程有没有解，可以把它们对应的直线画在坐标系上，如果直线有交点，就说明方程组有解，比如图 7.12 这两条直线对应的方程组有唯一解。

如果直线平行，则说明没有解。而如果两条直线重合，则有无数解，如图 7.13 所示。

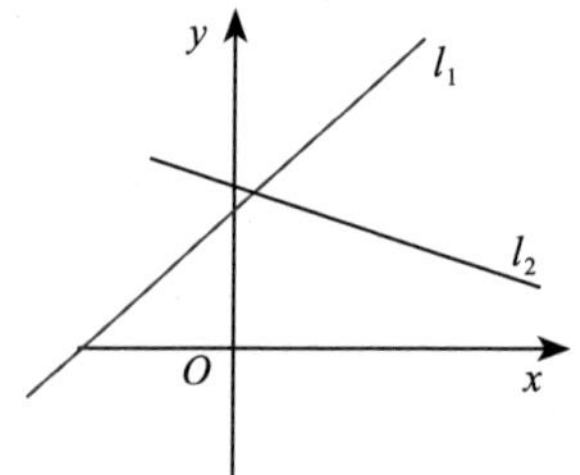

图 7.12　两个方程对应的直线相交，则有唯一确定的解

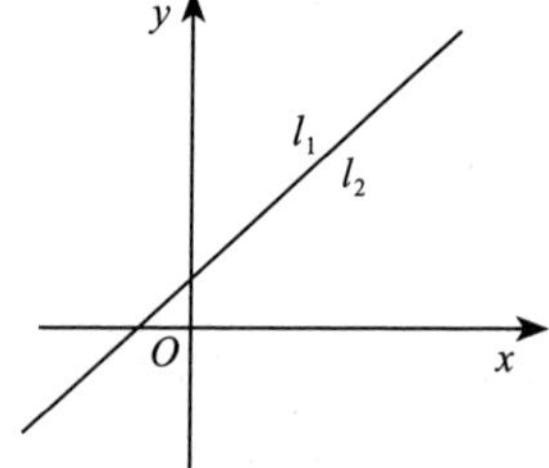

图 7.13　两个方程对应的直线重合，则有无数的解

有了对代数问题的直观认识，我们就容易寻找它们的规律了。比如所谓方程有解，就是有交点；无解，就是无交点。这种规律适用于任何方程组，而不仅仅是线性方程。在没有解析几何之前，虽然也有标准判断方程（或者方程组）有没有解，但是那些标准能不能学会，其背后的道理能不能理解，在很大程度上要看个人的悟性和理解力了。

比如在中学代数中会讲到，一元二次方程 $ax^2+bx+c=0$ 不一定有实数解；如果有实数解，可能有一个，也可能有两个。在中学里老师还会教一个判定一元二次方程是否有解的标准，即看 b^2-4ac 是大于零、等于零，还是小于零。为什么是这样呢？虽然老师会给出推导过程，但是这对于悟性和理解力不够的学生来讲有点难了，只好硬记住，最后时间一长就会忘记。更何况数学越学要记的东西越多，总有记不住的时候。有了解析几何这个工具，一元二次方程 $ax^2+bx+c=0$ 为什么在不同情况下会有两个解、一个解或者没有解，只要把方程对应的曲线在坐标系中画一下即可，如图 7.14 所示。

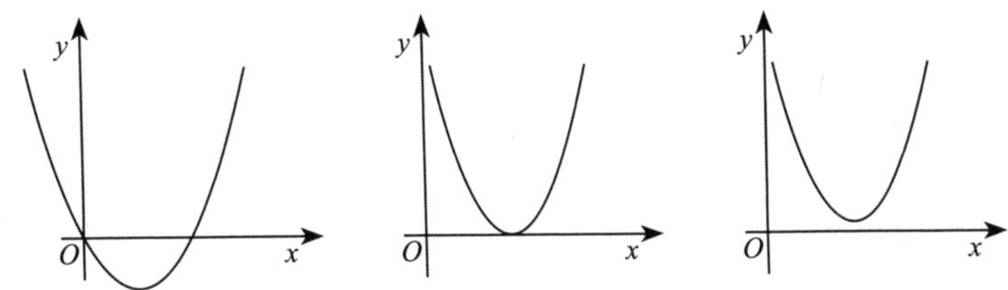

图 7.14　二次方程有两个解、一个解和没有解的情况

在第一种情况下，二次方程对应的曲线和 $y=0$ 的直线，也就是 x 轴有两个交点，这样就有两个 x 值让方程等于 0。在第二种情况下，相应的曲线和 x 轴有一个交点，因此只有一个 x 值让方程等于 0。在第三种情况下，由于曲线和 x 轴没有交点，相应的方程就没有解，这就看得一清二楚了。

在学习数学的过程中，一方面我们会遇到越来越难的问题，另一方面我们也会学习更好用的工具，工具能够弥补理解力和记忆力的不足。对于方程来讲，解析几何就是理解它们含义的工具。当我们掌握工具的速度超过题目难度增加的速度时，数学就会越学

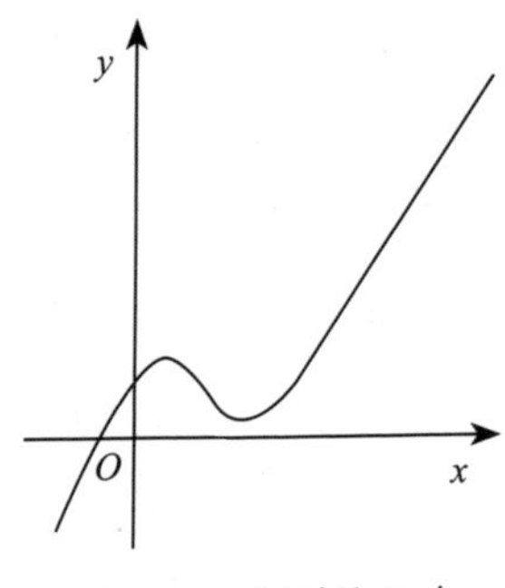

图7.15　典型的三次方程的曲线

越好，反之就会感到越来越难。对于一些更难的问题，没有好的工具，光靠悟性和想象力，是很难理解的。比如在中学代数中会讲到，三次方程 $ax^3+bx^2+cx+d=0$ 一定有一个实数解，这是为什么呢？如果单纯琢磨方程本身，很难说明这个结论。但是如果我们用解析几何这个工具画一张图（图7.15所示），也就一目了然了。

当然，数学不能靠测量，解方程也不能靠在图上画线然后用尺子去量，学习解析几何是为了更好地理解方程的本质，明确解题的方向。

在数学中，解题技巧只能解决少数问题，一套系统性的工具和方法则能解决许多问题。发明解析几何这样的工具并不容易。因此，笛卡儿无愧于伟大两个字。

最后，解析几何第一次将两个看似区别很大的数学分支统一起来。

在解析几何出现之前，虽然几何中也有计算题，但是代数学和几何学是相对独立发展的，解析几何将它们统一了起来。这两个古老的数学分支被统一起来之后带来了很多好处。

一是原来无法解决的难题能够解决了，比如光照射到椭圆透镜后的折射问题，光在抛物面中的反射问题等。可以讲，没有解析几何就没有近代光学仪器的大发展。

二是解析几何开创了一个将数学各个分支融合到一起的先河。

今天数学各个分支的联系都非常紧密，有时看似某一个分支的问题，却需要用到另一个分支的知识来解决。比如数论中的各个难题今天已经无法用初等数论的方法来解决了，最常用到的工具是微积分，这种建立在新的工具基础之上的数论研究方法也被称为解析数论。陈景润证明哥德巴赫猜想中关键一环的陈氏定理，用的就是这种方法。在几何中，三大古典难题之一——用圆规和直尺三等分已知角这个问题的解决，靠的不是几何学，而是近世代数中的群论。数学各分支的融合，特别是用一个分支的方法解决另一个分支里面的问题，始于笛卡儿。

通过了解解析几何发展的历史和它大致的内容，我们进一步理解了为什么说数学是一种工具。解析几何这种工具在宇宙中是不存在的，完全是笛卡儿等人根据之前的数学理论，按照逻辑凭空构建出来的。但是它一旦出现，就能很方便地解决过去看似比较难的问题。从这里，我们能体会数学上的“虚”是可以为现实中的“实”服务这个普遍规律的。

至于为什么笛卡儿能想到解析几何，并非真的是从飞行的苍蝇上得到了启发，而是他在数学上做到了融会贯通。“融会贯通”这四个字在学习数学的过程中非常重要。比如通过解析几何，就能把我们前面讲述的很多知识点，包括勾股定理、几何学的证明、解方程等串联起来。学好数学，不是靠做很多超出自己理解能力的难题，那样费时又费力，而是需要把自己有能力理解的知识融会贯通起来。这样至少能保证考数学时该得到的分数一分也不会丢，而且以后需要用的时候，还能把数学这个工具捡回里来使用。否则刷再多的题，考试时遇到两个新题型，照样考不好，更糟糕的是考完试之后，真正的收获几乎是零。当一个人40岁的时候，发现自己从6岁上学到22岁大学毕业的这16年间，花了1/3的时间学的数学一点用没有，除了会算加减乘除，其他的全忘光了，岂不悲哀！不如尽早把学习数学当作练习使用工具，这也是通识教育的目的。

本节思考题

1. 在笛卡儿坐标系中有一条已知的直线是$3x-4y=1$，（8，0）是直线外的一个点，试着写出过这个点并与已知直线平行的直线解析式。

2. 如何在笛卡儿坐标系中表示一个夹角?

7.4 体系的意义：为什么几何能为法律提供理论基础

通过公理化系统建立起一个知识体系，体现出人类创造思想的最高水平。像几何学这样基于公理化的系统，不仅形式漂亮，而且容易扩展，结果的一致性也有保障。如果我们能够通过学习数学，在构建自己的认知体系方面有所提高，就能受用一辈子。而构建公理化知识体系，也成了很多人追求的目标，这些人不仅仅是数学家，还有法学家、经济学家和各行各业的精英。

接下来，我们就来看看法学和几何学的关系。

1. 罗马法和几何学的关系

今天人们谈起罗马，会说罗马人三次征服了世界，第一次是靠武力，第二次是靠宗教，而第三次则是靠罗马的法律体系，简称为罗马法。今天世界上大部分国家的法律体系都可以追根溯源到罗马法，或者说和它有很大的相似性。比如法国著名的《拿破仑法典》，德国的宪法和民法典，日本的宪法和法律系统，等等。

那么罗马法和古代中国或者印度的法律有什么区别呢？其实在早期它们区别并不大，罗马人留下来的最早的法律是"十二铜表法"（因写在12块铜牌上而得名），它和古巴比伦《汉谟拉比法典》中的部分内容，以及后来汉朝萧何做的《九章律》等没有什么本质的区别。这就如同几个早期文明在几何学上的研究水平不相上下一样。但是，几百年后，经过从马尔库斯·西塞罗（Marcus Cicero）到查士丁尼时期很多法学家的努力，他们为罗马法找到了最基本的根据。于是罗马法就脱胎换骨了，从此和古代文明中那些单纯反映统治者意愿的法律非常不同，成了一种维持公平公正的系统性工具。

在罗马法中，那些最基本的、不证自明的依据，就是自然法。著名法学家亨利·梅因（Henry Maine）说："我找不出任何理由，为什么罗马法律会优于印度法律，假使不是有'自然法'理论给了它一种与众不同的优秀典型。"而奠定罗马法学中自然法精神的西塞罗，则是这样明确而系统地阐述自然法的哲学前提："法律是自然的力量，是明理之人的智慧和理性，也是衡量合法与非法的尺度。"这句话其实就是我们今天说的一切都要以法律为准绳的另一种表述。西塞罗强调法律是理性和永恒的，这就如同我们所说的数学的定理是普遍适用的一样，他说“法律乃是自然中固有的最高理性，它允许做应该做的事情，禁止相反的事情。当这种理性确立在人的心智之上并且得到实现，就是法律”。到了查士丁尼时期，法学家们在重要法学论著《法学阶梯》中，将自然法嵌入罗马法中的条文，并且从自然法的原则整理和构建了整个罗马法系统。

那么什么是自然法呢？根据《法学阶梯》的描述，罗马法被明确地分为了自然法、公民法和万民法（相当于国际法）三个部分，其中自然法是基础。自然法是自然界“赋予”一切动物的法律，不论是天空、地上或海里的动物都适用，而不是人类所特有。比如说，自然法认为，传宗接代是自然赋予的权利，因此产生了男女的结合，这就是婚姻，为此引申出了婚姻法，从而也就有了抚养和教育子女的义务，这就如同母狮子要教小狮子捕食一样。今天大家所共有的动物保护意识和各国制定的动物保护法，就源于罗马法中的自然法原则。

公民法建立在自然法的原则之上。在公民法中，最基本的原则首先涉及法律的主体是谁，他们的地位如何。根据自然法的原则，万物皆平等，因此在罗马法中，凡是称得上是法律主体的“人”，都是平等的。当然在早期，罗马法中的法律主体只有自由民，不包括奴隶。到了共和时期，罗马出现了很多的社会团体。一些法学家认为：这些团体也应该像人一样具有独立的“人格”；团体中的个人和团体本身是两回事；个人财产和团体财产应该分开，团体的债务不应该转嫁给团体中的个人。这样一来，团体似乎应该和自然人一样，成为法律的主体。到了帝国时期，“法人”的概念在罗马法律中开始出现，上述的团体在法律上被赋予独立的“人格”。当然，随着越来越多的人获得自由，任何人都成了法律的主体。到了近代，鉴于法律主体的平等性，女性和少数族裔被授予了选举权。这些变化的理论基础，都源于万物皆平等的自然法则。

作为法律的主体，人自然要被赋予一些不可剥夺的基本权利，最初包括生命权和自由权（早期的法律主体都是自由民）等基本人权。此外在私有制出现之后，在西方的词汇里，除了有我、你、他这样的代词，还有了我的、你的、他的这些物主代词，于是个人对自己私有财产的所有权也成了一项不可剥夺的权利，基于这些基本权利，逐渐演绎出后来的物权法、著作权法和专利法等。

如果我们对比一下罗马法的体系和欧氏几何体系，就会发现它们的共性：它们都是建立在不证自明而且符合自然原则的公理之上，通过自然的逻辑演绎创造出新的定理或者法律条文，并且在此基础之上不断扩展。这样的法律，就不会随着统治者的更换而改变，因此具有很强的生命力。

在西罗马帝国和拜占庭帝国相继灭亡之后，罗马法却传了下来，并且在法国大革命后成了欧洲各国现代法律的样本。在法国，虽然它的政体经常变化，至今已经是第五共和国了，但是它的民法典自拿破仑开始就没有什么变化，因为建立在罗马法基础之上的原则依然适用。德国在19世纪统一之后，第一部宪法和民法几乎就是直接从拉丁语的罗马法翻译而来的。

我们知道几何是建立在公理之上的，而公理设定的细微差别会导致后来系统巨大的差异，在法律上这种现象也存在。帮助美国建国的国父们，特别把“追求幸福的权利”写进了《独立宣言》这个带有宪法性质的文件中，这就成了后来美国人一方面作为清教徒在上帝面前宣誓要对配偶一辈子忠诚和照顾，另一方面却随意离婚而毫不羞愧的原因，因为“追求幸福的权利”成了类似于公理的法则。至于法律主体一开始如何定义，更是会影响到后面所有法律的内容和连带结果。

1862年，美国南北战争时期，当时的总统林肯要说服国会通过《（奴隶）解放宣言》，但是很多国会中的保守派议员反对，他们的理由是当初宪法并没有谈到废奴这一条。经过一系列的辩论，林肯也没有说服那些议员们。有一天，林肯想了一个新办法，他到国会讲演时，没有再带那些和法律有关的书籍文件，而是带了一本欧几里得的《几何原本》。在国会里，林肯举起这本数学书讲，整个几何学的定理和推理都离不开其中一条公理，那就是所有的直角都相等。既然所有的直角都相等，那为什么不能人人平等。当你否认了我们所说的直角公理，即使能构建出一个几何学体系，也是不完整、没有效用的。类似地，如果我们把人的不平等设定为法律的公理，那么构建出的社会也不会是平等的。就这样，林肯让反对《解放宣言》的议员们语塞了，最终宣言被通过了。

林肯找的这个关联是不是没有逻辑的瞎联系呢？不是的，他是告诉大家，一个好的体系，一定要构建在代表公平和正义的公理之上。如果在几何学中引入一条凡直角不相等的公理，整个体系就会崩塌；类似的一个国家如果制定了人和人不平等的公理，也无法国运长久。

2. 几何学搭建方法在管理学上的运用

我们再来讲一个管理学的例子。在管理学上有一个名词，叫作“创始人效应”，它是指创始人的所作所为将长期决定企业的发展，即使创始人离开了企业，这种影响也会长期存在。商业巨子郭台铭先生讲，台湾阿里山神木今天的形态，在2500年前就（由它的基因）决定了，就是这个道理。

一家从创立到成功的企业，创始人多会做好两件事。首先是招人，其次是树立企业文化和基因，包括价值观和做事的原则方法。创始人招人的原则，他在公司诞生之初所确定的做事原则和价值观，就成了企业立足的公理部分。这些公理一旦确立，后面的人就会演绎出各种不违背公理的行为规范和做事原则。再往后，就会有约定俗成的做事流程。因此，一个创始人一开始设立什么样的公理，最后就有什么样的企业。这就跟欧氏几何、罗氏几何以及黎曼几何后来差异很大一样。一个企业如果把客户放在第一位，那么当员工和客户有矛盾时，大家就要想想是否必须牺牲掉一些自己的利益去满足客户。如果把员工的利益放在第一位，那么即使再困难，也要保证员工的利益。当然，也可以把投资人的利益放在第一位。

这三类公司之间并没有好坏之分，坚持做到一点，就是好公司，这就如同欧氏几何、罗氏几何以及黎曼几何没有对错之分一样。有的公司强调客户优先，你会看到它处分员工和高管的新闻，但是看不到它怼客户的新闻；有些公司正好相反，宁可怼顾客，也要对自己的员工好；还有些公司则是优先对投资人负责。

在几何学中，公理之间必须具有一致性，不能产生矛盾。我们不能把欧氏几何、罗氏几何和黎曼几何对平行公理的三种不同假设放在一起，去构建一个同时符合这三个公理的系统。类似地，在管理上，你也不可能定出三个彼此矛盾的原则，比如喊什么“顾客第一，员工第一和投资人第一”的口号，这种矛盾的价值观发展不出任何有意义的价值体系。最后的结果必然是，每一个无所适从的人都以“我的利益第一”为原则去做事情。

当然，很多人会说，某某公司似乎就没有明确的基因，也没有明确的企业文化，这是否违背了你说的这些原则？事实上，大多数企业还根本发展不到我们前面所说的那个层次，这就如同大部分人学习数学，可能只学到几个知识点，根本形成不了体系一样。但是，人要做大事，心中就应该有自己的公理化体系，有自己始终不变的做人原则。

本节思考题

除了法律，世界上还有没有其他的知识体系受益于几何学公理体系的思想？

本章小结

几何学的发展可以大致分为四个阶段。第一个阶段是以欧几里得确立几何学的公理、并且总结了当时世界几何学成就完成《几何原本》一书为标志。这个阶段不仅确立了几何学的基础，而且确立了它的研究方法。第二阶段是以笛卡儿提出解析几何为代表，将几何学和代数学相结合，为后来微积分等数学分支的发展提供了工具。第三阶段是以罗巴切夫斯基和黎曼提出非欧几何为标志。人们发现通过改变一条几何学公理可以得到另外的几何学系统，虽然新的系统和原来的欧式几何等价，但是在解决很多实际问题时，新系统更便捷。第四阶段是近代特别是20世纪后代数几何和微分几何的出现和发展。它们是几何学和近世代数以及微积分结合的产物，为今天的流体力学、计算机科学、理论物理和拓扑学的研究提供了工具。

结束语

几何学的发展最初源于人类的生产实践，但是它能成为数学的一个逻辑最严密的分支，靠的是公理化体系的建立。所谓公理化体系，就是从尽量少的基本概念和结论（即公理）出发，推演证明新的定理和结论。

因此，几何中的任何结论可以通过不断拆解，最终利用5条一般性公理和5条几何学公理进行证明。这个过程看似简单——只需要将问题不断拆解便可以得到解决，实则不然，因为它需要对整个几何学的知识做到融会贯通，有时候还需要添加虚构的辅助线来帮助证明（这一点我们后面还会讲到），这也是很多人觉得几何很难的原因。

为了便于解决复杂的几何问题，也为了便于将代数问题形象化，笛卡儿发明了解析几何，很多几何学和代数学难题迎刃而解。从此，人们开始用一个数学分支的知识和方法，去解决另一个数学分支中的难题，数学的各个分支开始融合。

几何学的公理化过程为其他数学分支的公理化，以及发现新的定理并且证明它们提供了一套解决方案。不仅如此，它对人类其他知识体系的构建也提供了参照系。在法学、管理学上，几何学的思维方式随处可见。

代数篇

最早期的数学仅仅是对具体数字的运算，靠算术就足够了。

运算可以大致分为两种：一种是正向的运算，另一种则是逆向的运算。逆向的要比正向的难很多。比如告诉你有 3 只鸡、5 只兔子，问一共有几个头、几只脚，只要学过四则运算都能算出来，这就是正向运算。但是如果反过来问，告诉你有几个头、几只脚，倒推有多少只鸡和兔子，这种逆向运算就困难多了。类似地，如果告诉你一个水池长 7 米、宽 5 米，你马上就能算出面积是 35 平方米。但是如果告诉你面积是 35 平方米，长比宽多 2 米，问你水池的长宽各是多少，算起来就复杂多了。要解决逆向的问题，就需要引入未知数这个工具，算术就逐渐发展成了代数。

代数脱胎于算术，但是由于未知数和方程的引入，它一方面变得抽象，另一方面也成了一个比算术要强大得多的数学工具。在过去，人们认为古希腊数学家丢番图是代数学之父，今天一般认为这种看法有点欧洲中心论的意味，因为他虽然提出了一些解方程的问题，并且给了一些解答的方法，但是并没有形成系统性的方法和理论，他也并不比同时代中国和印度的数学家们明显高明。因此，今天大部分学者认为应该将代数学之父的头衔给予更晚一些的阿拉伯学者花拉子米，因为他系统性地提出了方程的解法，这让代数学真正成为一个独立的数学分支，而且花拉子米的水平也比同时代其他数学家明显高出一截。

在文艺复兴前夕，阿拉伯语的代数学著作被翻译成为了拉丁文，使得代数学在欧洲得到了迅速的发展。我们前面提到塔塔利亚和卡尔达诺等人解决三次方程问题就是在那个时期。此后，笛卡儿和莱布尼茨等人从变量和函数出发，逐步构建出了近代代数学的完整体系。

第8章

函数：重要的数学工具

在发明方程这个工具之后，代数学的另一个里程碑是函数的提出。函数不仅是代数学中最重要的概念之一，也是今天所有数学分支都要用到的工具。这一章就从函数的本质讲起。

8.1 定义和本质：从静态到动态，从数量到趋势

函数这个词我们经常听到，这是初中数学里讲过的概念，但是绝大多数人毕业之后就不记得它的定义了。这倒不是大家记性不好，更有可能是教科书中给出的函数定义不容易被理解和记忆。下面就是我从初中数学书里摘录出的函数的定义。

在一个变化过程中有两个变量x与y，如果对于x在某一范围内的每一个值，y都有唯一的值与它对应，那么就说y是x的函数，x叫作自变量，y叫作因变量。

这个定义是比较准确的，但是如果你过去不知道什么是函数，读了这句话后可能更糊涂了，因为它为了讲述一个概念，又使用了好几个新概念，比如“变化过程”“自变量”“因变量”“对应”。这样看似严谨的定义，不过是用一些词解释另一些词，学生们就算把它们背得滚瓜烂熟，照样无法体会其中的含义。

1. 函数是什么

其实我们在前面已经讲到了很多函数。比如我们说到的笛卡儿坐标系上的直线、抛物线，数列中相应元素和其所处位置的关系等，它们都是函数。此外我们前面还提到过指数函数、对数函数等。函数不仅存在于数学的世界里，在生活中也随处可见，比如在

一个单位里，员工与他们的工资，就是一种函数关系。函数的值也并非一定是数字，也可以是其他的数据，比如单位里每一个人的父亲是谁，这也是一种函数。

从上述例子中，我们可以看出各种函数都有以下四个共性。

第一，这些函数里面都有变量，函数研究的并不是3+5或者2×9这些具体的事情。像$y=x^2$这样的抛物线函数，x就是变量；像单位里每个人的工资这样的函数，人就是变量，它可以是张三、李四，也可以是王五、徐六。

第二，它们都有一种对应关系。比如一个等比数列1，2，4，8，16，…，2^n，…，序号n和相应的元素2^{n-1}，就是一种对应关系，如图8.1所示。

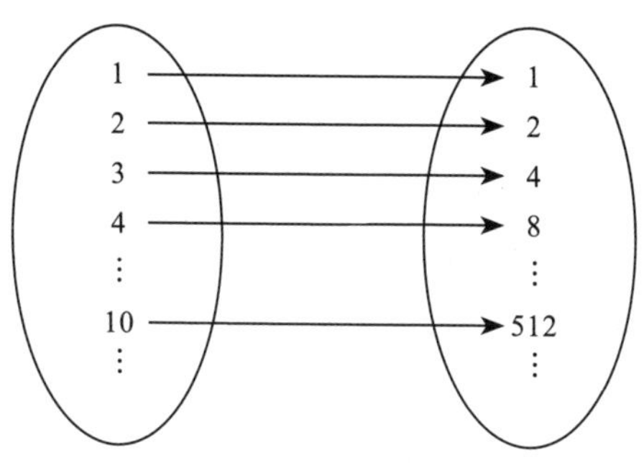

图8.1　等比数列的序号n和相应元素2^{n-1}构成一种函数对应关系

再比如，我们在介绍解析几何时讲过一个二元一次方程$ax+by+c=0$，它代表一条直线，这也是一个函数。我们给定一个x值，就能算出一个y值，这就有了x和y之间的对应关系。至于某某的父亲是谁，也是一种对应关系。

第三，上述的对应关系都是确定的。也就是说，在一个函数中，一个变量只能对应一个值，而不是多个值。比如在1，2，4，8，16，…，2^n，…这样的等比级数中，一个位置只有一个数，第三个元素不能既是4，又是8。同样，一个人某年的年薪不能既是10万，又是20万。当然，工资函数严格来讲有两个变量，一个是人，另一个是时间。我们在后面介绍多变量的函数时会讲到这个问题。不过，如果两个人工资相同，这不违反函数所要求的确定性原则，因为作为函数变量的人，他的工资是确定的。

第四，函数所对应的关系可以通过数学的方法或者其他方法算（或者找）出来。在二元一次方程里，给定一个x的值，就能算出一个y值。在一个单位的档案里，给定具体的人，就能查出他的工资。

了解了函数的这四个特性，我们可以看出函数是一种特殊的对应关系，变量的每一个取值只能对应一个函数值。如果变量的一个取值对应了很多数值时，这样的对应关系就不是函数。比如，我们问你位于北纬20°的城市是哪个，你可以找出一大堆，北纬20°这个变量虽然和某些城市有对应关系，却不是函数关系。当然，反过来以城市为变量寻找它的经纬度坐标，就是一个函数了。

在函数中，虽然变量（也被称为自变量，通常用x来表示），似乎自己怎么变都行，但是它有一些特定的限制条件或者范围，这个范围被称为定义域。比如圆的面积S是半径r的函数，但是半径r不能是负数就是限制条件；在等比数列中，自变量是序号1, 2, 3, 4, …等正整数，不能是负数，也不能是半个数，比如2.5；对于单位里的人和他们收入之间的函数关系，定义域就是在工资单上的人，而不是社会上随便一个人，甚至不是外包公司派来的合同工。在定义域确定之后，函数的取值也就确定了。取值也有一定的范围，这个范围，被称为值域。值域也会受到限制，比如说圆的面积就不可能是负数；几何数列2^{n-1}的取值只能是1, 2, 4, 8, 16, …这些特定的整数，不可能有3；员工的工资也不可能是负数，甚至不可能低于最低工资标准。了解了一个函数的值域范围，可以帮助我们验证结果的对错。比如成年人的身高通常在1.5米到1.9米之间，不可能是任意的高度。如果有人算出一个人的身高是10米，说明一定是什么地方搞错了。

对于函数，很多人常犯的错误在于没有考虑定义域，滥用函数关系，比如假设圆的半径是负数，然后套用$S=\pi r^2$这样的函数去计算面积。类似地，在生活中，很多函数使用起来也要考虑定义域。比如对于那些平时成绩在90分以上的学生，如果老师每多教10%的内容，他们就能多学会5%，这种往前教的方法看似是有好处的。但是这个函数是有定义域的，即平均成绩在90分以上的学生。对于成绩在70分以下的人，这个变化规律就可能不成立了，教得越多，可能越没有时间把基本概念搞清楚，成绩反而越差。因此，使用任何规律之前要看条件是否相符，不能错误地套用了公式。

函数这个概念有点抽象，常常需要借助一些形象的工具帮助大家理解、处理它们，比如图8.1的对应图就是一种方式，当然它对于连续变化的变量就不太有效。对于这种情况，用一条让横坐标表示变量值、纵坐标表示函数值的曲线来形象化地描述函数变化，就清晰得多。事实上，人们最初研究函数时，恰恰是用它来描述数学上一些曲线的变化规律的。提出函数这个概念的人是著名数学家莱布尼茨，而他最初提出这个概念，就是因为在研究微积分时，常常要确定曲线上每一个点的性质，比如曲线在一个点附近是否连续，在那个点的斜率是多少，等等。因此，可以讲是先有了曲线，然后才有函数。今天，大家通常习惯把函数关系理解成笛卡儿坐标系中y随着x变化的走势。比如，如果x每增加一个单位，y也增加一个单位，或者k个单位，这种函数关系就是线性的，因为这些点在坐标里画出来就是一条直线。如果x每增加一个单位，y就翻一番，这种函数关系就是指数的，画在坐标系中就是一条上升速度非常快的曲线。

在中文里，函数这个词是清末数学家和翻译家李善兰创造出来的。李善兰在翻译西方数学著作时，根据函数的这种对应变化关系，发明了这个名词，他讲，“凡此变数中函（包含的意思）彼变数者，则此为彼之函数”，意思是说，凡是这个变量中包含另一个变量，就将这个变量称为另一个变量的函数。也就是说，如果y随x变化，y就是x的函数。李善兰的解释并不准确，但是颇为形象，容易理解。

2. 函数的意义

函数概念的提出在数学史上有划时代的意义。在此之前，人类最初只对一个个的具体的数值直接进行计算，后来虽然有了方程式这个工具，但是方程并不是表示变量之间关系的工具，而是作为解题的工具。到了科学启蒙时代，两件事对函数的出现起到了至关重要的作用。第一件事是解析几何的出现，这让数学家们可以把曲线和一些方程式联系起来，从而可以直观地看到一些变量变化的趋势；另一件事是天文学和物理学的发展，需要用公式和曲线表示时间和运动轨迹之间的关系。莱布尼茨可以说是生逢其时，他出生的足够早，还没有人提出函数的概念，同时又足够晚，以至于各种准备工作都具备了。

具体来说，有了函数，人类在认识上进了三大步。

首先，有了函数，我们就很容易看出两个变量之间是怎样相互影响的。比如说，我们知道圆的周长L是半径r的2π倍，这是一种线性关系，比较好理解。不过圆的面积S和半径r的关系是平方关系，理解起来就要费点劲了。如果圆的半径从1变到2，面积就从变成原来的4倍；如果半径再增加到3，面积就是原来的9倍。再进一步，球的体积是半径的三次方，当半径从1变成2时，体积就是原来的8倍，这就更难理解了。虽然人有时能够感觉立方关系变化得比线性的快，但是对于变化到底有多快没有概念。比如图8.2中有两个形状差不多的西瓜，右边西瓜的直径比左边的大1/4，从图片上看，它们差别好像不是很大。我问过很多人：如果第一个西瓜卖30块钱，第二个你愿意出多少钱？大部分人给我的答案是，最多多出50%的钱吧。其实右边西瓜的重量比左边的大约多出一倍，也就是说大约值60元。

图8.2　半径相差1/4的两个西瓜

这个例子说明，人对变量之间关系的感觉其实不准确，而函数帮我们弥补了这个先天不足。对比一下三次曲线上$x=1$这个位置和$x=1.25$这个位置的函数值，就知道后者大约是前者的两倍。

其次，我们从对具体事物、具体数的关注，变成了对趋势的关注，而且可以非常准确地度量变化趋势所带来的差异。

比如说，过去几十年中国经济增长较快，GDP年均增长率多在8%以上。对于这些数据，虽然我们的媒体做了很多宣传，说经济增长很快了，但坦率地讲，其实老百姓并没有很直观的概念。

其实把GDP的增长看作是时间的一个函数，就会清晰多了。我用世界银行公布的过去50多年（1960—2017）的数据画了这样一张图（图8.3），图中黑线是中国经济增长率曲线，另外两条分别是印度和美国的。从图中就可以看出中国经济整体上增长不仅比美国快很多，而且大部分时候比快速增长的印度也高不少。这是横向对比。如果纵向对比，你会发现中国自改革开放后，经济增长率比以前也好了不少。很多人平时会对一件事过分敏感，要么因为一个好消息过分乐观，要么因为一个坏消息过分悲观，当我们以函数、而不是一个个具体数字的观念来看待问题后，见识就容易提高了。

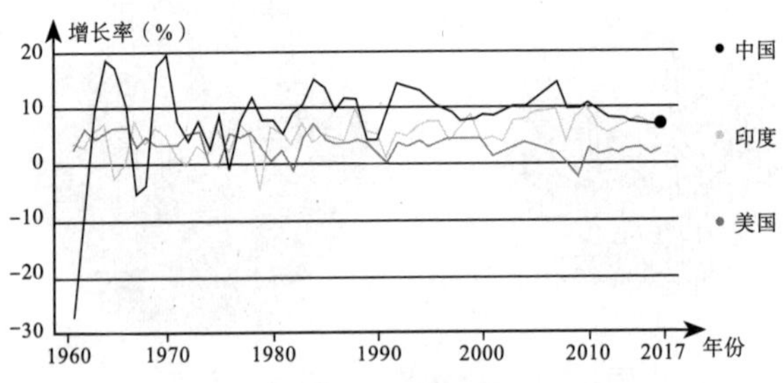

图8.3　中国、印度和美国GDP的增长率对比

善于做报告的人都知道，在PPT中最好不要直接引用数据，而要把它们变成曲线或者直方图。曲线和直方图其实就是对函数的一

种形象表示，它们可以让那些原本对趋势不敏感的听众，实实在在感受到数据的变化。

函数的第三个意义在于它作为数学工具的作用。有了函数，我们就可以通过学习几个例题，掌握解决一系列问题的方法。比如在投掷和抛射一个物体时，当初速度 v_0 确定后，物体水平飞行的距离 d 是抛射角度 θ 的函数式

$$d=v_0^2\sin 2\theta, \tag{8.1}$$

那么我们就能按照函数表达式算出不同角度下物体抛射的距离。

我们还能画出不同抛射角度下的飞行轨迹。比如加农炮的炮弹出膛速度 v_0=1000 米/秒，那么它在不同发射角下的飞行轨迹就是图 8.4 所示的曲线。当发射角是 0° 或者 90° 时，它的飞行距离是 0；在大约 45° 的时候，飞行距离达到最大值。也就是说，当发射角度从 0 开始变化时，开始增加角度会增加发射距离，但是超过 45° 之后，发射距离反而随着角度增加而减少。

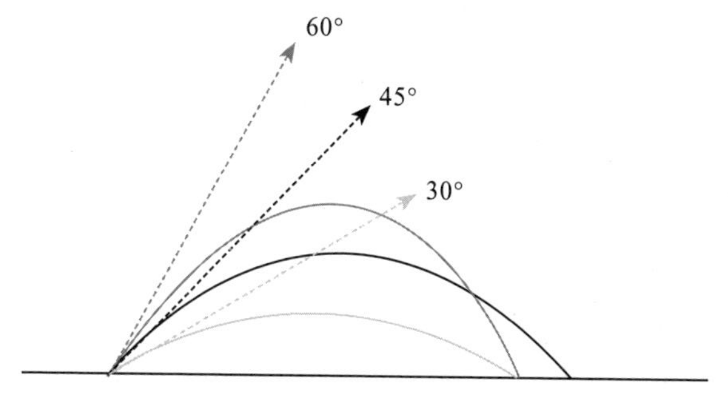

图 8.4　速度固定时，炮弹在不同发射角度下的飞行轨迹

了解了上述函数关系，无论对从事投掷项目的运动员，还是炮兵或者狙击手，都有指导意义。特别是后者，他们能够通过控制角度来

决定落点。如果我们找不到这样的函数关系，想靠做试验的方法达到目的，是不现实的。事实上，最初设计电子计算机的目的，就是根据弹道的函数，计算长程火炮弹道轨迹的。当然，在弹道函数中，发射的速度也可以是变量。此外，在战场上计算弹道时，空气的阻力和风向等都是变量。每个变量的一点点改变，都会影响弹道的轨迹。这种一个变量随着其他变量变化的关系，就是函数的本质。

函数的出现提升了人类的认知，将我们从对单个数字、变量的关注，引向了趋势。没有函数，我们其实很难从个别数据样点体会整体的变化。因此我们的思维方式要从常数思维到变量思维，再到函数思维。

函数还为解决同一类问题提供了具有普遍性的答案。当我们对函数中不同的变量带入不同的数值时，就会得到相应的结果，这就有了一通百通的可能性。

本节思考题

1. 在笛卡儿坐标系中的圆，圆上一个点的纵坐标 y 是不是横坐标 x 的函数?

2. 两个立方体，其中一个的表面积是另一个的两倍，则它们的体积相差多少倍?

扫描二维码

进入得到App知识城邦“吴军通识讲义学习小组”

上传你的思考题回答

还有机会被吴军老师批改、点评哦～

8.2 因果关系：决定性和相关性的差别

1. 函数因果关系的特殊之处

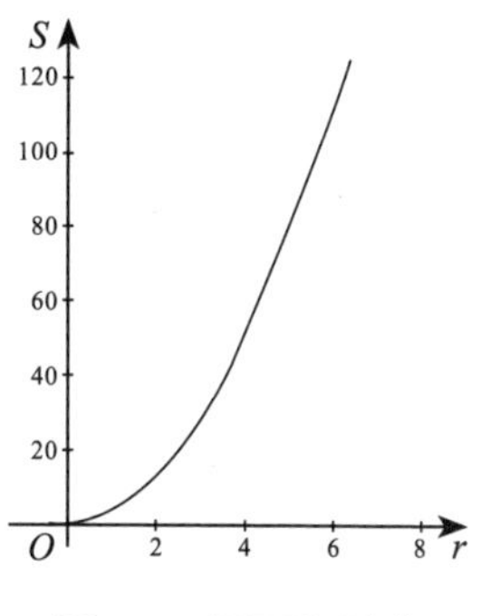

图 8.5　圆面积随半径变化的曲线

在我们通常遇到的函数中，总是一个（或者一组）变量先变化，另一个变量随着它变化。比如圆的半径为 r，面积 S 是 r 的函数，即 $S=\pi r^2$。半径增加 1 倍时，S 增加到原来的 4 倍，半径由 1 变成 3，S 则增加到原来的 9 倍，后者总是随着前者变化的。这种函数关系可以用半根抛物线形象地表示出来（图 8.5）。

如果我们把这个关系上升为抽象的逻辑关系，半径的变化引起面积的变化，通常就会讲半径变化是因，面积变化是果，并且可以用这样一个箭头代表确定性的因果关系 $r \to S$。这也就是我们把 r 称为自变量、把 S 称为因变量的原因。

在前面讲到的几个函数中，我们都可以认为有因有果。几何数列中每一个数，可以表示成 2^n（或者 r^n），n 是正整数 1，2，3，4，…，n 不断增加，导致数列中对应的每一项也不断增加。在现实生活中遇到的各种函数也是如此，有明确的因果关系。比如班上每一个人的身高，因果关系就是人决定身高，也就是说“人→身高”。

讲到函数中的因果关系，有两点需要明确指出。

第一点要注意的是，数学上的因果关系和生活中的可能不完全相同。

在物理学等自然科学中，因果关系常常是单方向的，比如你从比萨斜塔上扔下一个球，它以自由落体的方式向下坠落，落地时会有一个速度，这个速度是地球重力加速度所导致的，因此重力加速度是速度的因，而不可能反过来，这是非常明确的。再比如，张三在20米外看到了这件事，那么你先扔了球，他才看见，这也是因果关系，不可能倒过来。

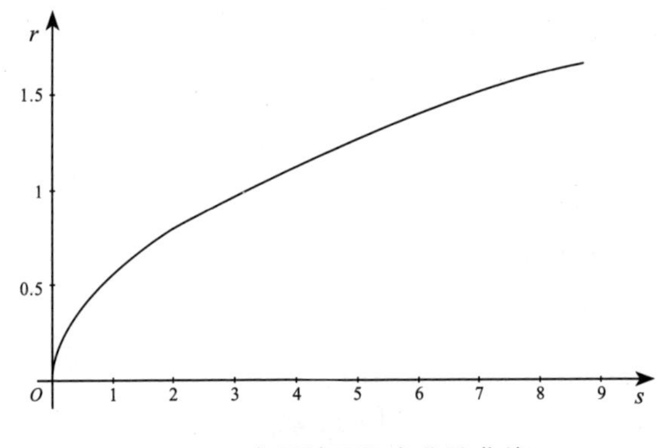

图8.6　半径随面积变化的曲线

但是数学函数中的因果关系未必如此。在一个函数中，自变量和因变量的角色是可以互换的。我们前面说，给定圆的半径，可以通过一个计算面积的函数$S=\pi r^2$算出面积，因果关系是“半径→面积”。但是在现实生活中也有反过来的情况，比如一家四口人到比萨饼店吃饭，需要先根据每一个人的饭量确定面积多大的比萨饼才够吃，然后根据$r=\sqrt{S/\pi}$算出半径，看看要买14寸、16寸还是18寸的？这时面积就是自变量了，半径就是因变量了。因果关系变成了

“面积→半径”。我们同样可以用x坐标代表面积，y坐标代表半径，画一条曲线，就是图 8.6 中的形状。如果你对比图 8.5 和图 8.6，会发现两条曲线形状相似，只是翻转了一下。更准确地讲，它和原来的曲线是相对xy轴角平分线对称的。

为了更完整地描述和研究这种把因和果置换后的函数关系，数学家们提出了反函数的概念，比如$y=\sqrt{x/\pi}$和$y=\pi x^2$就互为反函数。在笛卡儿坐标系中，反函数的图像和原来函数的图像总是关于xy轴角平分线对称。比如图 8.7 是对数函数（$y=\ln x$）和指数函数（$y=e^x$）的图像，它们相对xy轴角平分线是对称的。

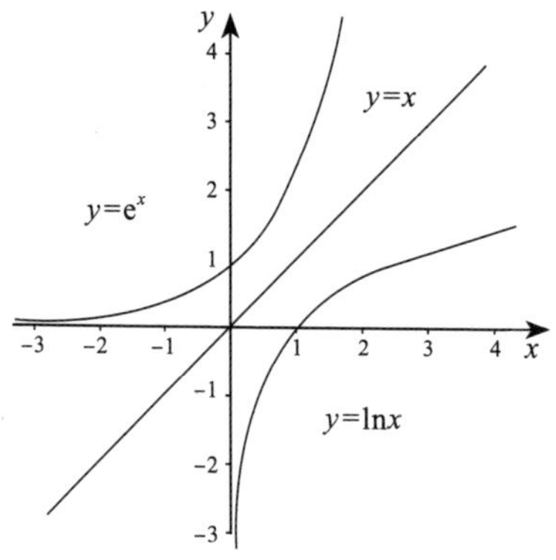

图 8.7　对数函数和指数函数互为反函数

为什么对数函数和指数函数会互为反函数呢？我们从两个角度看同一件事情就知道了。比如你购买了 10 000 元的国债，以 6% 的复合年利率增长，请问 12 年后你的本息一共是多少呢？我们知道x年后的本息y是一个指数函数$y=10\ 000\times1.06^x$，代入$x=12$，大约是 20 122 元。也就是说 12 年后投资大约翻了一番。如果我们倒过来问这个问题，今天买了10 000元的国库券，多少年后才能本息翻一番？那么这就是对数函数的问题了。我们把x作为若干年后的本息总数，y作为时间，这样$y=\log_{1.06}\frac{x}{10\ 000}$，代入$x$=20 000，算出来大约11.896年，也就是12年左右。因此，指数函数和对数函数互为反函数。

事实上在投资时，很多时候需要考虑的是在特定的投资回报率之下，多少年投资才能翻一番。绝大部分人在存退休金时，需要通过这种方法算出自己每年必须存入的金额，以及采用何种投资方式，是投资股市，还是债券（比如国库券）。由于指数函数和对数函数的计算都不太直观，因此人们通常采用一种简单的估算方法——72定律。假如每年投资回报是R%，基本上经过72/R年，财富就可以翻一番。对于刚才R=6的情况，大约需要12年；如果能够将投资回报提高到8%，只要9年就够了。别小看这2%的差异，如果我们把时间放大到36年，也就是一个人通常的工作年限，那么回报就是翻番3次和翻番4次的差异了。某些人在退休时，就可能比另外一些同龄人多出一倍的资产来更好地享受生活。

接下来我们来看看数学上因果关系的第二点注意事项。当一个函数的变化由两个或者更多的变量决定时，单个变量和函数之间的因果关系并不是函数值变化的必然原因。比如说，我们要计算圆柱体的体积V，它和圆柱半径r的平方成正比，和圆柱的高度h成正比，即

$$V=\pi r^2 h, \tag{8.2}$$

这时，如果高度增加一倍，体积一定增加一倍吗？我们只能说，有

可能，但是前提是半径要保持不变。反过来从结果看，如果体积增加了一倍，我们也并不知道是否是高度变化所引起的。如果我们把体积 V、半径 r 和高度 h 的关系画在一个三维的图中，那么大概是图 8.8 的样子。从图 8.8 中可以看出，决定体积的因素很复杂。

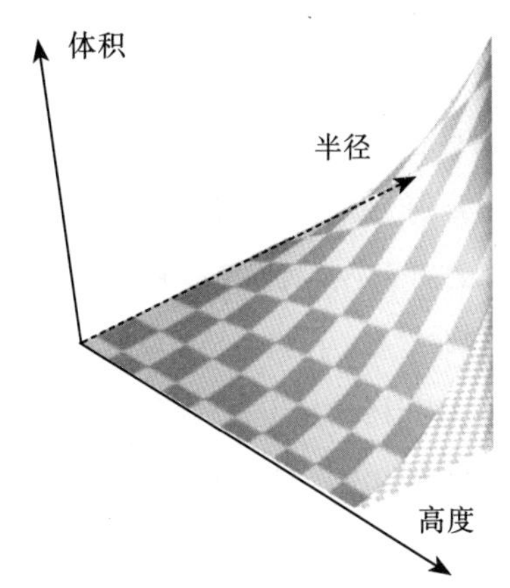

图 8.8　当一个函数（体积）随着多个变量变化时，单独一个变量和函数值未必有因果关系

2. 相关性不代表必然性

在多变量的情况下，我们只能得到这样的结论，就是体积的变化和高度的变化是正相关的，而且相关性是 100%。也就是说，在其他条件不变的前提下，一个变大另一个也必然变大。类似地体积变化和半径变化也是 100% 正相关的。

在生活中，很多人经常把相关性和因果关系中的必然性相混淆。比如说，每年的平均投资回报率和最后拿回来的钱总数是正相关的，这点毫无疑问。但是在投资时，总是找那些回报率高的项目或者投资产品，20年后拿回来的钱一定多吗？不一定，因为最后能拿回来多少钱，不仅看平均回报率，还要看投资风险，一些高回报的项目也是高风险的。也就是说，平均回报率高，和拿回来的钱多并不形成因果关系。很多人看到别人投资高风险、高回报的项目发了财，觉得这种好事情也能落到自己身上，可是等自己拿出真金白银投资时，高回报没有起作用，高风险却应验在了自己身上。了解了相关性和必然性的差别，能让我们少犯错误。

在计算圆柱体积的例子中，我们还只有两个变量，在很多实际问题中，影响结果的变量非常多。比如在经济学上，美国政府和研究机构公布的各种和经济有关的指标有上万个，试图根据几个指标就预测今后的趋势近乎不可能。在生物体中，情况更加复杂。经济学上的很多指标至少还是明确的正相关或者负相关，而生物体很多体征和指标，同我们要找的疾病、遗传或者新陈代谢的相关性是非常模糊的。在这种情况下，我们把相关性误解为有因果关系的必然性，是非常危险的。

但是，我们也不能因为很难确定必然性，就放弃对相关性的探究。只有当我们发现了影响结果的各种变量、并且搞清楚它们和结果之间的相关性，才能对最后结果的走向有一个全面完整的了解。比如，当我们知道了决定圆柱体质量的三个因素，即它的半径、高度以及材料的密度之后，虽然很清楚每一个单独的因素都不构成质量增加的因果关系，但是在不同应用场合，我们才知道该如何调整尺寸和选取材料。

今天，学术研究的主要目的，已经从过去那种寻找确定性，变成了挖掘尚未被人知的、能影响结果的变量，并且寻找它们和结果之间的相关性。在研究某一个变量的影响时，我们通常要屏蔽其他变量的作用。比如我们研究体积和尺寸的关系，先要假定半径是不变的，才能知道高度的影响。但这样一来，绝大部分学术研究，特别是人文和社会学科的研究，都不得不集中在几个视角，搞清楚特定变量的影响。这并非研究人员缺乏全局观，而是整个学术界给他们的分工就是如此。今天很多学术专著，也是从特定视角看待问题的。万维钢老师讲过一句话，人文和社会学科与自然科学领域特点完全不同，前者更像是江湖，学者们彼此很难互相说服。这句话其实非常准确地描述了学术界的特点。了解了这个特点，我们在看学术专著时，就不要把它当作对某个结论全面的论述，而把它们当成是揭示某种相关性的著作就好。

本节思考题

大家都在加班工作，于是社会的财富增加了。两件事之间是相关性还是必然性？为什么？

本章小结

函数揭示了变量之间相互影响的规律。当一种变量变化时，会有另一个变量因之而变化，这种对应关系就是函数。函数的应用范围很广，不止存在于数学中，也存在于我们的生活中。对于比较简单的函数，我们可以找到自变量和函数值之间的因果关系。但是，对于复杂的、由多个变量决定的函数来讲，每个变量和函数值只存在相关性，尽管有些是100%的正相关，但是它们不存在决定性，也没有必然的因果关系，因此切忌把相关性和因果关系混为一谈。

无论在科学研究还是在工作中，人们都试图找到规律，而能够用函数描述出来的规律最有用处，因为函数反映了事物的发展趋势和走向结果，而且带有确定性。我们带入变量，就能知道结果。人类也正是因为掌握了具有确定性的规律，才得以根据需要改造自然，创造出丰富多彩的世界。

第9章

线性代数：超乎想象的实用工具

如果你问一位大学老师，高等数学的基础课是什么，他可能会和你说是微积分和线性代数。对于一个非理工专业的大学生，如果在大学里只学两门数学课，恐怕也就是这两门了。微积分主要是训练我们的思维方式，而线性代数，我们在工作和生活中真的用得上。

9.1 向量：数量的方向与合力的形成

1. 数量也有方向

代数学除了给我们带来了方程和函数这两个工具，还揭示了世界上关于数量的另一个规律，就是数量的方向性。大家可能会说，数量怎么会有方向性，我们不妨先看两个例子。

例 9.1：假如你用 40 牛顿的力来拉一个箱子，你的同事用 30 牛顿的力来推，那么箱子受力是多少？

你可能会说是 70 牛顿啊，这是小学生学习完加法后给出的答案。在你学习了减法后，可能会想到如果两个人用力方向相反，那合力就不是 70 牛顿，而是 10 牛顿了。但是如果两个人用力方向正好成直角，或者 120° 角呢？这时合力既不是 70，也不是 10，具体是多少取决于两个力的方向的夹角。

例 9.2：某个建筑工地要实施爆破，爆破的半径是 120 米，你要赶快远离。当然能走的道路未必是始终朝向一个方向的，你有以下几种选择：

（1）先往北跑 100 米，再向东跑 50 米；

（2）先往北跑 100 米，再往东北跑 50 米；

（3）先往北跑 100 米，再往东南跑 150 米。

按照以上三条路线，你能到达安全区吗？

对于第一条路线，如果只考虑跑的路程，你跑了 100+50=150

米，超过了120米，但是由于跑动的方向并非是一个方向，你其实离爆破中心只有118米，还在危险区内；按照第二条路线，最后离爆破中心的距离是139米，你已经安全了；而按照第三条路线，最后一共跑了250米，离爆破中心却只有106米，可以讲是吃力不讨好。这三种情况放在同一张图中（图9.1），就看得一目了然了。图中圆的半径是120米，三种情况分别用实线、虚线和点线表示。可以看出，只有第二种情况，即先往北跑，再往东北跑能够跑出爆炸的范围。

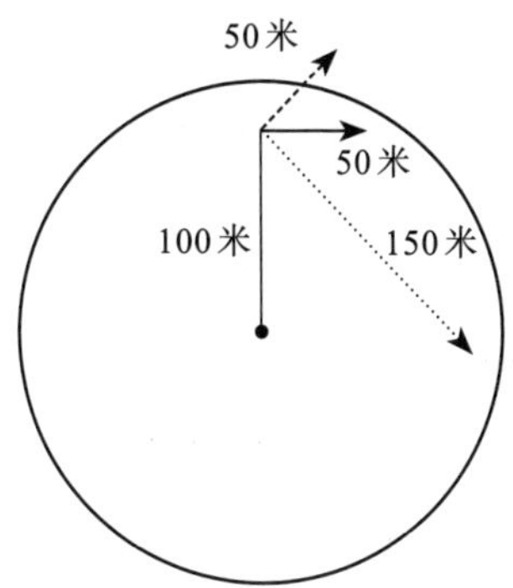

图9.1　逃离爆破中心的三条路径

在现实中类似的情况非常多。我们常说，一个组织必须形成合力，才能把事情做好；我们还说，一个人如果跑错了方向，再努力也没有用。这就和上面两个例子所描述的情况一致。**因此，在这个世界上，对于大部分物理量和在生活中遇到的数量，我们不仅需要关心数字的大小，还需要关心方向**。在物理学中，力、动量、电磁场都是既有大小、又有方向的量。在生活中，我们行驶的路径、做事的目标和所投入的努力也是如此。当我们读完了大学，每次看到一个数量时就必须想一想，“我们有否考虑了方向”，否则就还是停留在小学生对数字的理解程度上。当我们的阅历增加之后，认知水平也要相应地提高，在数量这个问题上，认清其方向就是提高见识水平。

当然，在数学上也要有工具来描述带有方向的数量，这种工具被称为向量。类似地，那些只有数值、没有方向的数量被称为标量。

2. 表示数量方向的工具

为了形象地表示一个向量，我们在坐标系中用一个有长度、带箭头的线段来表示它。通常，我们喜欢将向量的起点放在原点处，这样向量就是从原点到它的终点的有方向的线段。

在数学上向量的表示方法通常有两种。第一种是极坐标表示方法，比如我们常说“前面100米，11点钟的方向”，这就是在极坐标中对向量的描述。100米代表向量的数值，我们通常称之为长度，或者模；11点钟的方向，我们通常称之为向量的方向。在没有参照系的空中或者海上，通常采用这种方法。在世界上一些自然发展起来的城市里，也经常使用这种方式来描述方位。比如在巴黎或者莫斯科，人们就会以凯旋门或者红场为中心，说往某一个方向行进某个距离。

这种用极坐标表示向量的方式在其他一些城市就不那么方便了，比如在北京或者纽约这种规划出来的城市，首先街道是横平竖直的，其次高楼也挡住了视线，因此没有人会说往10点钟的方向走400米，因为我们和那个目标之间没有直通的道路。实际上，像北京和纽约这种横平竖直的街道本身就是一个笛卡儿坐标系。人们通常会这样说，“往东300米见到红绿灯往南拐，再走200米就到了”。如

图 9.2 所示，我们如果以所在地为原点，按照上北下南左西右东的概念来确定方位的话，往东 300 米再往南 200 米，目的地的坐标就是（300，-200）。目标点离我们的距离可以根据勾股定理算出来，大约是 361 米，和 x 轴的方位角是斜下方 34°。很明显，直接用终点坐标表示向量和我们用长度与角度的组合表示是一回事。

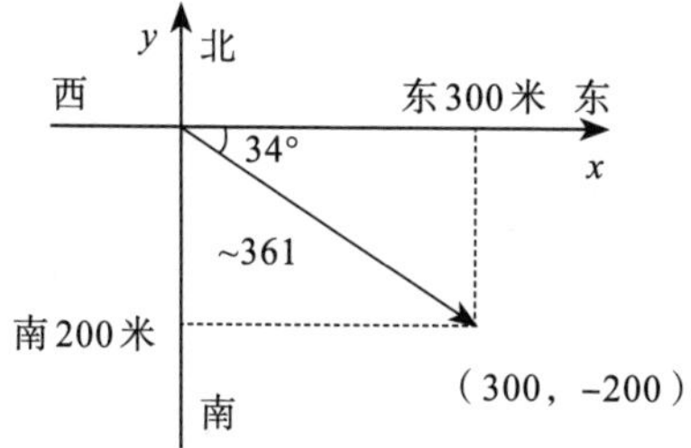

图 9.2　一个向量可用笛卡儿坐标和极坐标两种方式表示

需要注意的是，向量的起点并不一定要在原点。起点设置在哪里并不重要，重要的是起点和终点的相对坐标。比如从原点出发指向点 (a, b) 的向量，和从（10，10）这个点出发，指向点 $(a+10, b+10)$ 的向量，其实是一回事。从图 9.3 中我们可以看出，这两个向量的方向和长度都是相同的。

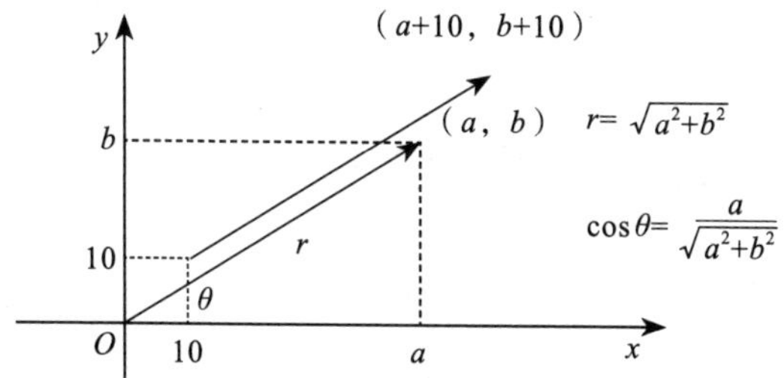

图 9.3　向量的起终点都做同样的平移后，向量的长度和方向不变

无论采用极坐标还是笛卡儿坐标的表示方法，向量都需要两个值才能确定。要么是向量的长度r和角度θ；要么是从原点出发，向量终点的横纵两个坐标a和b。这两种表示方法其实是等价的，因为我们可以利用勾股定理和三角函数在这两种表示方法中相互转换。一个向量从极坐标到笛卡儿坐标的转换公式是：

$$\begin{cases} a = r\cos\theta \\ b = r\sin\theta \end{cases}, \tag{9.1}$$

反过来，从笛卡儿坐标到极坐标到转换公式是：

$$\begin{cases} r = \sqrt{a^2+b^2} \\ \tan\theta = b/a \end{cases}。 \tag{9.2}$$

向量不仅存在于平面上，也存在于各个维度的空间中，它们同样可以有极坐标和笛卡儿坐标两种描述方式。描绘一个三维空间中的向量，不论是哪一种描述工具，都要用到三个信息。比如我们可以讲往左20°角、往上30°角、20千米的地方有一架飞机，这就用一个长度r、两个角度θ_1和θ_2表示出一个三维的向量。当然，我们也可用往北12公里、往西5公里、距离地面10千米处有一架飞机来表述，这其实就是用x, y, z三个距离描述了同样的向量。类似地，数学家们可以想象出任意N维空间的向量，而它们不同的描述方式之间也是等价的。

在数学中，这种等价的关系非常重要。一个问题可以有很多等价的表达方式，甚至可以有很多等价的问题。很多时候，我们直接解决一个问题并不容易，但可以解决相对容易的它的等价问题。善于在诸多等价的表达中找到一种最便于解决问题的表达方式，或者找到与难题相应的简单的等价问题，是学好数学的关键。我们不妨用向量的加法和乘法运算来说明，向量的两种表示方法在运算中各自的便捷之处。

3. 不同工具的不同作用

先看向量的加法运算。在介绍向量加法的定义之前，我们先来回顾一下本章开始所提到的合力问题。每一个人用的力都是一个向量，既要考虑力的大小，也要考虑方向。假设两个人用的力分别是 $\boldsymbol{F}_1$ 和 $\boldsymbol{F}_2$，我们先将它们表示在一个笛卡儿坐标系中，向量的起点都放在原点，$\boldsymbol{F}_1=(a_1, b_1)$，$\boldsymbol{F}_2=(a_2, b_2)$，如图 9.4 所示。

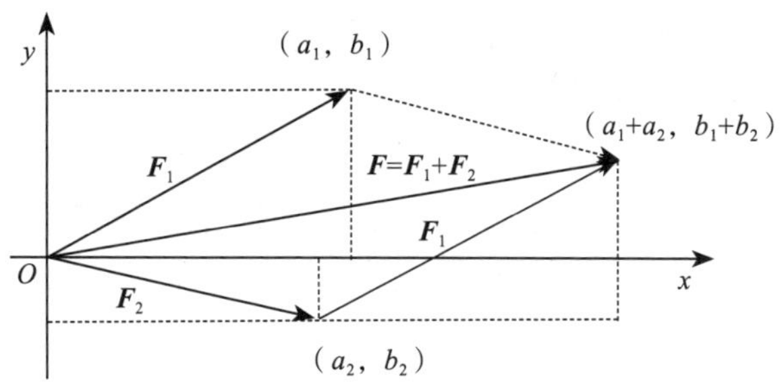

图9.4　F_1 和 F_2 的合力 F，就是以 F_1 和 F_2 为邻边的平行四边形的对角线

在图 9.4 中，a_1 和 a_2 其实分别是 $\boldsymbol{F}_1$ 和 $\boldsymbol{F}_2$ 的水平分量，b_1 和 b_2 则分别是 $\boldsymbol{F}_1$ 和 $\boldsymbol{F}_2$ 的垂直分量。我们知道力如果是在同一个方向上，它们的大小是可以相加的，因此合力 $\boldsymbol{F}$ 的水平分量就是 a_1+a_2。类似地，$\boldsymbol{F}_1$ 和 $\boldsymbol{F}_2$ 在垂直方向的合力也是 b_1+b_2，但由于 b_2 本身是负值，因此 b_1+b_2 其实小于 b_1。最后，我们可以得到这样的结论：合力 $\boldsymbol{F}$ 在水平和垂直两个方向的分量分别是 a_1+a_2 和 b_1+b_2，

也就是说$\boldsymbol{F}$=（a_1+a_2，b_1+b_2）。因此，两个向量(起点设定在原点)的加法定义为各个分量各自分别相加，即（a_1，b_1）+（a_2，b_2）=（a_1+a_2，b_1+b_2）。至于多个向量的加法，做法也是类似，只要把相应的分量直接相加即可。

通过图9.4可以发现，两个向量之和（也被称为和向量）$\boldsymbol{F}$恰好就是以$\boldsymbol{F}_1$和$\boldsymbol{F}_2$为邻边的平行四边形的对角线。这种求和向量的方法被称为向量相加的平行四边形法则。

如果我们把第二个向量的起点由原来的原点（0，0）移到第一个向量的终点（a_1，b_1），如图9.4所示，第二个向量的终点就是（a_1+a_2，b_1+b_2）。也就是说两个向量首尾相连时，向量之和其实就是从第一个向量的起点，到第二个向量终点的一条有向线段。这种求和方法被称为三角形法则。

如果有若干个向量$\boldsymbol{V}_1$，$\boldsymbol{V}_2$，…，$\boldsymbol{V}_n$相加，我们让它们一个个首尾相连，最后的和向量，就是从第一个向量的起点到最后一个向量终点之间的有向线段，如图9.5所示。由此可见，如果用笛卡儿坐标表示向量，则向量的加法简单而且直观。

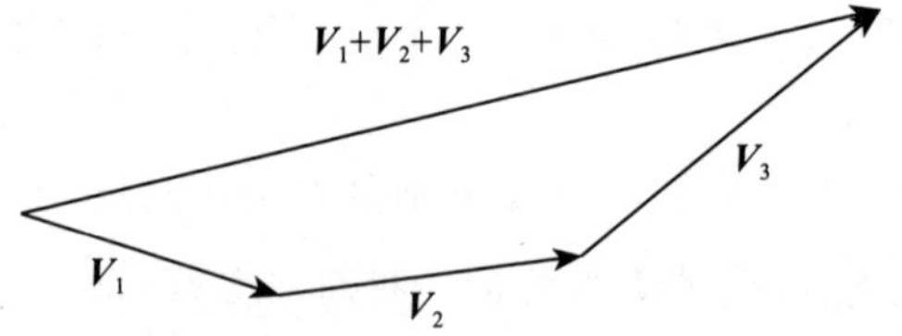

图9.5　多个向量相加，和向量是各个向量头尾连接后的有向线段

如果我们采用极坐标表示向量，那么向量的加法就不太直观了，如图9.6所示。

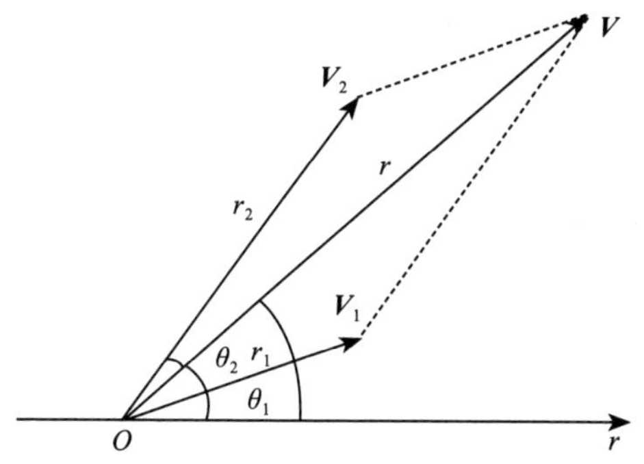

图9.6　用极坐标表示的两个向量相加

在图9.6中，我们看到第一个向量 $\boldsymbol{V}_1=(r_1, \theta_1)$ 和第二个向量 $\boldsymbol{V}_2=(r_2, \theta_2)$ 相加之和 $\boldsymbol{V}=(r, \theta)$，我们需要确定 r 和 θ。r 相对好计算一些，我们可以根据余弦定理（具体内容在本节稍后的内容中介绍）算出

$$r^2=r_1^2+r_2^2-2r_1r_2\cos(180-\alpha), \tag{9.3}$$

其中 $\alpha=\theta_1-\theta_2$，然后我们再开根号，可以求出 r，这显然就比采用笛卡儿坐标麻烦很多了。接下来我们还需要计算 θ，它更麻烦，这里我们就直接给出答案了：

$$\theta=\arctan\left(\frac{r_1\sin\theta_1+r_2\sin\theta_2}{r_1\cos\theta_1+r_2\cos\theta_2}\right)。 \tag{9.4}$$

既然极坐标做向量的加法这么麻烦，我们为什么还要用极坐标表示向量呢？除了在导航等方面它比较方便之外，用极坐标完成向量的乘法也会比较直观。我们还是用力学里的一个基本概念“做功”来说明。

我们知道，在物理学中做功的量就是物体位移量和沿着位移方向力的乘积。我们假定力是均匀的，是向量 $\boldsymbol{F}(f,\alpha)$，位移量是向量 $\boldsymbol{D}(d,\beta)$，如图9.7所示，那么力 $\boldsymbol{F}$ 投射到位移方向的分量就是 $f\cdot\cos(\alpha-\beta)$。因此，做的功 W 就是 $d\cdot f\cdot\cos(\alpha-\beta)$，这其实就是向量 $\boldsymbol{F}$ 和 $\boldsymbol{D}$ 相乘的算法。

这种相乘的方式被称为向量的点乘，它计算出的结果不再是一个向量，而是一个单纯的数量，即标量，因此这个乘积被称为数量积、点积或者内积，记作 $\langle \boldsymbol{F}, \boldsymbol{D}\rangle$。当然，向量之间还有另一种乘法，称为叉乘，乘出来的结果是另一个向量，它因此被称为向量积，这里面的细节我们就不介绍了，大家知道有这件事就可以了，在计算电磁场时，用的就是叉乘。

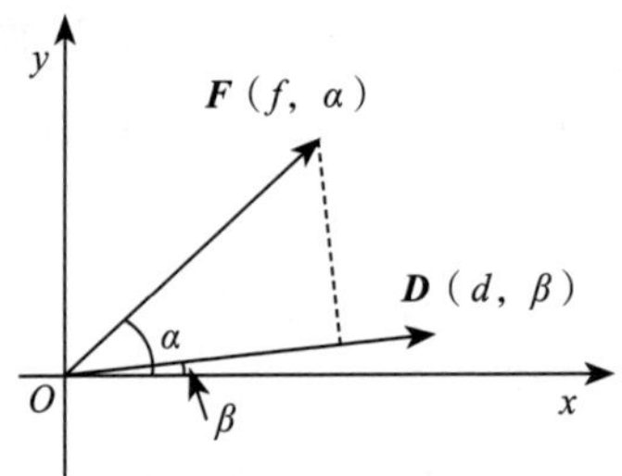

图9.7　向量 $\boldsymbol{F}$ 和向量 $\boldsymbol{D}$ 点乘，将 $\boldsymbol{F}$ 的长度投射到 $\boldsymbol{D}$ 上，就是实际相乘的倍数

对于向量的点乘，在笛卡儿坐标系下进行的复杂程度和极坐标下相当；但是对于向量的叉乘，在笛卡儿坐标系下几乎难以理解，而在极坐标下就非常直观。

向量代数对于学习理工专业的人来讲，是一种必须掌握的数学工具。没有它，就无法从事电磁学、电学、信号处理、通信、人工智能等工作。对于非理工行业的人来讲，向量是一种认知的工具，我们不妨以向量相加和向量相乘为例来说明。

从图9.4中可以看出，两个向量在相加时，由于三角形两边之和大于第三边，因此和向量的长度总是小于最多等于这两个向量长度之和的。只有当两个向量方向完全一致的时候，等号才成立。事实上两个向量之间的夹角越大，和向量的长度越小。为了准确说明向量相加的这个性质，我们假定两个相加的向量长度相等，都是a，它们的夹角为θ，表9.1给出了θ取不同的值时，和向量的长度。

表9.1　两个等长向量之间的夹角取不同值时，和向量的相对长度

夹角	和向量长度
0°	$2a$
30°	$1.93a$
60°	$1.73a$
90°	$1.41a$
120°	a
150°	$0.5a$
180°	0

从表9.1中可以看出，当两个向量之间的夹角超过120°之后，和向量的长度还不如一个向量的长度。最极端的情况是，当两个向量之间的夹角等于180°时，也就是两个向量方向相反时，两个向量相加的结果为0，也就是它们相互抵消了。为了便于大家有更深刻的感性认识，我们给出了其中几种情况的示意图（图9.8）。

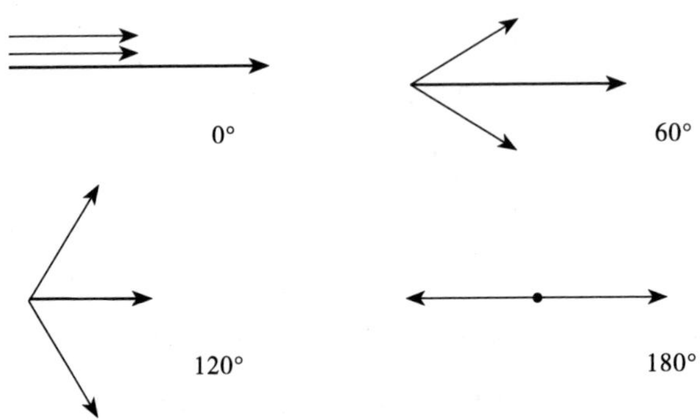

图9.8　向量之间夹角不同时，和向量的差异巨大

向量相加给我们的启示是，做事情力量要用到一处，聚焦很重要。不聚焦是什么结果呢？一群人往三个不同的方向使劲，在每一个方向上都很努力，投入了很大的成本，但是这些努力相互抵消掉了。

做事的时候不仅目标必须清晰，而且在配备人员时也要保证他们能够形成一个方向的合力。如果两个人用力的方向有120°夹角，也就是说有时候合作，有时候闹分歧，结果就是两个人工作只产生了一个人原来应有的产出。一些企业迷信把几个高水平的人堆到一起就能产生好的效果，这其实是小学生的思维方式。如果找来的人不能与其他人好好配合，有时这个人越牛就越有副作用。

不仅多个人合作会因为方向不一致出问题，即使只有一个人自己努力，如果方向总是摇摆，也会出大问题。比如在我们前面举的逃离爆破现场的例子中，方向来回换，特别是动不动拐大弯，其实最后是在兜圈子。

接下来我们看看向量相乘给我们的启示，我们以做功为例来说明。我们知道，做功的多少，不仅取决于用力的多少、位移的长度，还取决于用力方向和位移方向之间的夹角。我们用500牛顿的力做功，推动车子走了20米，我们做了多少功呢？有人说是500牛顿×20米=10 000焦耳。这个答案只有在用力的方向和位移的方向完全一致时才成立。如果我们的用力和位移的方向有60°夹角，我们做的功只有5 000焦耳。如果用力的方向和位移的方向垂直，做功则是0。当然，更极端的情况是，如果用力方向和位移相反，做的是负功。做功的多少和角度的关系，可以用图9.9的曲线来表示，当夹角为0时，做功最有效，当夹角为90°时，做功为0，当夹角再大时，做的是负功。

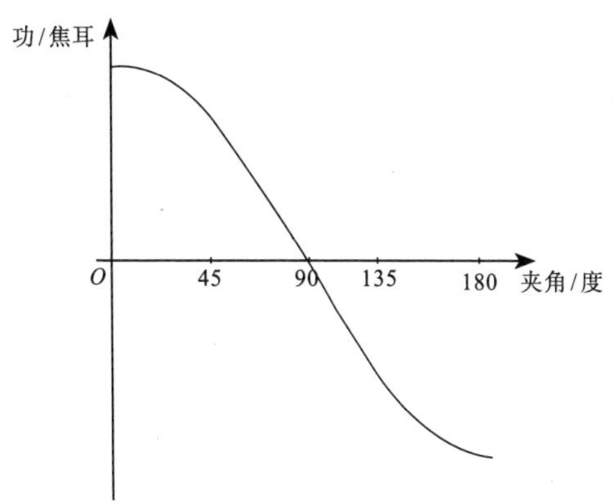

图9.9　用力方向和位移方向的夹角与做功的关系

从图9.9中的曲线可以看出，即使在用力，如果用力的方向和位移不一致，做功的效果就不好。在现实生活中，一个时代的大趋势，就是位移的方向，这是我们无法改变的，我们所能改变的，只能是自己的用力方向，这个方向和时代的趋势相一致，做功的效果就好。因此，数学是一个可以帮助我们理清思路的工具。

既然向量之间的夹角这么重要，如果我们事先不知道它们的夹角，能否通过其他信息计算出来？得到夹角之后，除了能解决物理学的各种问题，还有没有其他的应用呢？这其实才是我们真正关心的问题，也是我们学习和了解向量代数的目的。

4. 余弦定理：向量夹角的计算

在向量中，角度非常重要。但是，在生活中，角度的测量常常是间接的，因为几十米、几百米外的两个点和我们之间的夹角不太可能用量角器去度量。最常用的测量和计算角度的方法，就是先确定三角形的三条边长，然后利用余弦定理计算出两个相邻边的夹角。

余弦定理我们在中学都学过，但绝大部分人可能已经忘记了，因为大家恐怕一辈子也没有用过一次。这也怪不得大家，因为几乎没有一本中学数学的教科书，会讲余弦定理在信息时代的用途，尽管它用得很多。教科书在讲余弦定理时，主要是为了让大家知道在三角形已知两条边的情况下，如何计算第三条边的长度，除非你将来做测绘工作，否则这件事一辈子也碰不到。当然，大家记不住余弦定理还有一个原因，就是它的公式略显复杂，而它的来龙去脉，特别是和勾股定理的关系，教科书一般并不刻意强调。因此，要讲清楚余弦定理以及它的用途，就要先从勾股定理出发，看看它到底揭示的是什么规律。

我们在前面讲了，勾股定理揭示了直角三角形两条直角边和斜边的关系，即 $a^2+b^2=c^2$。为了加强大家的感性认识，我们再画一遍图（如图9.10所示）。

接下来让我们一同思考这样一个问题：如果 a 和 b 的夹角是锐角，也就是比90°小，那么 c^2 和 a^2+b^2 哪个更大？如果 a 和 b 的夹角是钝角呢，也就是比90°大，情况又如何？这两个问题其实我们画一下图（图9.11），就一目了然了。

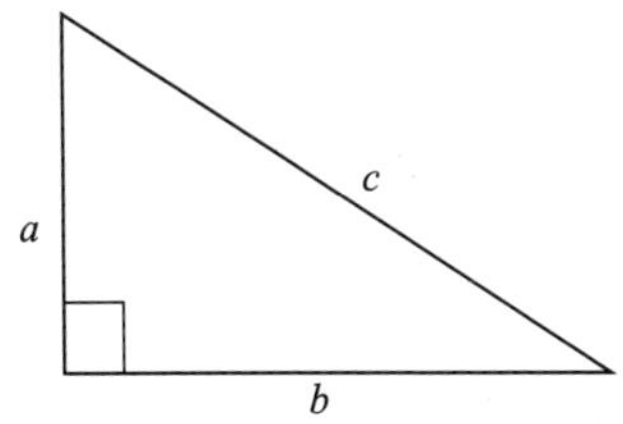

图9.10　直角三角形两条直角边和斜边的关系

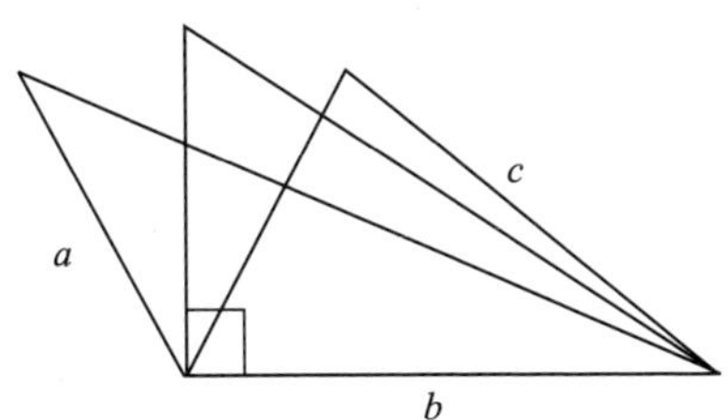

图9.11　直角、锐角和钝角三角形两条边和对边的关系

从图9.11中很容易看出，如果 a 和 b 的夹角超过90°，所对的斜边 c 就比较长，c^2 超过了 a^2+b^2；如果 a 和 b 的夹角小于90°，那么斜边 c 就比较短，c^2 小于 a^2+b^2。也就是说，对比一下 c^2，以及 a^2+b^2，就知道夹角是什么样的角了。为了方便起见，我们把勾股定理重新写一下，变成这样一种形式：

$$a^2+b^2-c^2=0。$$

我们将等式左边的部分，也就是 $a^2+b^2-c^2$ 作为一个判定因子使用，用 Δ 表示它。根据 Δ 大小，就可以判断夹角的情况：Δ 大于零为锐角，等于零为直角，小于零为钝角（如表9.2所示）。

表9.2　三角形两边长度及其夹角和对边的关系

a，b夹角	判定因子$\varDelta=a^2+b^2-c^2$
=90°	=0
<90°	>0
>90°	<0

回顾一下函数的概念，我们就会发现$\varDelta$是a，b，c三个变量的函数。对于同样一个角，如果三角形边长都比较长，那么$\varDelta$的动态范围很大；如果边长很短，$\varDelta$的动态范围就很小。为了消除边长的影响，我们将$\varDelta$除以夹角的两个边的长度a和b，写成：

$$\delta=\frac{a^2+b^2-c^2}{2ab}, \tag{9.5}$$

可以证明，这样算出来的δ的动态范围就在-1到$+1$之间。如果$\delta=-1$，那么夹角最大，就是180°；如果$\delta=0$，就是90°；如果$\delta=1$，就是0°角。事实上δ就等于夹角的余弦函数值。这样一来，我们就从勾股定理出发，建立了角度判定因子δ和具体角度之间的关系，这种关系就是余弦定理。通常余弦定理用下面的公式来表述：

$$\cos C=\frac{a^2+b^2-c^2}{2ab}, \tag{9.6}$$

或者

$$c^2=a^2+b^2-2ab\cos C。 \tag{9.7}$$

余弦定理的思想最初出现在欧几里得的《几何原本》中。但是由于当时并没有成体系的三角学，因此并没有把这个判定因子和角度的关系用余弦函数表示出来。到了15世纪，波斯数学家贾姆希德·卡西（Jamshid Caseg）正式提出了余弦定理。

有了余弦定理后，我们会发现勾股定理其实是余弦定理在直角情况下的特例。当然，换一个角度来看，余弦定理是勾股定理的扩展。从它们的关系，我们可以体会到系统性学习数学的意义：能够学会从已知的定理推导出新的定理，并且自然地理解各种数学概念之间的相关性。

有了余弦定理，我们就能够通过三角形的三条边的边长，计算它的任意一个内角。对于两个向量来讲，如果我们把它们的起点放到原点，那么原点和这两个向量终点构成一个三角形，如图9.12所示。这个三角形的三条边显然是确定的，由此我们可以用公式（9.6）算出两个向量的夹角θ。

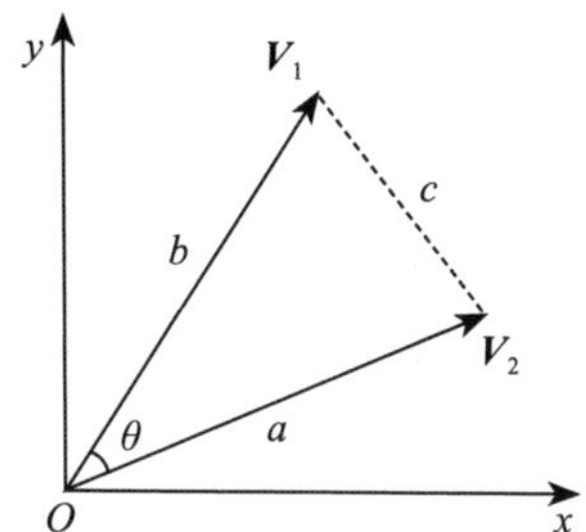

图9.12 由两个已知的向量$\boldsymbol{V}_1$和$\boldsymbol{V}_2$，利用余弦定理计算它们的夹角θ

值得一提的是，$a^2+b^2-c^2$恰好等于$\boldsymbol{a}$和$\boldsymbol{b}$两个向量的点积$<\boldsymbol{a},\boldsymbol{b}>$的两倍，我们将它代入到公式（9.6），就得到：

$$\cos C=\frac{<\boldsymbol{a},\boldsymbol{b}>}{\|\boldsymbol{a}\|\cdot\|\boldsymbol{b}\|}, \tag{9.8}$$

这个公式也被看作余弦定理的另一种表述方式，它的推导过程我们这里就省略了。

关于多维向量$\boldsymbol{V}_1=(v_{1,1},v_{1,2},\ldots,v_{1,n})$和$\boldsymbol{V}_2=(v_{2,1},v_{2,2,},\ldots,v_{2,n})$的点积，通常采用下面的公式计算：

$$\boldsymbol{V}_1 \cdot \boldsymbol{V}_2 = v_{1,1} v_{2,1} + v_{1,2} v_{2,2} + \cdots + v_{1,n} v_{2,n} 。 \quad (9.9)$$

当然，如果要想计算这两个向量的夹角，再套用余弦定理即可。

接下来的问题就是，算出两个向量的夹角有什么用？下一节我们会举两个具体的例子来说明它的具体应用。

本节思考题

如果两个向量的夹角为180°，这两个向量的各个分量之间有什么关系？

9.2 余弦定理：文本分类与简历筛选

今天，使用余弦定理解决几何问题的场景其实不算很多，但是余弦定理在很多领域都有应用，有些应用你甚至根本想不到其背后的数学原理是余弦定理。我们不妨来看两个例子。

1. 利用余弦定理对文本进行分类

首先我们来看计算机是如何对文本进行自动分类的。

很多人可能会觉得，文本的自动分类和向量的夹角这两件事毫不相干，怎么会联系到一起呢？我们不妨来看看计算机对文本进行自动分类的原理。

我们知道一篇文章的主题和内容，其实是由它所使用的文字决定的，不同的文章使用的文字不同，但是主题相似的文章使用的文字有很大的相似性。比如金融类的文章里面可能会经常出现金融、股票、交易、经济等词，计算机类的则会经常出现软件、互联网、半导体等词。假如这两部分关键词没有重复，那么我们很容易把这两类文本分开。假如它们有重复怎么办？那么我们就要看这两类文章中各个词出现的频率了。根据我们的经验，金融类的文章中即使混有一些计算机类的词，这些词的频率也不会太高，反之亦然。为方便说明如何区分这两类文章，我们就假设汉语中只有金融、股票、交易、经济、计算机、软件、互联网和半导体这八个词。假设有一篇经济学的文章，这八个词出现的次数分别是（23，32，14，10,1,0,3,2），另一篇计算机的文章里，这八个词出现的次数是（3，2，4，0，41，30，31，12），这样它们就各自形成一个八维的向量，我们称之为 $\boldsymbol{V}_1$ 和 $\boldsymbol{V}_2$。我们不妨用余弦定理的公式（9.8）计算一下它们的夹角：

$$\cos\theta=\frac{<\boldsymbol{V}_1,\ \boldsymbol{V}_2>}{\|\boldsymbol{V}_1\|\cdot\|\boldsymbol{V}_2\|}$$

$$=\frac{(23\times3+32\times2+14\times4+10\times0+1\times41+0\times30+3\times31+2\times12)}{\sqrt{23^2+32^2+14^2+10^2+1^2+0^2+3^2+2^2}\times\sqrt{3^2+2^2+4^2+0^2+41^2+30^2+31^2+12^2}}$$

$$=0.132,$$

由此计算出 $\theta\approx82.4°$。

由于这些向量每一个维度都是正数，因此它们都在坐标轴所示的第I象限，因此两个文本特征向量之间夹角最多就是90°。82.4°

的夹角非常大，已经近乎垂直或者说正交了。这说明两类不同文章所对应的向量之间的夹角会很大。

如果我们再假设另有一篇文章，八个词的词频是 V_3=(1，3，0，2，25，23，14，10)，我们可以用上述方法算出它和上述第二篇文章对应的向量的夹角只有7.5°，这是非常小的。图9.13显示出上述三个向量之间大致的夹角。当然，由于是将八维空间的向量投入到二维中，因此示意的夹角和原向量之间的夹角会略有不同。从图9.13中可以看出第一个和第二个向量夹角很大，而第二和第三个夹角很小。由此，我们大致可以判定第三篇文章应该和第二篇主题相近，也属于计算机类。

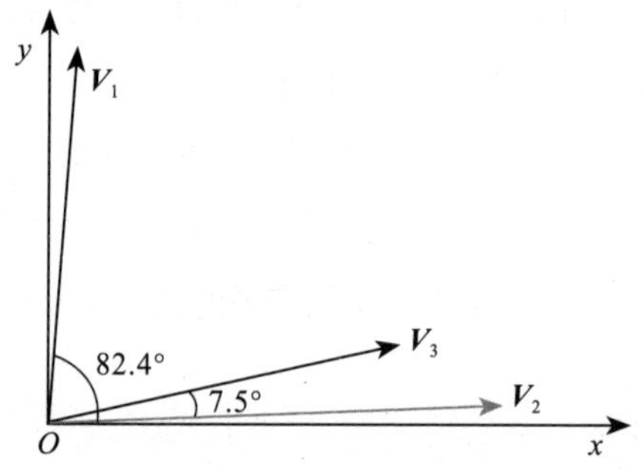

图9.13　不同主题的文章特征向量之间的夹角很大，而同类文章则很小

接下来我们需要思考一个问题，什么样的特征向量之间夹角会比较小？什么样的情况下几乎是正交的呢？如果你对比上面三个向量，就会发现这样一个特点：当两个向量在同样的维度上的分量都比较大时，它们的夹角就很小；反之，当两个向量在不同维度上分量较大时，就近乎正交。比如上述第二个和第三个向量，它们在

后四个维度上分量值都较大，因此它们夹角就小。而第一个向量在前四个维度的分量较大，在后四个上很小，和第二个向量的情况正好相反，因此就近乎正交。因此，我们可以得到这样一些定性的结论：

（1）如果两个向量各个维度的分量大致成比例，则它们的夹角非常小；如果它们严格地成比例，则夹角为零；

（2）如果两个向量的各个维度的分量大致“互补”，也就是说，第一个向量中某个维度的分量很大，第二个向量相应维度的分量很小，甚至为零，或者反过来，那么它们之间的夹角就接近90°，两个向量近乎正交；

（3）如果一个向量所有的维度都相等，比如像（10，10，10，10，10，10，10，10）这样的向量，它可能和任何一个向量都不太接近。这个性质我们后面还要用到。

当然，在真实的文章分类中不止用这8个词，而是有10万数量级的词汇，因此每一篇文章对应的向量有大约10万维左右，这些向量我们称之为特征向量。通过余弦定理计算特征向量之间的夹角，就能判断哪些文章比较接近，该属于同一类。

2. 利用余弦定理对人进行分类

向量不仅可以对文章进行分类，还可以对人进行分类。

今天很多大公司在招聘员工时，由于简历特别多，会先用计算机自动筛选简历，其方法的本质，就是把人根据简历向量化，然后计算夹角。具体的做法如下。

首先，它们会把各种技能和素质列成一张表，这就如同我们在做文章分类时会把词汇列成一张表一样，这个表有N个维度。对于不同岗位人员的要求，体现为某些维度的权重很高，某些维度较低，一些无关的维度可以是零。比如对开发人员的要求主要是六个方面，权重如下（其他方面的要求权重是0，不做列举）：

（1）编程能力 40；

（2）工程经验 20；

（3）沟通能力 10；

（4）学历和专业基础 10；

（5）领导力 5；

（6）和企业文化的融合度 10。

对销售岗位的要求会有所不同。这样每个职位都对应一个N维的向量，我们假设是$\boldsymbol{V}$。

接下来计算机会对简历进行分析，把每一份简历变成一个N维的向量，我们假设是$\boldsymbol{P}$。

然后就可以计算$\boldsymbol{P}$和$\boldsymbol{V}$的夹角。如果夹角非常小，那说明某一份简历和某一个岗位可能比较匹配。这时简历才转到相应的人事部门，人事部门的人才开始看简历。

如果某份简历和哪一个岗位都不太匹配，这份简历就石沉大海了。这种做法是否会有误差，让一些好的候选人永远进不了人事人员的视野呢？完全有可能，但是概率并不高，因为计算机做的只是初筛选，标准是比较宽的。要知道今天像谷歌、脸书或者微软这样的公司，一个职位常常有上百个求职者，合格的多则有十个、八个，少则有三个、五个，漏掉一两个合格的人，对公司来讲没什么损失。但是这对于求职者来讲，就是100%的损失。因此，除非求职者有非常强的推荐人，否则简历写得不好经常连第一关都过不了。

很多人在写简历时常犯的一个毛病就是重点不突出，他们所对应的向量其实就是一种每个维度数值都差不多的向量，就像我们前面说的每个分量都是10的向量。这种向量和其他向量的夹角都不会小，即和每个职位的匹配度都不高。很多人喜欢在简历中把自己有关无关的所有经历统统都写进去，然后把自己描绘成全能的人，其实在计算机匹配简历和工作时，这种简历常常一个职位都匹配不上。

很多人觉得简历上多写点东西没坏处，这种认识是错误的，这些画蛇添足的内容恰恰稀释了求职者的竞争力。好的简历应该是什么样的呢？求职者不妨好好看看职位要求，然后根据要求写简历。这样在公司看中的维度上，求职者得分就高。在公司根本不在意的维度，写简历时不需要强调相关经历。

通过上面两个例子，我们不难看出数学的应用场景远比我们想象的多。生活中的很多问题都能转化为数学问题。今天的计算机之所以显得比较聪明，就是因为科学家和工程师们想方设法把现实的问题转化成了数学问题，然后用计算机来解决。

向量是线性代数的基础。在向量之上，数学家们还发明了更复杂、更便于今天计算机使用的工具，那就是矩阵。这也是下一节的内容。

本节思考题

用关键词对文章或者求职者的简历进行分类时，有些高频词比如“计算机”“大学”“优秀”等会在各类的文本中或者所有人的简历中出现，由于它们的频率较高，稍微有一点误差就会影响到分类的结果。如何修正这种高频词带来的误差?

9.3 矩阵：多元思维的应用

1. 矩阵的含义

线性代数中最基本的概念是向量，用到的最多的概念则是矩阵。矩阵是怎样一回事？它有什么用途呢？让我们先来看一个具体的矩阵：

$$\begin{pmatrix} 3 & 2 & 5 & 0 \\ 4 & 2 & 3 & 1 \\ -1 & 4 & 5 & 6 \end{pmatrix},$$

这是一个典型的矩阵，大家已经看出，它无非就是把数字按照横竖排起来，每一行、每一列数字的数量都分别相等。具体到这个矩阵，因为有3行、4列，我们称之为3×4矩阵。这样横平竖直地将数字排列起来有什么用呢？其实，这样排列不是原因，而是结果。

因为如果我们把很多同样维度的向量排在一起，就是这个样子。

比如一个企业在招聘员工时把所有考核的项目总结为N个维度。每一个岗位对各种能力的侧重点就是一个N维向量，比如办公室的要求是这样一个向量，$\boldsymbol{V}_1=(v_{1,1}, v_{1,2}, \cdots, v_{1,N})=(30, 10, 0, 0, 3, 19, \cdots, 20, 0, 0, 0, 0)$。当然公司不仅有办公室一个部门，还有人事部门、销售部门、研发部门、产品部门、仓储部门等，每一个部门可能又有不同的岗位，每一个岗位的要求都是一个向量。于是，我们就会有$\boldsymbol{V}_2$，$\boldsymbol{V}_3$，$\boldsymbol{V}_4$，…，$\boldsymbol{V}_M$。这么多向量如果放在一起，怎么表示比较好呢？显然，最直观的方式就是把它们一行行排起来，形成一个整体，我们称之为矩阵，不妨用$\boldsymbol{V}$来表示。如果每一个部门考察的能力略有不同，我们可以取各种能力的合集作为考察的维度，如果某项能力一个部门不需要，权重设置为0即可。这样就形成了一个有M行N列的矩阵，称为$M\times N$矩阵，如下式所示：

$$\boldsymbol{V}=\begin{pmatrix} 30 & 10 & 0 & 0 & 3 & 19 & \cdots & 20 & 0 & 0 & 0 & 0 \\ 0 & 20 & 0 & 10 & 0 & 4 & \cdots & 0 & 0 & 5 & 30 & 15 \\ \vdots & \vdots & \vdots & \vdots & \vdots & \vdots & & \vdots & \vdots & \vdots & \vdots & \vdots \\ 0 & 5 & 0 & 10 & 32 & 0 & \cdots & 0 & 11 & 0 & 1 & 3 \\ 0 & 0 & 20 & 4 & 0 & 9 & \cdots & 0 & 30 & 9 & 2 & 0 \end{pmatrix}。$$

这个矩阵中每一行本身是一个向量，它们被称为行向量。不难看出，矩阵是由很多向量扩展而得到的结果。有了这样一个矩阵，一个单位对人才各种能力的要求就一清二楚了。

2. 矩阵的运算

矩阵是一个很常用的数学工具。作为一种数学工具，通常需要进行各种基本的运算，比如加减乘除。和矩阵有关的运算很多，我们这里只介绍两种最简单的，即加法和乘法。

我们先介绍**矩阵的加法**。

在上述那个$M \times N$的矩阵中，代表了一个企业各个岗位对各种技能的要求。假设这个企业是一家跨国公司，它会对各个岗位的人员有一个总体上的要求，但是对于不同国家的员工又会在技能要求上做一些调整。比如它对海外员工的英语水平会提出一种要求，对总部销售人员的外语水平会提出另一种要求。我们把总体要求用前面的矩阵$\boldsymbol{V}$来表示，某个国家岗位相应的调整值用下面的矩阵$\boldsymbol{X}$来表示：

$$\boldsymbol{X}=\begin{pmatrix} 0 & -1 & 1 & 1 & 0 & 1 & \cdots & -2 & 0 & 0 & 0 & 0 \\ 0 & 20 & 0 & -1 & 0 & 0 & \cdots & 1 & 0 & 1 & -5 & -5 \\ \vdots & \vdots & \vdots & \vdots & \vdots & \vdots & & \vdots & \vdots & \vdots & \vdots & \vdots \\ 0 & 0 & 0 & -10 & -2 & 0 & \cdots & 0 & -1 & 0 & -1 & 0 \\ 0 & 0 & -2 & 2 & 0 & -9 & \cdots & 0 & 3 & 0 & -2 & 0 \end{pmatrix},$$

那么矩阵$\boldsymbol{V}+\boldsymbol{X}$，就是表示在某个国家具体的要求。

当我们进行$\boldsymbol{V}+\boldsymbol{X}$时，只要把两个矩阵中相应位置的元素逐一相加即可，比如$\boldsymbol{V}$矩阵第2行第4列是10，$\boldsymbol{X}$矩阵相应位置的元素是-1，相加后，新的矩阵$\boldsymbol{V}+\boldsymbol{X}$中相应位置就是9，整个矩阵$\boldsymbol{V}+\boldsymbol{X}$如下所示：

$$\boldsymbol{V}+\boldsymbol{X}=\begin{pmatrix} 30 & 9 & 1 & 1 & 3 & 20 & \cdots & 18 & 0 & 0 & 0 & 0 \\ 0 & 40 & 0 & 9 & 0 & 4 & \cdots & 1 & 0 & 6 & 25 & 10 \\ \vdots & \vdots & \vdots & \vdots & \vdots & \vdots & & \vdots & \vdots & \vdots & \vdots & \vdots \\ 0 & 5 & 0 & 0 & 30 & 0 & \cdots & 0 & 10 & 0 & 0 & 3 \\ 0 & 0 & 18 & 6 & 0 & 0 & \cdots & 0 & 33 & 9 & 0 & 0 \end{pmatrix}。$$

在工作中，我们经常需要有相对固定的大的原则，以及针对各种情况的小变动，这时候就需要有一个相对固定的核心矩阵，再加上一个增量矩阵，而不是复制一大堆数值以后逐一修改。因此，矩阵加法实际上是代表一种思维方式。

我们再来看**矩阵的乘法**。

相比矩阵加法，用途更大的可能是矩阵的乘法，它是向量和向量相乘的延伸。因此，为了讲清楚矩阵的乘法，我们用刚才那个企业不同岗位对各种技能要求的矩阵为例子，从向量的乘法开始，分为三步来讲述。

第一步，我们来回顾一下向量和向量的乘法，也就是我们前面讲到的点乘。

在前面的矩阵中，每一行（$\boldsymbol{V}_i$，i=1，2，3，…，M）代表某公司中一个职位对技能的要求。每一个求职者的简历，也可以用一个同样维度的向量来表示，我们假定某个求职者相应的特征向量为：

$$\boldsymbol{U}=\begin{pmatrix} u_1 \\ u_2 \\ \vdots \\ u_N \end{pmatrix},$$

N为技能的维度，即N种技能要求。为了后面表达方便起见，我们把向量$\boldsymbol{U}$竖过来写，它被称为列向量。在这个向量中，某个分量u_i代表这个人第i项技能的得分值。

如果我们想知道这个求职者和第一个职位的匹配程度，我们就需要计算这个职位对应的技能向量与求职者技能向量的夹角，也就是$\boldsymbol{V}_1$和$\boldsymbol{U}$的夹角。根据前面所介绍的计算两个向量夹角的公式（9.8），我们需要先计算$\boldsymbol{V}_1$和$\boldsymbol{U}$这两个向量的内积，即：

$$<\boldsymbol{V}_1，\boldsymbol{U}> = v_{1,1}\cdot u_1 + v_{1,2}\cdot u_2 + \cdots = \sum_{i=1}^{N} v_{1,i}\cdot u_i。\qquad（9.10）$$

我们在前面讲了，这个乘积的结果是一个标量，不再有方向性了，我们不妨称之为w_1。w_1其实和$\boldsymbol{V}_1$、$\boldsymbol{U}$这两个向量夹角的余弦是等价的，因为它们之间只相差$\boldsymbol{V}_1$和$\boldsymbol{U}$这两个向量的长度，而这些向量的长度可以事先做归一化。也就是说，可以把向量的长度都变成1，而不影响它们夹角的计算。因此w_1其实就反映了职位$\boldsymbol{V}_1$和求职者$\boldsymbol{U}$的匹配程度。

第二步，我们把上述操作进行扩展，就是矩阵和向量相乘了。

我们拿矩阵$\boldsymbol{V}$中第二个职位对应于的向量$\boldsymbol{V}_2$和$\boldsymbol{U}$相乘，可以得到一个数量w_2，它反映第二个职位和求职者的匹配程度。然后我们可以这样不断地做下去，把$\boldsymbol{V}$中每一行的向量$\boldsymbol{V}_i$分别和$\boldsymbol{U}$做内积。我们假定结果为w_i，这些结果放在一起其实就形成一个新的向量$\boldsymbol{W}=(w_1, w_2, \cdots, w_M)$。上述过程，我们把它写成如下的形式，它就是矩阵和向量相乘了，即

$$\boldsymbol{V}\times\boldsymbol{U}=\begin{pmatrix} v_{1,1} & v_{1,2} & \cdots & v_{1,N} \\ v_{2,1} & v_{2,2} & \cdots & v_{2,N} \\ \vdots & \vdots & \vdots & \vdots \\ v_{M,1} & v_{M,2} & \cdots & v_{M,N} \end{pmatrix}\times\begin{pmatrix} u_1 \\ u_2 \\ \vdots \\ u_N \end{pmatrix}=\begin{pmatrix} w_1 \\ w_2 \\ \vdots \\ w_M \end{pmatrix}=W,$$

其中，$w_i=\sum_{s=1}^{N} v_{i,s}u_s$，$i=1, 2, \cdots, M$。也就是说矩阵$\boldsymbol{V}$和向量$\boldsymbol{U}$相乘，会得到一个向量$\boldsymbol{W}$，其中$\boldsymbol{V}$的第$i$行和向量$\boldsymbol{U}$，得到的结果为$\boldsymbol{W}$的第$i$个元素。

第三步，让我们再往前走一点，从矩阵和向量相乘，扩展到矩阵和矩阵相乘。

我假设有K个候选人，每个人的特征向量为$\boldsymbol{U}_1$，$\boldsymbol{U}_2$，$\boldsymbol{U}_3$，…，$\boldsymbol{U}_K$，描述所有职位的矩阵还是$\boldsymbol{V}$，我们把矩阵$\boldsymbol{V}$和每个人的特征向量一一相乘，就会得到K个列向量$\boldsymbol{W}_1$，$\boldsymbol{W}_2$，$\boldsymbol{W}_3$，…，$\boldsymbol{W}_K$。这样我

们会有K个类似于（9.10）式的式子，这些式子形式都相同，只是数值改变了，因此重复K次实在有点啰唆，我们不妨将它们写到一起。

我们首先把K个人的特征向量$\boldsymbol{U}_1$，$\boldsymbol{U}_2$，$\boldsymbol{U}_3$，…，$\boldsymbol{U}_K$写到一起，就形成一个矩阵$\boldsymbol{U}$，如图9.14（a）所示。注意，$\boldsymbol{U}$这个矩阵有$\boldsymbol{K}$列，每一列有N个元素，或者说N行，因此，它是一个$N \times K$的矩阵。类似地，我们也可以把结果向量$\boldsymbol{W}_1$，$\boldsymbol{W}_2$，$\boldsymbol{W}_3$，…，$\boldsymbol{W}_K$写到一起，形成一个矩阵$\boldsymbol{W}$，它也有K列，但是每一列有M个元素，因此W矩阵是$M \times K$的，如果图9.14（b）所示。

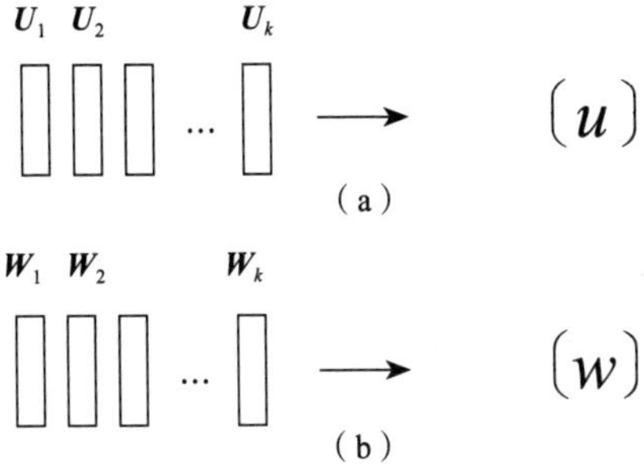

图9.14　将若干个列向量合并成一个矩阵

这样，我们就把上述K个矩阵$\boldsymbol{U}$与向量$\boldsymbol{V}_i$相乘的过程，合并成下面的形式：

$$\begin{pmatrix} v_{1,1} & v_{1,2} & \cdots & v_{1,N} \\ v_{2,1} & v_{2,2} & \cdots & v_{2,N} \\ \vdots & \vdots & & \vdots \\ v_{M,1} & v_{M,2} & \cdots & v_{M,N} \end{pmatrix} \times \begin{pmatrix} u_{1,1} & u_{1,2} & \cdots & u_{1,K} \\ u_{2,1} & u_{2,2} & \cdots & u_{2,K} \\ \vdots & \vdots & & \vdots \\ u_{N,1} & u_{N,2} & \cdots & u_{N,K} \end{pmatrix}$$

$$= \begin{pmatrix} w_{1,1} & w_{1,2} & \cdots & w_{1,K} \\ w_{2,1} & w_{2,2} & \cdots & v_{2,K} \\ \vdots & \vdots & & \vdots \\ w_{M,1} & w_{M,2} & \cdots & w_{M,K} \end{pmatrix}, \tag{9.11}$$

在结果矩阵$\boldsymbol{W}$中，第i行第j列的元素，就代表企业第i个职位和第j个求职者能力的匹配程度，具体讲，就是

$$w_{i,j}=\sum_{s=1}^{N} v_{i,s} \cdot u_{s,j} \quad 。 \tag{9.12}$$

并非任意两个矩阵都能够进行乘法运算。在矩阵相乘时，每一次运算都是由左边矩阵的行向量和右边矩阵的列向量相乘，因此要求这两个向量等长。也就是说，左边矩阵的列数要等于右边矩阵的行数，这是矩阵相乘的基本要求。一个$M \times N$的矩阵，和一个$N \times K$的矩阵相乘，结果是一个$M \times K$的矩阵。

让矩阵彼此相乘，相比矩阵和向量相乘，有什么好处呢？简单地讲有两个明显的好处。

首先，矩阵和向量相乘可以理解为小批量处理，而矩阵彼此相乘则是大批量处理，后者更便于利用计算机这样的工具自动完成大量的计算。其次，矩阵的运算经过上百年的发展，演化出一系列很方便的计算工具。比如让两个体量非常大的矩阵相乘，原本的计算量是巨大的，但是在现实中，矩阵中很多元素是零或者非常小，它们对计算结果没有影响，或者其影响小到可以忽略不计。利用这个特性，数学家们发明出一整套专门针对这种情况的特殊的矩阵运算

方法，可以成千上万倍地提高计算效率。这些算法提高效率的前提是，必须将整个矩阵做整体考虑。如果我们对向量进行单个处理，就无法利用各种矩阵算法的便利之处了。

3. 矩阵运算的用途

矩阵乘法的应用很多，我们平时用初等数学做的很多事情可以转化成矩阵的运算，我们不妨再来看一个实际的例子。

假如你有1万元要投资，可以交给两家投资银行来替你投资。为了分散投资风险，并且兼顾收益和风险的平衡，专业的投资银行通常会进行一些简单的组合投资，投资的对象有股票基金、债券基金和高风险基金（比如期货投资、私募基金和风险投资）。第一家投资银行投资三类金融产品的回报分别是7%，3%和10%，第二家投资三类金融产品的回报分别是8%，2%，9%。当然，这些都是历史数据，只能做参考。

现在的问题是，你该找第一家还是第二家投资银行帮你投资？

我们不妨把这两组数放到下面这个矩阵中：

$$\boldsymbol{R}=\begin{pmatrix} 7\% & 3\% & 10\% \\ 8\% & 2\% & 9\% \end{pmatrix},$$

然后我们根据自己对各种投资的喜爱和对风险的承受能力，分别测算在不同情况下的回报是多少。比如在第一种情况下，1万元按照上述投资类型的分配方式如下：7000元，2000元，1000元，它们构成了如下的列向量：

$$\boldsymbol{P}_1=\begin{pmatrix} 7000 \\ 2000 \\ 1000 \end{pmatrix},$$

这时，如果把钱交给这两家公司，总的回报就是矩阵$\boldsymbol{R}$和向量$\boldsymbol{P}_1$相乘的结果，即：

$$\boldsymbol{R}\cdot\boldsymbol{P}_1=\begin{pmatrix}7\% & 3\% & 10\% \\ 8\% & 2\% & 9\%\end{pmatrix}\cdot\begin{pmatrix}7000\\2000\\1000\end{pmatrix}=\begin{pmatrix}650\\690\end{pmatrix}。$$

我们可以看到，第二家投资银行带来的回报更高。至于这样计算为什么正确，其实我们回顾一下算术中的加权平均，就能理解了。以第一家投资银行为例，7000元7%的回报是490元，2000元3%的回报是60元，1000元10%的回报是100元，加起来是650元。我们把这个式子列示如下：

$$7\%\times7000+3\%\times2000+10\%\times1000=650,$$

这正好就是矩阵中的第一行和向量的点乘运算，这样更清晰一些。类似地，第二个结果690，就是矩阵第二行和向量各个元素相乘后再相加的结果。

当然，可能有些读者朋友已经看出来了，这其实就是算术中的加权平均。为什么一定要用矩阵这样一个工具呢？如果只有三个维度，可能不需要用矩阵。但是，正如在我们前面职位和员工匹配的例子中所讲到的，真实世界的问题可能要考虑几十维甚至更多维的因素，比如在计算机进行文章的自动分类时，要考虑数十万维，在计算网页排名时，要考虑数十亿维。这么多因素放到一起，人通常很难进行计算。人的头脑不是用来机械地进行大量重复计算的，而是为了发明工具、设计通用方法的。有了矩阵这个工具，上述问题哪怕维度再多，计算也非常直观，而且既方便又不容易出错。

接下来我们再看看矩阵相乘的例子。在上一个例子中，假如你对风险的承受力比较强，愿意将更多的钱放在高风险高回报的基金中。比如你按照3000元、2000元、5000元来分配投资，我们把这个向量称为$\boldsymbol{P}_2$，这时哪家的回报更高呢？我们再用矩阵和向量的乘法做一次，得到下面的结果：

$$\boldsymbol{R}\cdot\boldsymbol{P}_2=\begin{pmatrix}7\% & 3\% & 10\% \\ 8\% & 2\% & 9\%\end{pmatrix}\cdot\begin{pmatrix}3000 \\ 2000 \\ 5000\end{pmatrix}=\begin{pmatrix}770 \\ 730\end{pmatrix},$$

可以看出，这时第一家投行给的回报更高了。当然，你还可以尝试其他的投资方式，对应的向量就是$\boldsymbol{P}_3$，$\boldsymbol{P}_4$，$\boldsymbol{P}_5$，…。今天，你如果带着一大笔钱找到高盛或者摩根士丹利，问他们打算怎么帮你投资，他们做的第一件事情就是根据历史数据，帮你推算出在不同投资配比情况下回报是多少。这时比较方便的做法就是直接把$\boldsymbol{P}_1$，$\boldsymbol{P}_2$，$\boldsymbol{P}_3$，…这些向量一字排开，得到一个矩阵$\boldsymbol{P}$：

$$\boldsymbol{P}=\begin{pmatrix}7000 & 3000 & \cdots \\ 2000 & 2000 & \cdots \\ 1000 & 5000 & \cdots\end{pmatrix},$$

这个矩阵$\boldsymbol{P}$其实就是你在不同风险承受情况下资金分配的方式。然后让投资回报矩阵$\boldsymbol{R}$和资金分配矩阵$\boldsymbol{P}$相乘，得到的结果是如下的矩阵：

$$\boldsymbol{R}\cdot\boldsymbol{P}_2=\begin{pmatrix}7\% & 3\% & 10\% \\ 8\% & 2\% & 9\%\end{pmatrix}\cdot\begin{pmatrix}7000 & 3000 & \cdots \\ 2000 & 2000 & \cdots \\ 1000 & 5000 & \cdots\end{pmatrix}=\begin{pmatrix}650 & 770 & \cdots \\ 690 & 730 & \cdots\end{pmatrix}。$$

从上述结果来看，如果采用相对激进一点的投资策略，选择第一家银行能够获得最大的投资回报。

在现实世界里，组合投资远比上述情形要复杂得多。每一家有一定规模的投资银行，都可以为顾客提供各种投资工具，即使是股票基金，也有很多种选择，对于债券基金更是如此。因此，这些机构能够提供的组合投资方式不止一种，即不止一个向量，而是一个复杂的矩阵。当然顾客的想法也不是简单的一个线性组合，而是一个复杂的矩阵。因此，今天如果一个大学毕业生到投资银行工作，他们用到最多的数学工具就是线性代数中的矩阵运算。

矩阵的原理并不难理解，它就是把很多数字按照行的顺序和列的顺序排列到一起。这样一种排列，就形成了一种有效的数学工具，用于大批量地处理信息。特别是今天有了计算机之后，如果我们还是用加权平均的方法来处理信息，那只是一个一个信息单独处理，计算机的效率根本发挥不出来。我们使用矩阵和向量，就可以让计算机批处理信息、解决问题，从而使得计算机的优势得到极大程度的发挥。

从认知上讲，矩阵是一个让我们对事物的理解从个体到整体的工具。矩阵的加法反映出核心数量值和微小增量的关系；矩阵的乘法，则体现出将很多维度的信息综合考虑批处理的原则。这些都是我们今天在信息时代要有的多元思维方式。

本节思考题

从认知上讲，矩阵是一个让我们对事物的理解从个体到整体的工具。但是在应用中，我们有时需要逆向思考问题。很多时候，一个大问题是无法直接解决的，需要化解为很多小问题逐一解决后再合并结果。如何将一个矩阵的运算化解为多个小矩阵的运算？

本章小结

向量和矩阵在数学史上出现得比较晚，因为近代自然科学的发展，才有了区别数的方向的需求，随后大量工程的问题需要用到向量的计算，在此基础上便发展出了基于这两种工具的线性代数。至于这个数学分支为什么叫线性代数，我们从矩阵和向量相乘的过程就能知道答案了。在那些运算中，左边矩阵里的数字可以被看成是一组常数系数，右边竖着的向量中的数则是未知数变量，这样矩阵和向量的乘法就变成了一组线性方程。如果把它们画在空间中，就是直线、平面或者立方体，它们都是线性的，不会有任何曲线，线性代数因此而得名。

当然，自然界中很多数学问题并非线性的，但是我们在解决它们的时候经常将问题近似为线性的问题，这样可以利用很多线性代数的工具来解决。

结束语

代数是数学的一个基础分支。它早期研究的对象包括数量、变量、方程式和函数关系等。变量的使用让人们可以用一个抽象的符号代表一类事物，方程和函数则用简洁、确定的方式准确描述出变量之间的关系，以及它们的变化规律。因此，代数成了自然科学和很多其他学科（比如经济学）描述规律的工具。比如我们用一个方程$f=ma$就描述清楚了作用力f、加速度a和物体质量m三者之间的关系。随着人类需要处理多维度的、大量的数据，向量和矩阵这样的代数工具被发明出来，它们使得我们今天能够利用计算机对大量的数据进行有效的处理。

微积分篇

人们通常把微积分作为初等数学和高等数学的分界线。这不仅仅是因为从微积分往后数学变得难以理解，更是因为微积分使用动态的眼光看待现实世界中的问题——在它出现之前，人类是以相对静态的方式看待世界的。比如关于速度这个概念，在初等数学中，以及在早期物理中，我们讨论的都是平均速度，我们只能得到一段时间里速度的快与慢。但是，有了微积分之后，我们就可以准确地把握瞬时速度，并且动态地描述速度的变化了。

对于一些更为复杂的概念，比如盘山公路或者铁道拐弯处的曲率，在没有微积分之前，我们只能定性地用急和缓这样的词来形容，我们甚至无法定量地描述它。微积分出现之后，人们才能够准确地、定量地描述拐弯的曲率，各种道路、水渠和管道的建设才有了理论依据。

微积分的作用不仅限于此，它更重要的意义是提供了一种思维方式。它让我们既能够准确地把握每一个微观细节，又能够了解宏观变化的规律。更重要的是，它用数学的方法建立起了微观细节和宏观规律之间的联系。简单地讲，微分就是通过宏观现象，获得对微观规律的了解；而积分则是通过微观变化的积累，获得对宏观趋势的把控。

第10章

微分：如何理解宏观和微观的关系

线性代数和微积分是高等数学中最重要的两门课，前者有很强的实用价值，后者则能提高思维水平。虽然大家平时直接使用微积分的机会并不多，但是，学过微积分的人和没学过的人相比，思维方式会不同，眼中的世界也会有差异。因此，作为数学通识读本，我们还是有必要介绍微积分，但是重点会放在它的思想方法上，而非细节上。

10.1 导数：揭示事物变化的新规律

微积分有两位主要的发明人——牛顿和莱布尼茨。牛顿发明微积分的一个重要原因，是他需要一个数学工具来解决力学问题，比如如何计算速度。可能有人会说，这还不容易，我们在小学就学了，就是距离除以时间。没错，我们从小学到中学都是这么学的，但这只是一段时间的平均速度。如果想知道物体在某一时刻的瞬时速度，就不能这么计算了。如果要拿平均速度来近似表达瞬时速度，即拿宏观的规律近似表达微观的，则其前提是在一段时间内速度变化不大。

但是在很多情况下，物体运动的速度并不是均匀的，它变化很大，而我们又需要了解瞬时速度。比如警察抓超速，依据的就是驾驶者的瞬时速度，而不是他一路开过来的平均速度。再比如，我们衡量汽车对撞时的安全性，也只关心撞击时的瞬时速度。对于瞬时速度，牛顿之前的科学家并没有太多的了解，当然也不会计算了。

1. 极限：连接宏观和微观规律

那么牛顿是怎么解决这个问题的呢？他采用了一种无限逼近的方法。让我们先回顾一下平均速度的定义，以便理解牛顿对瞬时速度的定义。

如果一个物体在一段时间 Δt 内位移了 Δs，它在这段时间内的平均速度是：

$$v=\Delta s/\Delta t。\quad (10.1)$$

由于物体在某一时刻的位移 s 由时间 t 决定，因此它是 t 的函数，可以写成 $s(t)$ 的形式。如果我们在一个坐标系中用横坐标表示 t，纵坐标表示 s，那么物体在任意时刻的位移就是一条曲线，如图 10.1 所示。

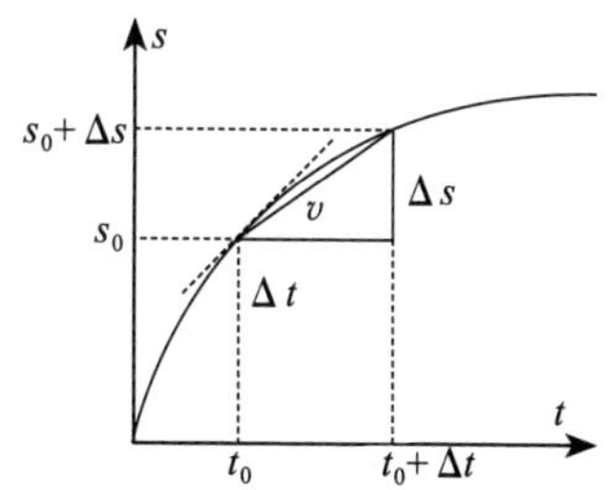

图 10.1　位移和时间的函数关系

在图 10.1 中，物体在 t_0 时刻处在位置 s_0，经过一段时间 Δt，位移了 Δs，到达 $s_0+\Delta s$，它在这段时间内的平均速度 $v=\Delta s/\Delta t$。由于 Δt 和 Δs 构成一个直角三角形的两条直角边，因此这个平均速度 v 就是这个三角形斜边的斜率。当时间间隔 Δt 逐渐变小时，$\Delta s/\Delta t$ 的比值会越来越接近 t_0 点的速度。最后当 Δt 趋近于 0 时，三角形斜边所在的直线，就是曲线在 t_0 点的切线，它的斜率就是物体在 t_0 点的瞬时速度。这就是牛顿从平均速度出发，对瞬时速度的描述，我们不妨写成：

$$v(t_0)=\lim_{\Delta t\to 0}(\Delta s/\Delta t)。\quad (10.2)$$

在上述定义中，牛顿阐释了平均速度和瞬时速度的关系，即某个时刻的瞬时速度，是这个时刻附近一个无穷小的时间内的平均速度。通过极限的概念，牛顿将平均速度和瞬时速度联系起来了。这一点在认识论上有很重大的意义，它说明宏观整体的规律和微观瞬时的规律之间并非是孤立的，而是有联系的。当然，如果只是通过极限思想计算出一个时间点的瞬时速度，比起两千多年前阿基米德用割圆术估算圆周率也没有太多进步。牛顿了不起的地方在于，他认识到函数变化的速率，也就是函数曲线上每一个点切线的斜率，本身又是一种新的函数，他称之为流数，就是我们今天所说的导数，原先的函数也因此被称为原函数。导数是衡量一种函数本身变化快慢的工具。有了导数，我们不仅能够把握变化的方式，更能够把握变化的速率。

2. 导数：从定性估计到定量分析

我们还是用位移和速度的关系来理解原函数和导数的关系。

首先，物体的位移是随着时间变化的，因此位移是时间的函数。当然有时位移变化快，有时变化慢，比如在图10.1中，物体位移一开始变化快，后来变化逐渐放缓。而体现这种位移变化快慢的，其实就是位移曲线的斜率，也就是物理学中的速度。通过位移随时间变化的函数，我们可以推导（计算）出每一个时刻的速度，它本身也是时间的函数，如图10.2所示。

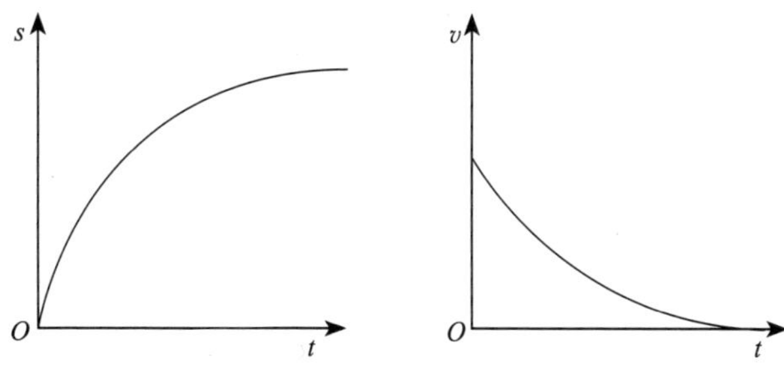

图 10.2　位移函数曲线（左）每一点的斜率也是时间 t 的一个函数（右），它被称为前者的导数

在这个例子中，速度一开始快，后来逐渐减小并趋近于零。通过速度，也就是位移函数的导数，我们就能全程掌握位移变化的快慢，而且能够精确到每一个时间点。因此，**导数的本质，就是对原函数变化快慢的规律性的描述**。如果一个函数，它在不断增长，它的导数就大于零。增速越来越快，导数就越来越大；增速放缓，导数就呈现下降趋势。当然，如果一个函数的值在减少，它的导数就是一个负值。

在牛顿发明导数之前，人们虽然能够感觉到某些函数变化快，另一些函数变化慢，但是这些都是宏观的描述，没有量化的度量。比如在过去，对于位移变化的快慢，也就是速度，我们只能大致估计一个平均数，对于其他物理量的理解也是如此。导数概念的提出，则弥补了这一不足。有了导数，人们对函数变化快慢的度量，就从定性估计精确到定量分析了，我们甚至可以准确地度量一个函数在任意一个点的速率变化，也可以对比不同函数的速率变化。

比如抛物线函数$y=x^2$（图10.3（a）），它的导数是$y'=2x$。在$x=1$这个点，导数是2，也就是说x增加一小份（无穷小），y要增加两小份，在$x=2$这个点，导数是4，增速就要快一些了，事实上该函数是越变越快的。相比之下，直线$y=x$在相同点的增速就要慢一些，它的导数是$y'=1$，在$x=1$这个点的导数是1，也就是说x增加一小份，y也增加一小份。值得一提的是，这个函数在任意点的导数都是1，也就是说它的变化是均匀的，事实上，任何一个线性的函数都有这样的特点。我们对比抛物线和直线，会有抛物线变化比直线更快的感觉，其背后的原因就是当x大于某个值之后，前者的导数开始比后者大，而且大得越来越多，如图10.3（b）图所示。

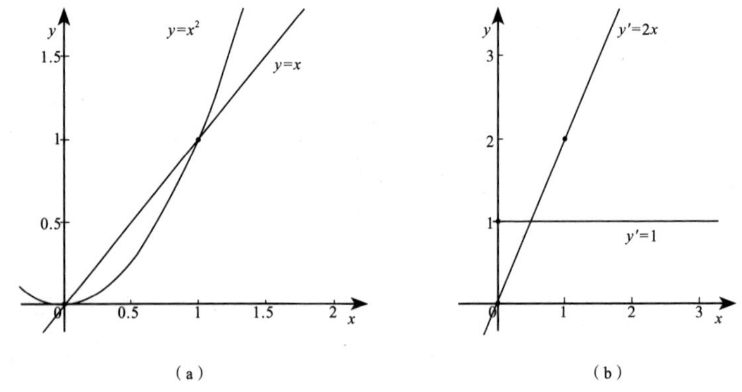

图10.3　抛物线和直线的图像以及它们导数的图像的对比

导数本身也是一种函数，因此它自身也有导数，被称为二阶导数。比如速度是位移的导数，而它自身的变化就是加速度，即加速度是速度的导数，也可以说加速度是位移的二阶导数。

在现实世界里，很多概念之间并不是简单的加减乘除的关系，而是导数关系。比如在物理学中，动量是动能的导数；在经济学中，经济增长率是GDP总量的导数。导数这个概念出现后，自然界的一些规律才被认识清楚。事实上，在牛顿之前，人们根本搞不清楚速度和加速度、动量和动能的关系。

由于导数与原函数之间存在着紧密的联系，或者说原函数决定了它的导数，因此在数学上最好用一种容易理解的符号来表示它们之间的这种联系。我们今天通常我们用 $y=f(x)$ 表示原函数，用 $y'=f'(x)$ 表示它的导数，这样既表明它们是不同的函数，也提示了它们之间的联系。比如位移函数是 $s(t)$，速度的函数 $v(t)$ 是它的导数，我们就写成 $v(t)=s'(t)$。这种表示方法是约瑟夫·拉格朗日 (Joseph-Louis Lagrange) 发明的，它比牛顿使用的表示方法要清晰得多，因此今天使用得比较多。[①]在数学中，符号和公式构成了它独特的语言，它设计的是否便于理解和交流，决定了一个数学概念是否容易被接受。

导数在人类的知识体系中至少扮演了三个角色。首先，导数是透过宏观把握微观细节的工具，通过它我们从对宏观规律的了解进入了对每一时刻细节变化的了解；其次，导数是对各种变化规律的量化表述，让我们能够比较不同函数的变化速率；最后，导数还是连接自然界很多概念的桥梁。

---

① 另一种被普遍使用的表示导数的方法是莱布尼茨所使用的 df/dx。牛顿发明的用 $\dot{y}$ 表示导数的方法今天用得较少。

本节思考题

1. 当x趋近于零时，$\sin(x)/x$的极限是多少？

2. 一个函数$f(x)$的导数$f'(x)$还可以继续求导数，得到的结果称为二阶导数，记作$f''(x)$。类似的，我们可以定义和计算三阶导数$f'''(x)$。思考题图 10.1 中的四条曲线是某个函数$f(x)$，以及它的各阶导数$f'(x)$，$f''(x)$，$f'''(x)$。请问四条曲线与$f(x)$，$f'(x)$，$f''(x)$，$f'''(x)$是如何对应的？（提示：导数是原函数的变化趋势）

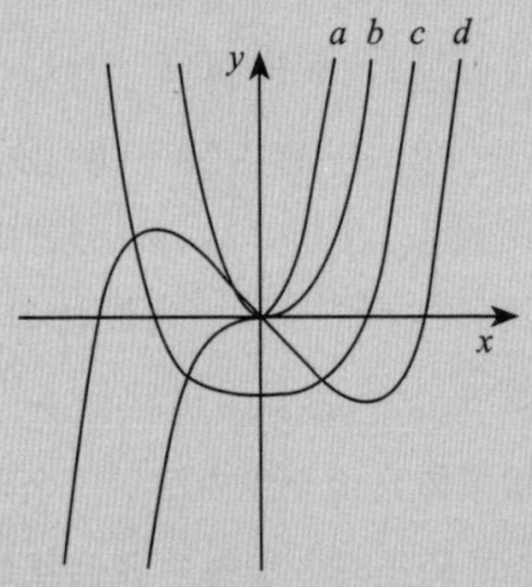

思考题图 10.1

扫描二维码

进入得到App知识城邦“吴军通识讲义学习小组”

上传你的思考题回答

还有机会被吴军老师批改、点评哦～

10.2 微分：描述微观世界的工具

导数是微积分中最重要的概念之一，从导数出发稍微往前走一小步，我们就进入到微积分的微分内容了。

1. 微分的用处

什么是微分呢？它其实就是在前面有关速度的例子中提到的，当Δt趋近于零时，位移量Δs的值。对比一般性的函数$y=f(x)$，我们用$\mathrm{d}x$表示自变量趋于零的情况，用$\mathrm{d}y$表示函数的微分。如果我们对比一下导数的定义和微分的定义，就可以看出它们讲的其实是一回事，因为$\mathrm{d}y=f'(x)\mathrm{d}x$。因此，我们也经常直接把导数写成：

$$f'(x)=\frac{\mathrm{d}y}{\mathrm{d}x}。\tag{10.3}$$

如果我们孤立地看微分$\mathrm{d}y$，就是无穷小，定义微分这样一个新概念有什么必要呢？我们用一个具体的例子来说明。

我们知道，圆柱体的体积等于圆周率π乘以半径平方再乘以高度，即$V=\pi r^2h$。如果要问圆柱体的体积随半径变化快还是随高度变化快，在没有微分这个概念时，一般人根据直觉，会觉得随半径变化快，因为体积和半径之间是平方关系，而随高度变化只是线性关系。真实情况是什么样呢？我们可以对这两种变化趋势做量化的对比：在半径和高度特定的条件下，看看半径增长一个很小的单位，体积增加多少；再看看高度增加同样的单位，体积增加多少。

先来看半径增长对体积的影响。

假定半径从r增长到$r+\mathrm{d}r$，新圆柱的体积就是$V^{*}=\pi(r+\mathrm{d}r)^2h$，体积的增加量是：

$$\mathrm{d}V=V^{*}-V=\pi(r+\mathrm{d}r)^2h-\pi r^2h=2\pi rh\cdot\mathrm{d}r+\pi h\cdot(\mathrm{d}r)^2,$$

其中$\pi h\cdot(\mathrm{d}r)^2$相比$2\pi rh\cdot\mathrm{d}r$是高阶无穷小。我们在前面讲过，一个高阶无穷小和一个低阶无穷小相加不会起任何作用，因此，它可以被忽略，于是我们就得到：

$$\mathrm{d}V=2\pi rh\cdot\mathrm{d}r。$$

我们也可以把上式写成体积增加和半径增加的比值形式，即

$$\frac{\mathrm{d}V}{\mathrm{d}r}=2\pi rh。\qquad(10.4)$$

类似地，高度增加导致的体积增加量是

$$\mathrm{d}V=\pi r^2\cdot\mathrm{d}h,$$

上式的比值形式为

$$\frac{\mathrm{d}V}{\mathrm{d}h}=\pi r^2。\qquad(10.5)$$

对比式（10.4）和式（10.5），我们发现，体积到底随半径r变化快，还是随高度h变化快，还真不好说，这取决于半径和高度具体的数值。比如$r=10$，$h=10$，体积随半径变化的速率就是200π，随高度变化的速率就是100π，它随半径变化快。但是，如果$r=10$，$h=1$，随半径变化的速率只有20π，但随高度变化的速率却是100π，这时体积随高度变化快。

假如你是一个工程师，要建造一个巨大的储油罐，无论增大半径还是增加高度，都有相当大的工程难度。而现在建造经费有限，只能在一个维度上增大储油罐的体积，你应该怎么做呢？没学过微积分的话，你可能觉得该增加半径。但是看了这一节的内容，你就知道，当储油罐比较“扁平”时，应该增加高度。图10.4描述了一

种比较极端的情况，当圆柱体比较扁平时，半径增加一个单位，体积的增加非常有限，但是高度增加一个单位，体积增幅极为明显。这就佐证了我们从数学上得到的结论。

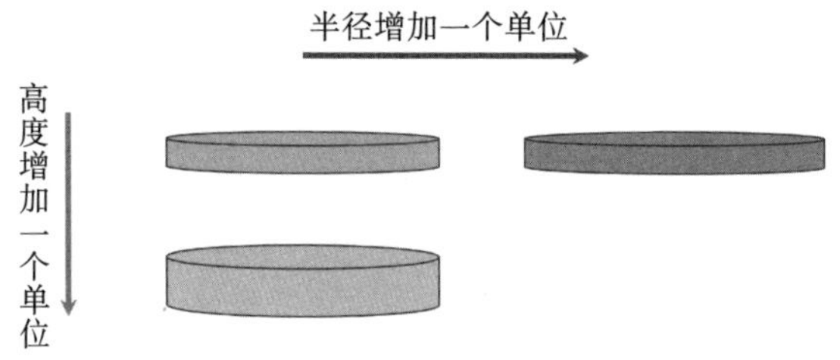

图 10.4　扁平圆柱体的半径和高度各增加一个单位后的体积变化

2. 梯度：该朝哪个方向努力

在工作和生活中经常会遇到这样的问题，一件事情有很多变量，不知道该改变哪个变量，才能以最快的速度进步。微分这个工具中有一个梯度的概念，利用梯度，我们就能很好地解决这个问题了。

从数学的角度看，梯度是微分的一个扩展。在上面的圆柱体问题中，对圆柱体函数，我们可以针对半径变化 $\mathrm{d}r$ 求微分 $\mathrm{d}V$，也可以针对高度变化 $\mathrm{d}h$ 求微分 $\mathrm{d}V$。在计算这样的微分时，由于只改变了一个变量，因此我们称它们为函数的（针对某个特定变量的）偏微分。当然，函数的偏微分和相应变量的微分比值是我们前面提到的导数，我们把这种导数称为偏导数。比如体积函数相对半径的偏导数是 $\frac{\mathrm{d}V}{\mathrm{d}r}$，相对高度的偏导数是 $\frac{\mathrm{d}V}{\mathrm{d}h}$。如果我们把这两个微分以向量的形式放到一起，就是梯度。也就是说圆柱体积函数的梯度是：

$$\left(\frac{\mathrm{d}V}{\mathrm{d}r},\frac{\mathrm{d}V}{\mathrm{d}h}\right)=(2\pi rh,\ \pi r^2)。$$

梯度的物理含义可以这样理解，如果我们去登山，沿着哪个方向前进，能以最短的路程爬到山顶呢？此时我们就可以利用梯度函数计算出在任意一点时往不同方向走的上升速度。因此，我们很容易找到前进的方向，就是朝着上升速度最快的方向走。图 10.5 显示的是在等高线地形图上按照梯度最大的方向前进的路线图，那是一条路程最短的路径。

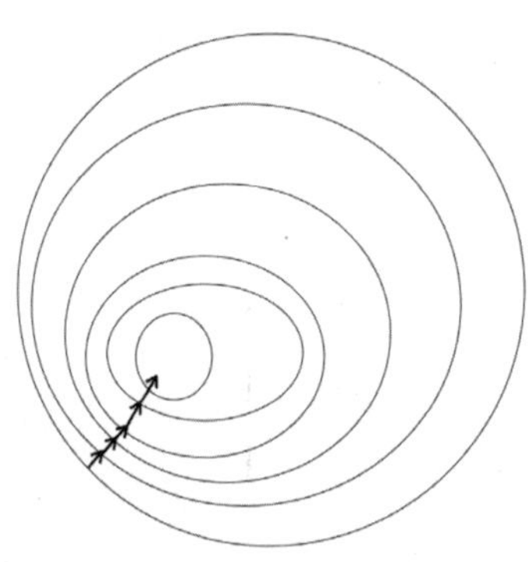

图 10.5　登山时路程最短的路径是沿着梯度最大的方向前进

对于圆柱体的体积函数，对比它两个分量的值，我们很容易就知道只要高度小于 1/2 的半径，就应该优先增加高度。

以上是存在两个变量的情况。当一个函数由更多个变量决定时，情况会是什么样呢？我们再来看一个简单的例子。

如果有一个长方体，长、宽、高分别是 l，w 和 h，它的体积函数是 $V=l\cdot w\cdot h$，这时我们如果想通过增加一个维度的尺寸，最大限度地增加体积，该怎么做呢？我们可以通过类似上述圆柱体的微分计算，算出体积函数的梯度函数，具体讲就是（$\frac{\mathrm{d}V}{\mathrm{d}l},\frac{\mathrm{d}V}{\mathrm{d}w},\frac{\mathrm{d}V}{\mathrm{d}h}$）=（$w \cdot h$，$l \cdot h$，$l \cdot w$），这是一个包含三个分量的向量。长、宽、高哪个尺寸最小，就应该优先增加哪一个。比如说，l=10，w=4，h=6，梯度就是(24，60，40)。因此我们应该增加宽度，这显然和我们的直觉是一致的。如果我们这样不断优化，最后的结果就是长方体变成立方体时，体积达到最大。

最后，我来分享一下我对梯度思想的理解。人一辈子的成败取决于很多因素，虽然我们总想全方位改进自己，但是人的精力和资源有限，在某一时刻，可能只能向一个方向努力，因此决定该朝哪个方向努力非常重要。方向搞错了就事倍功半，搞对了就事半功倍，梯度其实就是指导我们选择方向的工具。

很多人从直觉出发，觉得该补短板，另一些人则觉得，该把长板变得更长。第一类人会讲木桶理论，第二类人会讲长板理论，每一类都有很多成功的例子，也有很多失败的教训。于是大家就糊涂了，不知道该用哪个理论了。当然有些人会说，既要有长板，也要补短板，这等于没说，因为缺乏可操作性。事实上，理解了梯度理论后，就很容易做决断了。**只要在任何时刻（或者当前位置）知道了梯度，然后沿着最陡但是收益最大的路径前进就好**。

在增加长方体体积时，显然是在采用补短板的策略；但是在增加圆柱体体积时，就看情况而定了。如果高度太低，它是严重的短板，需要弥补；只要高度超过圆柱体半径的一半时，就要改变策略，增加长板（半径）的优势了。而导致这样结果的原因是，在体积函数中，半径这个变量有一个平方，也就是说它的作用要大一些，因此它是我们要建立的长板优势。

在我们生活和工作的目标函数中，变量的数量通常远不止两三个，每一个变量以不同的方式影响着我们长期进步的趋势。但是在每一个时刻，我们都可以计算一下自己目标函数针对各个变量的微分，得到当下的梯度函数，找到能取得最显著进步的方向，然后去努力。这就是通过宏观趋势把握微观变化。

本节思考题

财富增长的函数可以写成$f(x,y)=x\mathrm{e}^{y}$，其中x是本金，y是时间。在什么情况下本金的增加对于财富增长更明显？在什么情况下则是时间的增加更明显？

10.3 奇点：变化连续和光滑是稳定性的基础

我们在前两节介绍导数和微分时，留下了一个问题。对于图10.6(a)这样跳跃的函数，其实在跳跃点（图10.6(b)中圆圈表示的点）是无法计算导数的。因为当Δx趋近于零时，Δy不是无穷小，而是一个常数，因此$\Delta y/\Delta x$是无穷大。对于这种情况，我们说相应的函数在那个跳跃点不可导。因此，一个函数在某一个点可导的必要条件是它在那个点至少是连续的。

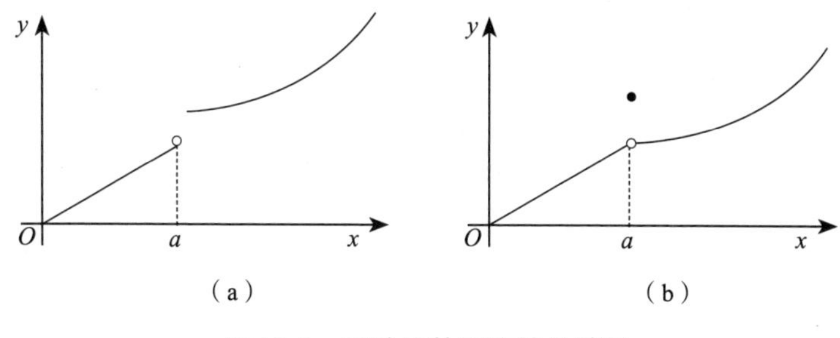

（a）　　　　（b）

图 10.6　两种函数不连续的情况

1. 函数的连续性

什么样的函数是连续的呢？通俗地讲，如果一个函数，当变量 x 的增量 Δx 趋近于零时，函数 y 的增量 Δy 也趋近于零，我们就说这个函数是连续的。[①]通常我们把这个意思用下面一个公式来描述：

$$\lim_{x \to a} f(x)=f(a), \tag{10.6}$$

比如 $y=2x$ 这个函数就是连续的。

一个函数不连续的情况有两种，一种是如图 10.6(a) 所示的跳跃状态，另一种情况则是在一个区间内都是连续的，除了一个点之外，如图 10.6(b) 所示的情况。在第二种不连续的情况中，那个不连续的点被称为奇点，它是从英语 singular（单数的）这个词翻译过来的。我们常常说的奇点临近，就是指出现了这种不连续的情况。无论是哪一种情况 $\lim_{x \to a} f(x)$ 都不等于 $f(a)$。

接下来的问题是，如果一个函数是连续的，是否一定可导呢？也不是，比如图 10.7(a) 中所示的函数，每个点都是连续的，但是

① 如果讲得更准确些，可以用到 ε-δ 的概念进行定义，这里我们就省略了。

在a点就不可导，因为从a的左边计算，它的导数是0.5；从右边计算，它的导数是零，如图10.7（b）所示。显然，一个点不可能得到两个导数，因此只能说该函数在a点也不可导。

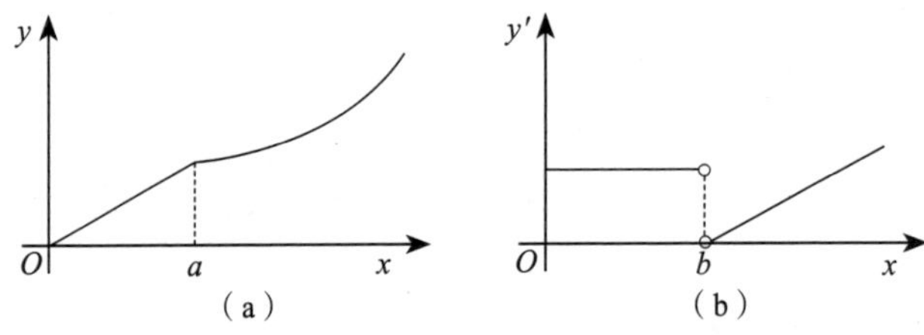

图10.7　连续但不光滑的函数（a）和它的导数（b）

那么什么函数是可导的呢？直到柯西那个年代，数学家们还没有完全搞明白这个问题，他们觉得一个函数只要连续，除了有个别尖尖的地方，绝大部分区域都应该是可导的。后来魏尔斯特拉斯给出了一个反例，他设计了一种函数①，处处连续，却处处不可导，如图10.8所示，人们这才明白连续和可导是两回事。

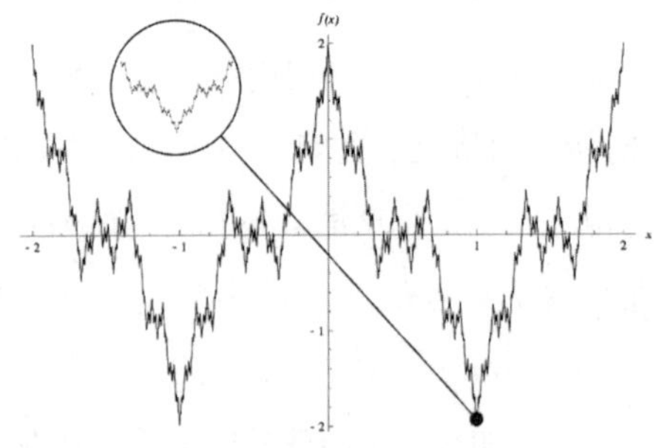

图10.8　魏尔斯特拉斯函数

① 魏尔斯特拉斯设计的这种函数的表达式是$f(x)=\sum_{m=0}^{\infty} a^n \cos(b^n \pi x)$，其中，$ab>1+\frac{3}{2}\pi$。

关于函数的可导性，大家记住下面这个简单的结论就可以了：**如果一条曲线在某一个点处是连续的，“光滑的”，该曲线在这个点就可导**。所谓“光滑”的，就是指一条曲线从某一点的左边和右边分别做切线，这两条切线是相同的，这就避免了函数在那个点出现一个尖尖的情况。如果该函数在一个区间内每一个点都是可导的，则在整个区间可导。比如$y=x^2$在［0,1］这个区间内就处处可导。今天人们也常常用可导性本身来衡量一条曲线是否光滑，有多么光滑。

2. 函数可导的用处

知道一个函数是否可导有什么用呢？简单讲可导函数的曲线是光滑的，曲线变化不会太突然，这是我们看重的一个性质。不妨来看一个实际的例子。

假如你管理着一家几千人的大公司，你肯定希望它的收入增长曲线是光滑的，这样凡事可预期，好掌控。相反如果收入增长曲线不光滑，如图 10.9 所示，就会带来很大的麻烦。

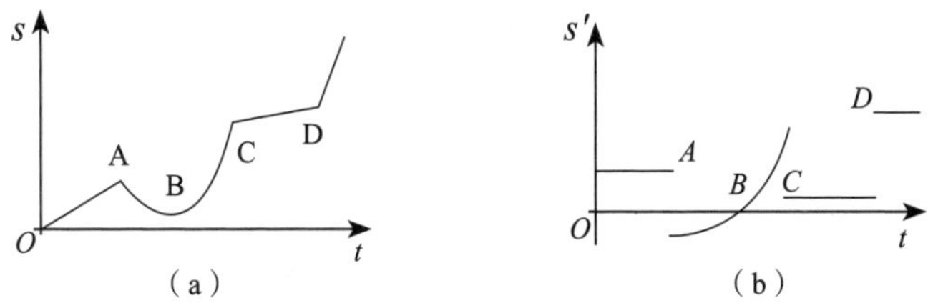

图 10.9　不光滑的营收函数曲线（a）和函数的导数（b）

在这个公司里，销售额S一开始是随着时间t线性增加的，也就是一条直线。在这段时间里，公司的发展完全可以预测，管理层知道该怎样扩大生产和招聘人员。由于扩大生产和销售需要提前备货备料、招聘人员，因此企业会按照以往的节奏做好这些准备。

但是，这种稳定增长只是一个时期的表现。当这家企业到达A点时，就遇到了麻烦。企业原本是按照一个直线上涨的速率扩张的，谁知业务此时逐渐开始萎缩，因此之前为业务扩展做的准备，比如为生产提前准备的原材料、提前招聘的人员，都白费了。于是，企业可能不得不裁撤掉一些多余的人员，备的货也得廉价出售以回笼资金。

到了第二个不可导点C点，情况也是如此。原本估计企业会不断加速发展，谁知又一下子变成匀速增长了，而且速率还比较低。企业此时虽然不至于裁员清仓，但可能也要花很长时间消化快速扩张的后遗症。

图10.9（a）中的曲线还有第三个不可导的地方，就是D点。从这个时间点开始，公司的销售是突然加速上升的。很多人会觉得这应该是“喜出望外”的好事，其实这可能是空欢喜。因为我们前面讲了，企业生产和销售的扩张是需要提前做准备的，突然的加速会让企业措手不及。

为了说明这一点，我和大家分享一个我亲身经历的商业案例。

2008年汶川地震后，很多企业都慷慨捐助，这里面就包括知名的饮料公司王老吉。由于它捐助了上亿元（包括产品），并且配合这次慈善行动进行了大强度的市场推广，“怕上火喝王老吉”的口号一时间家喻户晓，市场反应非常好。我和一位朋友一起到一个二线城市，在一家不算太小的饭馆里吃饭时，朋友提议就喝王老吉，谁知服务员说几天前就卖完了。我问她为什么不补货，她说不知道，这事得问经理。我的朋友掏出20元请她去对面的小卖店帮我们买两瓶，服务员跑出去不久回来说小店也没有。我的朋友又掏出200元，请她再到周围一公里内找找，帮我们买两瓶。服务员还真去了，但回来却说，整条街都没得卖。我朋友当时就说，王老吉这次市场运营，"空中轰炸"做得不错，全国都知道了，但是"地面挺进"跟不上，他们经理不补货，肯定是连批发站都没货了。我们把经理叫来一问，果然如此。

通过这件事，我学到了一个营销策略——"空中轰炸"之前，"地面挺进"要准备好。但是，一家企业的产能是有限的，即使增产，也有滞后性（这一点在下章积分部分会讲到）。因此遇到销售额不可导的点时，其实对企业发展的伤害很大。如果兴冲冲地要去喝一种饮料而没有喝到，你就有了"不知道什么时候有货"的印象。几次下来，消费者对它就没兴趣了，企业原本预期的美好情景可能变成空欢喜。无独有偶，2017年特斯拉推出廉价的Model 3电动汽车后，订单量暴涨，但是产能跟不上，一些不愿意排长队的人就开始退货。事实上，特斯拉在过去的5年里，业绩就是这样忽上忽下，直到产量能够跟得上订单增加的速度。

在股市上，如果一家公司的业绩总是表现出不平滑的变化，它的股价通常好不了，因为投资人无法预期它的表现，稳妥的基金经理人会远离这样的股票。我们常说巴菲特选股票时会选那些市场表现平稳的股票，所谓平稳，就是业绩变化的曲线是光滑的。

一个员工如果身处一家营收变化不可导的企业，就会感觉像坐过山车似的。当企业的销售突然加速时，整个公司各个部门会有做不完的工作，搞得每个人都很忙；当那些工作完成后，企业的增长却没有达到预期时，大家就会人心惶惶，而且有些人就要考虑换工作了。这样的企业，大家都不会愿意去。

如果一个企业的营收变化有起伏，但是是可导的，情况会怎么样呢？就像图10.9（a）曲线中的B点。答案是这种情况可能会造成一些麻烦，但是不会对企业造成伤害。我们把销售函数的导数也画出来，大家就一目了然了。

从图10.9（a）中的曲线形状来看，它被分为了四段；对应的导数曲线也是4段，如图10.9（b）所示。导数曲线第一段是一个大于零的常数，说明销售在按照固定的速率上涨，这表现为图10.9（a）中销售直线上涨。但是在第一阶段结束时，销售突然从上升到下降，因此A点不可导，反映在导数曲线上，就是导数曲线不连续，从A点左边的正值，一下子变成了右边的负值。导数曲线第二段一开始处于负值区间，因为对应的销售在不断下滑。但是在这个阶段，销售负增长的速率在逐渐放缓，体现在导数曲线上，就是从负值区间逐渐向零靠近。在导数等于零那个时刻，销售下降的趋势停止了。再往后，导数大于零，说明销售情况开始好转，而且增幅在不断变大。在第二阶段，所有的趋势是可以预测的，销售虽然出现过下降，但是下降的速率在放缓，直到下降趋势停止，并开始进入增长区间。如果你是这家公司的领导，就会有信心，并且会在销售下降趋势快停止时，开始招人准备新一轮的扩张。

回顾一下图10.6和图10.7中的曲线，我们可以总结出函数光滑性（即可导）和连续性之间的关系。如果一个函数的导数存在，也就是说它的曲线看上去是光滑的，这个函数一定是连续的，但是反过来却未必正确。当一个函数在某个点不可导时，它要么在那个点出现不连续情况，要么那是一个尖点，从左右两边做切线，得到的结果不一致。因此，导数不仅能反映出函数变化的趋势，而且能反映出它变化的连续性和光滑程度。

这两个性质让我们能够预期未来，或者说对未来有信心。我们经常会听到这样两句话：一个是“人要向前看”，另一个是“根据历史预知未来”。这两句话的成立有一个前提条件，就是变化是连续光滑的，或者说可导的。比如一个国家的经济增长是连续变化的，且变化是光滑的，我们自然对它有信心。如果是像图 10.9 中那样，时而从很高降到很低，即所谓的硬着陆，时而突然加速，即经济过热，我们就无法预知未来会发生什么情况，对于未来当然也无法做好准备。

世界上有不少国家，要么因为经济结构单一，要么因为政局不稳，经济时而欣欣向荣，时而陷入危机。即便很多时候经济增速或许不慢，但是GDP的走势完全是不可导的曲线。

不仅国家如此，企业也常常如此。什么样的公司营收容易出现不光滑的波动，也就是不可导的情况呢？简单地讲，如果一家公司的营收过于单一，或者主营业务的生命周期过短，一旦有点风吹草动，收入就会大幅度波动。因此，如果两家上市公司的收入都是10亿元，利润也差不多，但第一家公司的收入来自很多顾客，而第二家公司的主要来自两个大客户，在这种情况下，第一家公司的估值会比第二家高很多。类似地，一家公司做得是长久的生意，另一家是投机当前的热点，哪家的营收曲线可导，大家也就不难判断出来了。

虽然我们绝大部分人辈子都不会去计算函数的导数，但是学习导数的相关知识依然非常有必要：理解了函数“光滑”和可导的性质，对于该追求什么样的目标，我们就更容易做出判断了。

本节思考题

坐标系上的一个球看上去是光滑而连续，它是否是可导的？如果不是，原因出在了哪里？如果我们换一个坐标系，它是否就变成了可导的呢？

本章小结

相比于初等数学，微积分更关注函数的动态变化规律，特别是它在某一个瞬间的变化情况，而不是平均的变化快慢。为了研究瞬间的变化，极限的思想就会出现了。有了极限的概念，我们就能准确地描述一个函数的瞬间变化率了，这个变化率我们称之为导数。导数反映出一个函数变化的快慢。从导数出发，我们又得到了微分的概念，微分反映出函数在某个位置变化的具体数值。也就是说导数和微分它们一个表示变化率，一个表示变化具体的数值，因此它们是相关的。

有了导数和微分的概念，我们可以动态地描述一个函数的性质。比如当一个函数的曲线是连续变化的，而且这条曲线看上去是光滑的，那么它的导数就存在，我们就说这个曲线可导。在现实生活中，我们总是喜欢那种连续光滑的变化，也就是可导的变化，这样我们容易把握这一类变化的规律。我们不太喜欢跳跃的、尖凸的变化，也就是不可导的变化，因为那样的变化难以预测。

第11章

积分：从微观变化了解宏观趋势

如果说微分是透过宏观了解微观，那么积分作为微分的逆运算，就是通过微观细节变化的积累，获得对宏观趋势的了解。

11.1 积分：微分的逆运算

1. 积分的含义

我们先来算一道简单的算术题。

假如你在大街上按照每小时 36 千米的速度前进，道路的限速是每小时 72 千米（虽然每小时 70 千米的限速更常见，但是为了方便计算，我假设是 72 千米）。当你离红绿灯还有 70 米时，变黄灯了，黄灯持续 4 秒后会变红灯。这时你的前面没有车，或者前面的车正在加速，不会成为你加速的障碍，那么你是迅速加速闯过去，还是干脆减速停下来等绿灯？

对于这个问题，我们首先来计算一下在限速的情况下，是否能在 4 秒以内行驶完 70 米？每小时 36 千米的速度换算后就是每秒 10 米，这大约是百米运动员的冲刺速度。类似地，每小时 72 千米，就等同于每秒 20 米。如果我们不加速，4 秒只能走过 40 米，在变红灯之前肯定是过不去了。如果我们能瞬间提速到每小时 72 千米，那么 4 秒可以走完 80 米，就能在变红灯之前通过路口。接下来的问题是，我们需要加速多快才能保证在红灯亮起之前通过路口？

假定我们是均匀加速的，加速度为 a m/s^2，也就是说 1 秒后速度能够从 10 m/s 提升到 $(10+a)$ m/s。由于最终的速度要达到 20 m/s，因此加速的时间是 $10/a$ 秒。我们可以把时间和速度的关系用图 11.1 来表示。

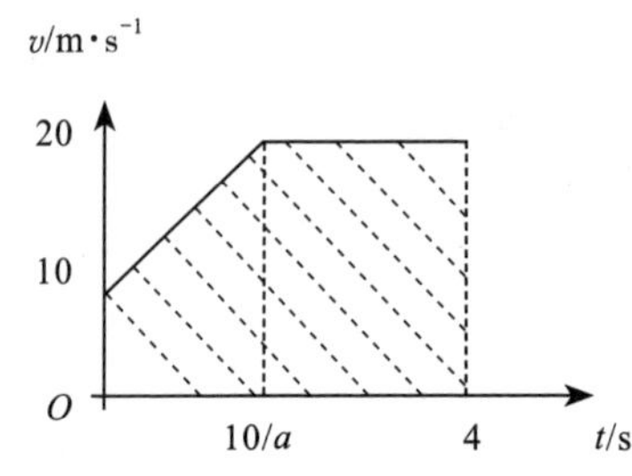

图 11.1　加速通过时，时间和速度的函数关系

图 11.1 中折线是速度函数，速度由时间决定，我们用 $v(t)$ 表示。在开始加速的一瞬间，速度是 10 m/s，加速到 20 m/s 需要 $10/a$ 秒，之后是匀速运动。

在这样变速的行进过程中，4 秒能走过多长的距离呢？就是图 11.1 中阴影部分多边形的面积，它等于 $80-\frac{50}{a}$①。如果我们想要 $80-\frac{50}{a}>70$，那么就要让加速度 $a>5\ \mathrm{m/s^2}$。这大约是 $0.5g$（g 是地球上自由落体的加速度）的加速度，非常高，今天性能好的汽车可以做到这一点，但并不是所有的汽车都能做到。因此，在红绿灯前抢最后的几秒是很危险的事情。

由此，我们就可以引出积分的概念：**给定一个曲线，求它下方到 x 轴之间的面积，就是积分**。对于一般的速度曲线，它下方的面积代表的就是按照这个速度走过的距离。因此，我们可以讲距离是速度的积分。此前我们讲过速度是距离变化的微分，由此可见，微分和积分是互为逆运算的。

---

① 图中左边梯形的面积为 $(10+20)\times\frac{10}{a}\div 2=\frac{150}{a}$，右边矩形的面积为 $20\times(4-\frac{10}{a})=80-\frac{200}{a}$。两部分相加后得到 $80-\frac{50}{a}$。

2. 积分的计算方法

那么积分怎么计算呢？通常有三种方法。

第一种方法是，把曲线分得非常细，用很多直方图加在一起近似曲线下方的面积，如图 11.2 所示。

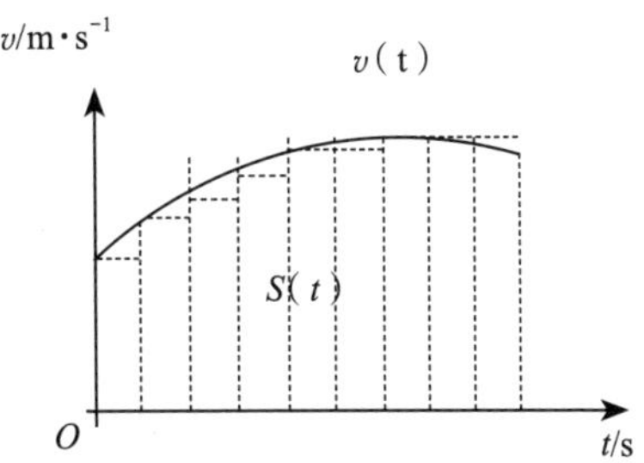

图 11.2　通过多个矩形的面积相加来计算积分

在图 11.2 中，我们假定弧形的函数曲线代表速度，它和横轴之间的面积就是距离。我们把曲线分成为很多段，每一段用一个长方形来近似它的面积，再把这些长方形的面积加起来就是积分。

具体来讲，假如要计算曲线 $f(x)$ 和 x 轴之间从 a 到 b 的面积，我们可以沿着横坐标，从 a 到 b 分成 n 份，每一份在水平方向的起止坐标是 $\langle x_0, x_1\rangle$，$\langle x_1, x_2\rangle$，…，$\langle x_i, x_{i+1}\rangle$，…，$\langle x_{n-1}, x_n\rangle$，它们的长度都是 Δx，即：

$$\Delta x=(b-a)/n, \tag{11.1}$$

第 i 个长方形的高度则近似为 $f(x_i)$，这个长方形的面积就是 $f(x_i)\cdot\Delta x$。如果我们把所有这些长方形都加起来，总的面积就是

$$S=\sum_{i=0}^{n-1} f(x_i)\cdot\Delta x。 \tag{11.2}$$

当然这么计算一定有误差，不过没有关系，当我们把每一份分得非常非常小，到无穷小，那么这个误差就趋近于零了。这时，Δx变成了$\mathrm{d}x$，每一个$f(x_i)$就是连续变化的了，我们就把它写成积分的形式$\int f(x)\mathrm{d}x$。积分符号其实就是求和这个单词Sum中拉长的S，因此我们可以理解为对无穷多个小长方形求和。为了表明上述积分是从$x=a$一直累积到$x=b$，我们把起始点a和终点b分别写到积分符号的下方和上方，于是就可以得到这样一个公式：

$$\int_a^b f(x)\mathrm{d}x=\lim_{n\to\infty}\sum_{i=0}^{n-1} f(x_i)\cdot \Delta x, \qquad (11.3)$$

也就是说，一个函数$f(x)$和x轴之间，从a点到b点的面积，就是这个函数在这两个点之间的积分，它可以用无限划分小区域计算长方形面积的方式得到，这样得到的积分也被称为黎曼积分。注意，黎曼积分对区域的划分是按照变量x的值进行的。

了解了积分的计算，对于任意曲线，我们就可以计算出它下方的面积。当然，计算面积并非发明积分的主要目的。积分在数学上、物理上和认知上都有重要的意义。

积分的另外两种计算方法参见附录5部分。

本节思考题

一个跳伞运动员从1500米的高空跳伞。在前10秒钟，他没有打开伞包，成自由落体下降，其速度$v=gt$；其中g是重力加速度（为了简单起见，假定$g=10\ \mathrm{m/s^2}$）,t为这个运动员离开飞机的时间。

假定在第 10 秒钟，他打开降落伞，下落的速度每秒减少 5 m/s^2（也就是说此后的加速度为 $a=-5m/s^2$），直到速度降至 10 m/s。这个运动员安全着陆的速度时 10 m/s，

（a）请问 t=10 秒时，他下降了多少米？

（b）请写出在整个过程中速度 v 随时间 t 变化的函数（提示：这个函数分几个不同的阶段）；

（c）请问他能否安全着陆？

（d）从离开飞机跳伞到着陆，一共需要多少时间？

（e）请写出下降距离 s 和随时间 t 变化的函数；

（f）将 v，s 和 t 的关系用曲线表示在笛卡儿坐标系中。

11.2 积分的意义：从细节了解全局

1. 积分的认知意义

积分在数学上的意义很清晰。作为微分的逆运算，它可以通过细节了解全局，用通俗的话讲就是"整体等于部分之和"。这从积分的定义就可以看出来。

在物理学上，积分反映出很多物理量之间的关系，比如距离是

速度的积分，速度是加速度的积分，体积是面积的积分，等等。在积分被提出之前，我们只能用简单的乘除来粗略地描述物理概念之间的关系。比如我们想要知道在某一段时间内走过的距离，只能大致假设运动是匀速的，也就是说把速度看作是常数。但是，如果我们走得忽快忽慢，就不好计算距离了。有了积分这个工具后，我们可以根据速度的动态变化在一段时间内的累积效应，算出距离。

积分的上述这些意义，大学的课程中都会讲。不过，无论是数学课还是物理课，通常都会忽略积分在生活中和认知方面的意义。

在生活中，积分思想的本质就是要从动态变化来看累积效应。为了说明这一点，让我们来看一个例子。假设有两家上市公司，上市时利润水平差不多，假定两家公司都是每个季度1亿元。接下来，第一家公司的盈利每个季度增加0.2亿，即按照1.2亿，1.4亿，1.6亿，1.8亿，……的方式增长。我们把它们写成一个公式，就是$1 \times (1+0.2N)$亿，其中N是代表时间，单位是季度。第二家公司接下来的季度盈利情况是每一个季度环比增长10%，即按照1.1亿，1.21亿，1.331亿，……的方式增长，写成公式就是1×1.1^N亿。接下来我们就来算算哪家企业5年内挣钱多。

很多人会觉得第一个企业的利润是线性增长，五年后一个季度不过是5亿元，第二个企业的利润呈指数增长，五年后一个季度是6.7亿元，而它们起步都差不多，因此一定是第二家企业五年累积得多。

这个想法非常合乎直觉，但是对不对呢？我们需要通过计算来验证。

我们可以把利润理解为速度，那么利润随着时间的积累就是距离，因此利润的积累实际上是利润函数的积分。我把这两家企业的利润函数画在了图 11.3 中。

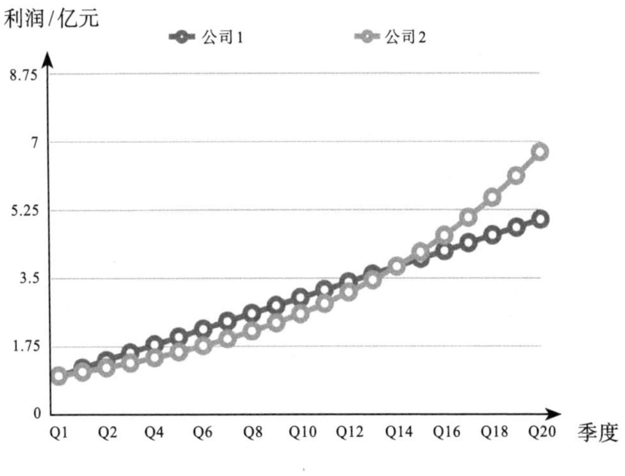

图 11.3　两家公司每季度利润增长对比

对上述两个企业的利润函数分别求积分，我们可以得到，第一个函数到第 20 个季度时的积分大约是 62 亿，第二个函数的积分大约是 63 亿。稍微多一点的，但差距远不像很多人想象得那么大。事实上如果我们把题目稍微改一点，对比到第 19 个季度，反而是第一家公司累积的利润多，虽然那个季度第二家公司的利润已经高达 6.12，而同季度第一家只有 4.8，差距明显。为什么会是这样的结果呢，这和指数增长快过线性增长的结论是否矛盾呢？其实一点也不矛盾，因为指数增长的优势显现得会比较晚。在这个例子中，第二家公司的利润在第 14 季度才赶上第一家，虽然随后利润增长越来越快，但是毕竟它的利润超过前者的时间比较短，在前 2/3 的时间里，都是第一家公司利润更高。

2. 积分的滞后效应

从这个例子中我们得到一个非常重要的结论，就是滞后效应，它包含两个要点：

（1）凡是需要通过积分获得的数量，它的结果会滞后于瞬间变化，有时还要经过相当长的时间滞后才能看到。

（2）这种由积分获得的数量，一旦大到被大家都观察到之后，要逆转这个趋势是非常难的。

我们有时候也把这种效应称为飞轮效应，因为如果我们在飞轮上均匀用力，根据牛顿第二定律，它的加速度也是恒定的。而速度是加速度的积分，是一个需要积累才能看到的量，因此具有滞后效应。

下面我们不妨用积分的原理，量化分析一下飞轮加速为什么很缓慢。

假设飞轮的质量是100 kg，飞轮质量的中心大约在离轴0.32 m处，转动的手柄也安在这个位置，这样转一圈相当于是2 m。我们用200 N的力来转动飞轮，这是一个不算太小的力，根据牛顿第二定律，算下来飞轮有一个恒定的线加速度，即2 m/s^2。如果转化成角加速度，就是1 r/s^2(r代表周)，或者说，1秒我们可以把飞轮的角速度从0提升到1 r/s，再过一秒，达到2 r/s……

接下来我们来分析一下加速度、速度和转动距离（圈数）的关系。只要开始用力，瞬间就获得了加速度，是1 m/s^2。接下来，经过1秒钟的加速，飞轮的转速达到1 r/s，但这时已经过去了1秒钟，这就是积分的滞后效应。这时再看它刚转过的距离，是0.5圈，这也是滞后效应引起的。事实上，它转完一圈的时间大约是1.4秒。也就是说，速度比加速度滞后，距离比速度滞后。接下来，在第2秒，飞轮的速度达到2 r/s，这时飞轮恰好转过两圈。此后飞轮会越转越快，累积转过的圈数会以更快的速率提升。这三者的关系反映在图11.4中。

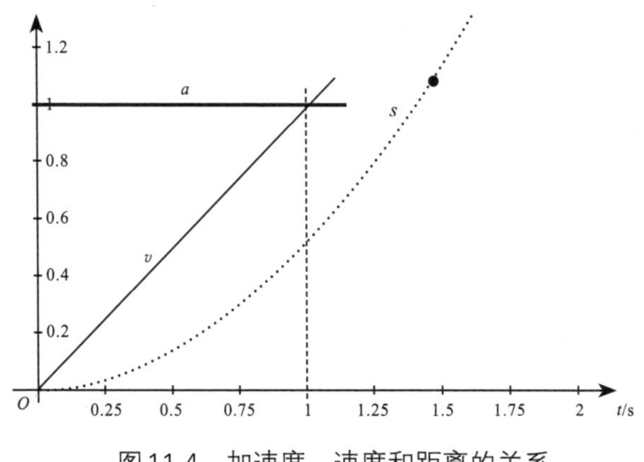

图11.4　加速度、速度和距离的关系

图中的粗线是加速度，它没有延时；细线是速度，它有滞后效应，但是不大；点线是距离，是加速度两次积分的结果，滞后效应很大。但是一旦飞轮飞快地转动，如果有一个人想往相反方向用力，让它减速并且扭转转动方向，也是非常困难的。因为需要一段时间，飞轮的速度才能降为零，再经过一段时间飞轮才能改变转动方向，并抵消掉一开始转过的圈数。

在生活和工作中，我们的努力就如同用力。今天晚上努力了，你自己是知道的，但是想要有所收获，需要一段时间努力的积累，这就是做积分。积累了一段时间，我们的能力就会有明显提高。再过一段时间，我们才能逐渐树立起在大家心中的好印象，因为在那段滞后的时间里，我们通过不断提升的能力，做了一件又一件漂亮的事情。简单地讲，**能力是努力的积分，成绩是能力的积分，好形象是成绩的积分**。

反之，当我们觉得自己了不起，开始飘飘然了，停止努力了，其实我们自己马上可以知道，但是能力随时间下降却是一个漫长的过程。过一段时间，身边的人可能会有所察觉，但除非他们去宣扬，否则并不会被更多的人知晓。当我们没有做好一些事情，几次累积下来，闯了祸，大家就都知道了，而这时再要扭转局面，为时已晚。

人的一个很大的弱点就在于，他在开始努力的一瞬间，就指望能力马上得到提升，周围的人马上能肯定自己，而忘记了积累效应。如果得不到别人的肯定，就觉得世界对他不公平。当他开始松懈下来时，也不会在一开始就出问题，问题是逐渐暴露出来的。但大部分人只会想到自己某件事情没有做好，而不会反思其实很早以前就埋下了问题的种子。

我们讲积分，不仅是为了学那一点数学知识，更是希望通过积分效应，提升我们的认识水平，同时能用一些工具分析和理解生活中的现象。

本节思考题

某个封闭的城市里有100万人，出现了一种传染病，最初有10个感染者。每一个感染者每天会接触到两个人，接触者如果之前没有感染过该疾病，有10%的概率染病。这种疾病会在10天后自动痊愈，患者不再具有传染性。患者被感染后以及痊愈后也不会再被感染上该疾病。

当这个城市里同时出现 500 个感染者时，公众会知道这件事。当患者人数小于 1 时，可以认为疫情结束了。

请问：

1. 公众了解这件事的时候，离疾病最早出现过去了多少天？

2. 在什么时候，每天新感染的人数达到顶点？

3. 在什么时候，患者人数达到顶点？

4. 疫情结束需要多少天？

5. 当该疾病消失的时候，有多少人没有被感染上疾病？

11.3 最优化问题：用变化的眼光看最大值和最小值

1. 寻找函数最大值的方法

微积分的一个很重要的意义在于给我们提供了动态地、精确地看待世界的视角。这一节，我们就用微积分的一个主要的应用——最优化问题来说明。

今天世界上的很多问题，都可以转化为最优化的问题，比如炙手可热的机器学习，其实就是对一个目标函数实现最优化的过程。此外，金融上的结构化投资产品，商业上的博弈论，企业管理中的各种规划，其实也都是不同形式的最优化。究竟什么是最优化？其实它最简单的形态大家都不陌生，就是求一个函数的最大值或最小值。由于这两个问题是对称的，因此我们就以求最大值为例来说明。

对于一个有限的集合，求最大值是一件很容易的事情，比如在计算机学科中就有很多寻找最大值的算法。所有那些算法的一个核心思想，就是比较。一个元素在直接或者间接地和其他的元素对比后，如果它比谁都多，它就是最大值。这是一种寻找最大值的思想，但在一个有无限可能性的函数中，这种思想就不大灵了，因为你不可能穷尽所有的可能性。那怎么办呢？中学里我们就开始学习解题技巧了。

最著名的解题技巧就是计算抛物线的最大值。比如抛物线 $y=-x^2+4x$，它的最大值是多少？

直觉上我们可以猜出这个函数是存在最大值的，至少有两个理由：（1）无论 x 是一个什么样有限的数，y 都不可能是正的无穷大，而是一个有限的数；（2）当 x 趋于正无穷，或者负无穷时，y 都是负无穷大。因此这个函数的值应该是两头小中间大，而且中间存在最大值。但是真让我们找到那个最大值，又无从下手。

很多人会代入几个数字试一试：比如让 $x=0$，$y=0$；让 $x=1$，$y=3$，y 值增加了；如果让 $x=2$，$y=4$，y 的值进一步增加了。但是再往后，$x=3$ 时，$y=3$，此时 y 就开始往下走了。那么我们能说 y 的最大值就是4吗？如果把这个函数对应的曲线画在坐标上（图11.5），能看出最大值就是4附近。

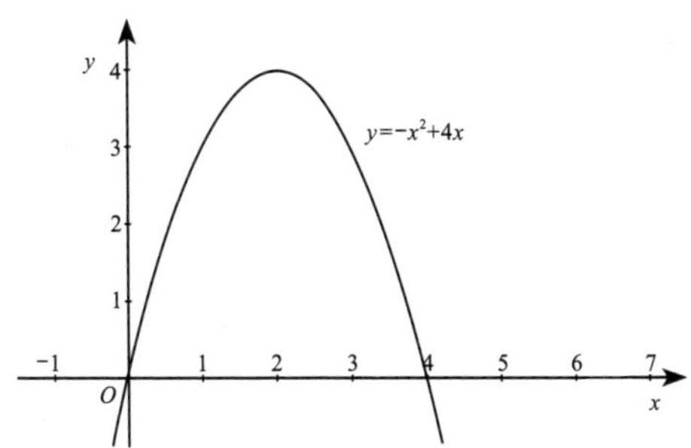

图 11.5　抛物线$y=-x^2+4x$有最大值

但是在数学上我们不能通过测量得到结论，要通过证明。怎么证明呢？在中学里，老师会讲这样一个技巧。

（1）重新组织$y=-x^2+4x$，就得到$y=-(x-2)^2+4$。

（2）在上述等式中，$(x-2)^2 \geqslant 0$，因此$-(x-2)^2 \leqslant 0$。4是常数，不随x改变。

（3）因此，当$-(x-2)^2=0$时，y的值最大，此时$y=4$。

这个技巧能解决一批同类的抛物线的问题，但是遇到其他函数的问题，这种技巧还是无能为力。比如问函数$y=x^3-12x^2+4x+8$在［0，15］的区间有没有最大值或者最小值，上面的方法就不灵了。事实上，在［0，15］的范围内，它的最大值和最小值都存在，如图11.6所示，但是我们几乎无法找到什么针对这个问题的解题技巧。

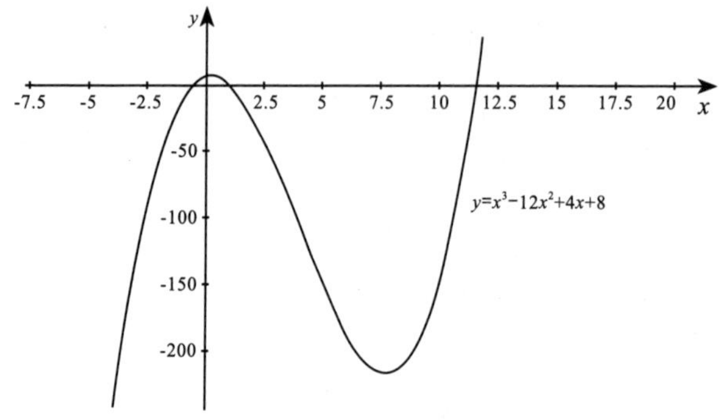

图 11.6　三次曲线 $y=x^3-12x^2+4x+8$ 在特定的区间内有最大值和最小值

因此，发现或者掌握了某个解题技巧并且考了高分，并不值得沾沾自喜，因为那种经验很难推广用来解决一般性问题。

2. 牛顿寻找函数最大值和最小值的方法

在伽利略和开普勒之前，人类其实没有太多的最优化问题要解决。但是到了伽利略和开普勒那个年代，人们在物理学和天文学中遇到了很多最优化问题。比如计算行星运动的近日点和远日点距离，弹道的距离，透镜曲率和放大倍数的关系等。这时就需要系统地解决最优化问题，而不能单靠一些技巧。这个难题就留给了牛顿。

牛顿是怎么考虑这个问题的呢？他的伟大之处在于，他不像前人那样，将最优化问题看成是若干数量比较大小的问题，而看成是研究函数动态变化趋势的问题。我们还是从前面那个求抛物线最高点的问题讲起。

我们在前面讲到曲线瞬间变化的速率就是那一点切线的斜率，也就是它的导数。为了方便大家看清楚曲线变化的细节，我特意将图 11.5 的横轴拉长了 1 倍，放大抛物线，并把最高点附近的斜率变化画了出来，如图 11.7 所示。图中各条直线就是一些点的切线。

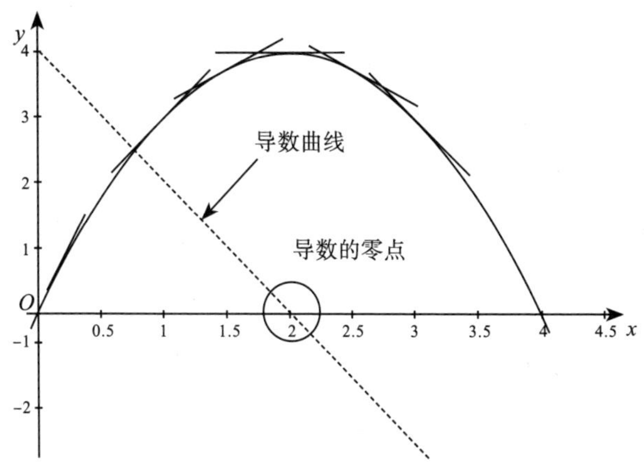

图 11.7　抛物线在最大值附近切线斜率（即导数）的变化

从图中可以看出，从左到右，抛物线的走势变化是先上升，到趋于平缓，再到下降。而这些切线也是由陡峭变得平缓，在最高点变成了水平线，然后就又往下走了。如果量化地度量它们，在 x=0 这个点，切线的斜率或者说导数是 4，到 x=0.5 时，斜率或者说导数变成了 3，随 x 取值的变化，导数分别变成了 2，1，0，−1，−2，…。我把导数函数也画在了图 11.7 中，就是那条虚线。

对比抛物线和它的导数（虚线），我们发现，抛物线最高点的位置，就是切线变成水平的位置，或者说导数为 0 的位置。这种现象是巧合么？不是！如果我们回到最大值的定义，对应导数的定义，就很容易理解这两件事情的一致性了。

最大值的含义是说某个点 a 的函数值 $f(a)$ 比周围点的数值都大，因此，如果从最大值的点往四周走一点点距离，会发现那些点的函数值都要比它小一点。在二维图上，就是和左右的点做比较。左边点的函数值比它小，说明左边点变化的趋势是向上的，导数大于0；右边点的函数值也比它小，说明右边的点变化趋势是向下的，导数小于0。从大于0的数变成小于0的数，中间经过的导数为0的点，就是最大值所在。

于是，寻找一个函数 $f(x)$ 的最大值，就变成了寻找该函数的导数 $f'(x)$ 零点的问题，而这个过程其实就是解方程，比直接寻找函数的最大值要容易。

这种思路，就是牛顿在寻找最大值这件事情上和前人不同的地方。他不是直接解决那些很难的问题，而是把比较数大小的问题，变成了寻找函数变化拐点的问题，后一个问题要比前一个好解决。但是，要将寻找函数的最大值和寻找函数的变化拐点等同起来，就需要用到导数这个工具了，这也是牛顿发明导数的一个原因。这是一种全新的方法，其好处在于，它适用于任何函数，而不像一些解题技巧那样只适合个别问题。从此，人们不再需要针对特定函数的最优化问题去寻找特定的技巧了。这也是为什么微积分是一种很强大数学工具的原因。

3. 牛顿方法的漏洞

当然，每一个新的方法刚被发明出来的时候，总免不了有一些破绽和漏洞，用导数求最大值的方法也是如此。比如一个立方函数 $f(x)=x^3$，它的导数是 $f'(x)=3x^2$。显然当 $x=0$ 时，它的导数变为了零，如图 11.8 所示。但是 $x=0$ 这一点显然不是 x^3 的最大值点，因为函数 $f(x)=x^3$ 的最大值最后是趋近于无穷大。

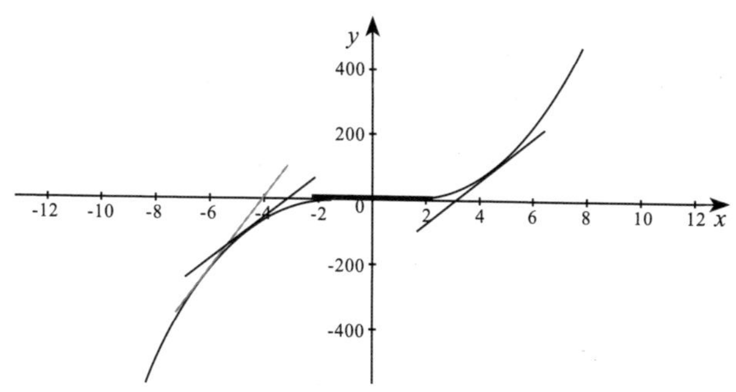

图 11.8　函数 $y=x^3$，当 $x=0$ 的时候，导数为 0，但该点不是函数最大或者最小值的点

为什么上述方法对于立方函数不管用了呢？从图中你会发现，立方函数一开始上升的斜率很大，然后逐渐变小并且变为 0，但是，在变为 0 以后，它没有再进一步变小进入负数的区间，而是又逐渐变大了。原因找到了，问题就好补救。我们只要在找到导数等于零那个点之后，再看看它前后的点，是否发生了导数符号从正到负反转。如果发生了，导数等于 0 的那个点就是最大值的点，否则就不是。类似地，如果在导数等于 0 的那个点附近，导数符号由负转正，就说明这个点是函数最小值的点。

其实，用导数求最大值的方法还有其他的漏洞，如图 11.9 所示，图中函数的 A、B 两个点都满足导数等于 0 的条件，而且也都满足导数由正变成0，再变成负这个条件，但是函数的最大值只能有一个。由于A点比B点要高一些，因此A点是函数真正的最大值，B点的最大值是假的。

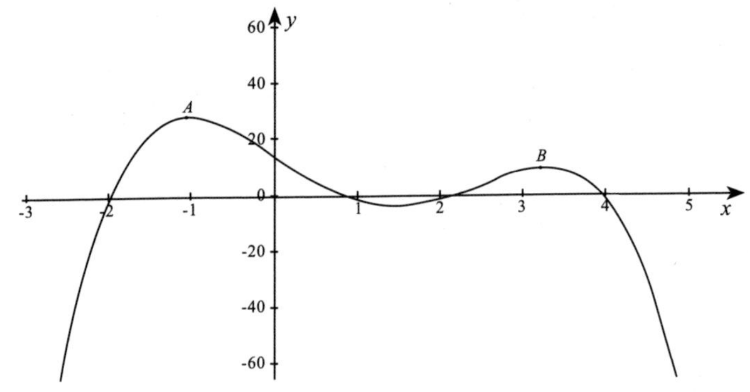

图11.9　函数有多个极大值点的情况

遇到这种情况怎么办？首先，数学家们要更准确地定义什么是最大值。他们把最大值分成了两种：第一种被称为极大值，或者叫局部最大值，就是说只要一个点的函数值比周围都高就可以了；第二种才是我们通常理解的整个函数的最大值。因此，一个函数可以有多个极大值，但是只能有一个最大值。这样，在谁是函数最大值的定义上就没有矛盾了。

接下来，数学家们需要给出在有很多个局部的极大值中找到最大值的方法。但是很遗憾，到目前为止依然没有好的方法来系统性地解决这个问题，只能一个个比较。事实上，这也是今天计算机进行机器学习时遇到的一个很大的、尚未解决的问题。因为在很多时候，我们觉得经过计算机长期的训练，找到了最大值，但是后来发现所找到的不过是很多局部极大值中的一个而已。这一点认知，后来给企业管理和创新带来了很多思考和启发。这个内容我们在最后一篇里会讲到。

在过去，找最大值就是一个个地比较数字的大小，这就把数字变化看成是孤立的事件了，因此很难找到通用的求最大值的方法。牛顿等人通过考察函数的变化趋势，发明了一种通过跟踪函数从上升到平稳最后再到下降的变化来求最大值的方法。这就让人类对事物的理解从静态发展到动态了。这种方法的好处是它是通用的，而不是针对具体问题的技巧。当然，这种方法有一些漏洞，以后需要一一补上。

本节思考题

1. 求函数$y=x^3-2.5x^2+x$在[0,2]区间内的最大值或者最小值。

2. 一个函数$f(x)$在某个区间$[a,b]$之间连续，能否用它在这个区间的最大值M和最小值m，估算该函数在该区间的积分。

11.4 发明权之争：牛顿和莱布尼茨各自的贡献

微积分是从初等数学到高等数学的界碑，那么是谁先发明了微积分呢？今天人们会讲，牛顿和莱布尼茨各自独立地发明了微积分，但是这个含糊其词的说法并没有回答问题。在牛顿和莱布尼茨的时代，他们有很多来往，后者还专门到英国访问了很长时间，了解了牛顿有关微积分的思想。因此他们的工作并不独立，这也是后来牛顿说对方剽窃了他微积分成果的主要依据。

接下来，我们就从微积分发明和完善的过程，看看不同人从不同视角是如何看待同一个问题的，以及一个学科体系是如何建立起来的。了解了这些，今后如果要参与到一件前无古人的事情中，我们就清楚该如何确立自己的定位和角色了。

1. 牛顿和莱布尼茨各自在微积分方面的工作

先说说牛顿的工作。大约在17世纪60年代时，牛顿就有了微积分的最初想法，那时他才20出头。1669 年，也就是牛顿接替他的老师伊萨克・巴罗（Isaac Barrow）担任剑桥大学卢卡斯讲座教授的这一年，他就写出了题为《论用无限项方程所做的分析》的长篇手稿，系统地总结了他过去关于流数（导数）的工作，这是微积分发展早期的重要文献。同年6月，他把这篇论文手稿提交给了他的老师巴罗，巴罗把它转给了当时的另一位数学家——当时皇家学会图书馆的负责人约翰·考林斯（John Collins）。考林斯盛赞这是一个伟大的发现。并将牛顿的手稿又转给了欧洲的许多朋友，这在后来就留下了一个数学史上的谜案，即莱布尼茨是否看到了考林斯转来的手稿。当时，巴罗和考林斯建议牛顿将这篇手稿作为巴罗《光学讲义》的附件发表，但是牛顿觉得手稿还不成熟，还需要进行修改和补充。牛顿虽然一直在完善他的理论，并且之后也写了一些关于微积分的论文，比如《级数和流数计算方法》等，但是却一直不公开发表他在微积分方面的核心成就，这让莱布尼茨后来抢在了前面。否则，也就没有后来的微积分发明权之争了。

接下来再说说莱布尼茨的工作。1673 年他访问了伦敦，和英国的数学同行进行了交谈并且随后一直有通信来往。特别是他在与皇家学会秘书亨利·奥登伯格（Henry Oldenburg）的来往信件中，了解到了牛顿流数法的细节及其部分应用。而莱布尼茨在给奥登伯格的信中，也表明他可能从牛顿那里受到的启发。莱布尼茨是这样说的：

贵国了不起的牛顿提出了一个表示求解各种形状面积、各种曲线（所包围）的面积及其旋成体的体积和重心的方法。这是用逼近的过程求出的，而这也正是我要推导的。这一方法如果能被简化并且推广的话，是非常了不起的贡献，毫不怀疑这将证明他是天才的发明者。

当然这段对牛顿大加称赞的话也可能只是莱布尼茨的谦辞。次年莱布尼茨搞出微分和积分新的表示法。牛顿得知此事后，写信给奥登伯格，说明自己的方法，以便让他转给莱布尼茨。莱布尼茨看到牛顿的来信后要求进一步说明细节，牛顿后来又给莱布尼茨写了信，系统地阐述了二项式定理、无穷级数展开法、用流数求一般曲线的面积等原理，并且比较全面地介绍了自己的微积分理论。

1676年，莱布尼茨第二次访问伦敦时，经过考林斯同意，抄录了牛顿的手稿《论用无限项方程所做的分析》以及牛顿的级数展开方法、相关的例子和一些补充说明，这样他对牛顿的工作有了全面的了解。

莱布尼茨的微分原理论文和积分原理论文分别发表在1684年和1686年，这比牛顿的《级数和流数计算方法》的成稿已经晚了15年，而且里面没有提及牛顿的作用。牛顿将微积分论著全部发表则是1693年的事情了，更在莱布尼茨之后。当然他在著名的《自然哲学的数学原理》一书中已经用到了微积分，因此没有人会觉得牛顿是抄莱布尼茨的研究成果，而是认为他是独自发明微积分的。大家所关心的是，莱布尼茨关于微积分的想法，是完全受到牛顿的启发，还是说有大量的独立思考，只是在一些地方受到牛顿的启发而已。

在牛顿那个时代，一致的意见是前者，因为牛顿管理着当时世界上最有权威的学术组织——英国皇家学会，于是就由皇家学会出面声讨莱布尼茨的抄袭行为。但是，公平地讲，在和牛顿交流以前，莱布尼茨也对微积分有了初步想法，特别是他看待微积分的角度和牛顿不同，这一点不可能抄袭牛顿。因此今天数学界认为他和牛顿共同发明了微积分，并不是和稀泥，而是因为他们各自有自己的贡献。

2. 牛顿和莱布尼茨各自在微积分上的贡献

我们先说说牛顿的贡献。牛顿除了是数学家，还是物理学家。他研究微积分，在很大程度上是为了解决力学问题，特别是以下三个问题。第一个问题是加速度、速度和距离的关系。这三者的关系只能通过微积分来描述。也就是说，加速度是速度的导数，速度又是距离的导数。第二个是动量、动能以及撞击力的关系。动量是动能的导数，撞击力是动量的导数。第三个是天体运行的向心加速度问题，它是速度的导数，而万有引力则是向心加速度的来源。由此可以看出，牛顿最初关于微积分的思想，特别是导数的部分，是直接服务于物理学的，虽然后来他也将微积分普遍化，但是他采用的符号还有导数的痕迹，不能很好地表达微积分的特点，因此今天我们已经不用那些符号了。对于微积分中的一些概念，他讲的也不是很清晰。

莱布尼茨则不同，他除了是数学家，还是一个哲学家和逻辑学家。他的哲学思想和逻辑思想概括起来有两点：

第一，我们所有的概念都是由非常小的、简单的概念符号复合而成，它们如同字母或者数字，形成了人类思维的基本单位。这反映在他在微积分上提出了微分 dx、dy 这样无穷小的概念。

第二，简单的概念复合成复杂概念的过程是计算。比如在计算曲线和坐标轴之间的面积时，莱布尼茨的思想是把不规则形状拆分成很小的单元，然后通过加法计算把它们组合起来。

基于这样的哲学思想，莱布尼茨把微积分看成是一种纯数学的工具——这个工具把宏观的数量拆解为微观的单元，再把微观的单元合并成宏观的积累。因此，可以讲，他是从另一个角度解读微积分。我们今天使用的微积分的符号，大部分是莱布尼茨留下的。在数学上，莱布尼茨不仅致力于微积分的研究，而且还发明了二进制，为人类贡献了另一套便于计算的进制。此外，他还致力于改进机械计算机。从他一生所做的诸多和数学相关的工作来看，他实际上是把计算看成是由简单世界到复杂世界的必经之路。正是因为在哲学层面对数学的探索，使得莱布尼茨的微积分要比牛顿的更严谨一些。很多时候，对于一项发明，简单追溯最早的发明人是没有意义的，而要看谁做出了具体的贡献。在这方面，莱布尼茨当之无愧是微积分的发明人之一。

至于他为什么没有提到牛顿的贡献，这除了有他个人作风和习惯方面的原因，还因为在宗教观点上的分歧使得他不认可牛顿在物理学上的很多理论。

牛顿虽然也信教，但总的来讲属于自然神论者，这些人认为上帝创造了世界，然后就什么都不管了。但是莱布尼茨是神学家，虔诚的上帝维护者，因此在莱布尼茨看来，牛顿的很多研究成果是大逆不道。比如他对牛顿的工作有这样一些评价：

（1）唯物主义的原理和方法的谬误是对上帝不虔诚。《自然哲学的数学原理》的作者与唯物主义者是一样错误的。

（2）（牛顿等人）承认原子和虚空，等于在说上帝创造的世界不完美。

（3）（牛顿等人）认为时间和空间是绝对的，这就将时空和上帝等同了。在上帝之外是不可能有其他绝对和永恒的东西。

（4）不可能有万有引力，因为没有媒介的作用力，是超自然的，只有上帝才能做到，不可能存在于自然界。

莱布尼茨针对牛顿的万有引力学说还发表了《关于上帝善行的自然神学论著》一书，反对牛顿的引力理论。

不过，莱布尼茨私下里对牛顿的评价极高。1701年，也就是在双方就微积分的发明权开始论战后，当普鲁士国王腓特烈大帝询问对牛顿的看法时，莱布尼茨讲："在从世界开始到牛顿生活的时代的全部数学中，牛顿的贡献超过了一半。"可以讲，这是一种高得无以复加的评价。

听到这些观点，你可能会问莱布尼茨这么愚昧，但为什么在数学上又有这么大的贡献？事实上莱布尼茨不是自然科学家，他的自然观基本上都是凭直觉产生的，用今天的话说有点反科学。但是，这并不妨碍他从逻辑出发，发明数学上最伟大的工具。从这里你可以看出，自然科学可以给数学以启发，但并不是完全必须的，数学暂时离开了自然科学也能发展，只要从正确的前提出发，根据逻辑就能构建起一个体系的大厦。

当然，对于微积分来讲，体系的构建不仅在牛顿和莱布尼茨手里没有完成，在我们前面讲到的柯西和魏尔斯特拉斯手里也没有完全得到完善，后来再经由黎曼和勒贝格等人的工作，才算将微积分的大厦基本构建完成，这离牛顿和莱布尼茨的时代已经过去两个多世纪了。至于柯西等人有什么贡献，有兴趣的读者可以继续读下节延伸阅读部分的内容，它也是全书中最有挑战性的内容。

本节思考题

公平地讲，我们应该承认牛顿和莱布尼茨独立发明了微积分，这说明那个时代发明微积分的条件已经具备。思考一下发明微积分都需要有什么数学和自然科学的先决条件。

*11.5 体系的完善：微积分公理化的过程

我们在基础篇的最后留下了一个问题，就是0.999 999 9…是否等于1 ？要回答这个问题，就要讲到实数体系的公理化过程，它也是微积分公理化的基础。这部分内容稍微有点深奥，因此只推荐给那些对数学特别有兴趣而且有一些数学基础的读者阅读，省略这部分内容不影响后面其他内容的阅读。

前面我们讲到微积分从发明到完善的过程中，柯西和魏尔斯特拉斯的贡献很大，除了准确地描述了极限的概念外，他们还一同完成了对微积分进行公理化的艰巨任务。为什么要把微积分构建成一个公理化的体系呢？因为无论是牛顿从经验出发发明的微积分，还是莱布尼茨使用了大量主观假设的微积分，在数学上都缺乏严密性。比如我们在前面讲到使用导数的方法求最大值或者最小值时，

标 * 章节为延伸阅读内容。

有一个前提假设是，数轴上的数必须是“稠密没有间隙的”。过去在数学上并没有证明这件事，只是我们觉得数字之间的距离可以无限小罢了。但是不能因为我们觉得无限小，就得到数字之间没有间隙的结论。如果我们把$\sqrt{2}$从数轴上“扣掉”，它左右的两个点就有间隙了。事实上，从毕达哥拉斯开始，虽然人们知道有理数之外还有无理数存在，但是一直难以理解这种无限不循环的小数，说不清楚它们到底是什么，才会给它起了“无理数”这个看似不讲道理的名字。直到柯西等人把极限的概念搞清楚了，才准确地定义了实数（即有理数和无理数的合集）是什么。在此基础上，才建立起非常严格的微积分。

柯西是用无限逼近的办法描述实数的。比如我们想知道$\sqrt{2}$到底应该等于几，柯西就构造一个朝着$\sqrt{2}$无限逼近的序列，最后证明序列的极限就是$\sqrt{2}$这个点。这在数学上被称为柯西收敛准则。但是，与柯西同时代的数学家们，却从很多不同的角度来回答实数是什么的问题。所幸的是，虽然他们对实数的描述方法不同，但讲的意思都是等价的。比如，魏尔斯特拉斯证明在一个小范围内，有一个能够不断接近的聚点，这个聚点就是实数。而康托尔则用范围不断缩小的区间来“套”出一个实数。

就这样，数学家们一共提出了七种描述实数和它的性质的理论，后来证明它们其实都是等价的。如果我们能够证明其中一个是正确的，就能推导出剩下的六个了。但第一个怎么证明就遇到了麻烦，因此可行的方法就是将其中的一条当作公理。而把实数描述得最清楚的，是19世纪末20世纪初的德国数学家戴德金。现在人们通常把他的理论作为公理，然后可以导出其他数学家们所提出的那七个理论。当然，对于戴德金的理论，文献中“理论”“公理”和

“定理”的表述都存在。

戴德金的理论之所以“更好”，或者说更严密，是因为他是站在另一个维度来俯视实数这件事情的。他不是把一个实数看成一个点，而是看成两种反方向趋势的分割线。我们来看看戴德金是怎么考虑这个问题的。

首先，我们假定有理数的含义很清晰，因为它们就是两个整数的比值，给定一个有理数，很容易用圆规和直尺在数轴上画出来。但是，并非数轴上所有的点都可能找到有理数的对应，比如$\sqrt{2}$就不可以。因此，我们如果在数轴上某一个位置切一刀（被称为戴德金分割），数轴上的有理数就分成了向前（也就是正无穷大）和向后（也就是负无穷大）的两个集合，前面的有理数集合我们不妨称为A，后面的称为A'。显然，A和A'都满足四个基本条件：

（1）非空，也就是说它们中都包含一些有理数；

（2）不等于全部有理数，也就是说$A \neq \mathbf{Q}$，$A' \neq \mathbf{Q}$；

（3）零交集，即$A \cap A'=\varnothing$；

（4）互补，即这两个集合的并集为有理数集本身$\mathbf{Q}=A \cup A'$，而且A中任意一个元素要大于A'中每一个元素。

由于切割的位置不同，A和A'会有三种情况：

（1）A有最小的元素，而A'没有最大的元素。比如这一刀正好切在1这个位置，而且1被划给了集合A，于是1就是集合A中最小的元素，但是这样一来A'就没有最大的元素了。因为根据前面说的切割的设定，A'里的元素都比1小，但是如果你在A'中任意给定一个小于1的元素e，我只要让$e_1=(e+1)/2$，它就大于e，而且也在A'中。

（2）A 中无最小的元素，但是 A' 有最大的元素。这个情况和前一种情况正好相反，如果在 1 处切一刀，而且把 1 划给 A'，就是这种情形。

（3）A 没有最小的元素，A' 也没有最大的元素。比如我们这样定义 A 和 A'，其实就是把分割线画在了 $\sqrt{2}$ 的位置。

$$A=\{q \mid q>0 \text{ 并且 } q^2>2\},$$

$$A'=\{q \mid q<0 \text{ 或者 } q^2<2\}。$$

为了直观起见，我们把这两个集合画在了数轴上，如图 11.10 所示，右边的部分是集合 A，左边的是集合 A'。

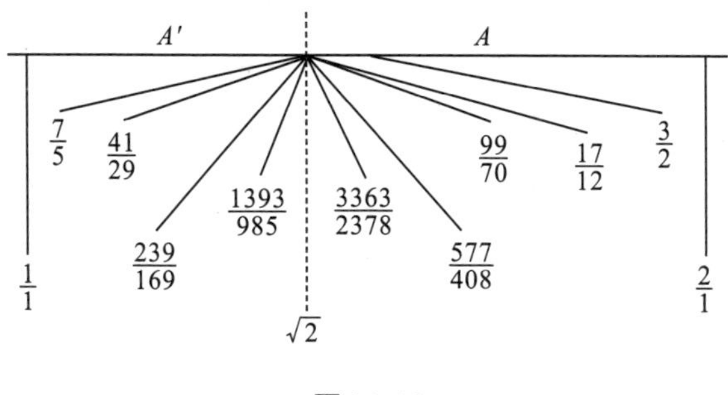

图 11.10

在 A 集合中，给定一个有理数，我们总是能找到更小的有理数，满足其条件。比如图 11.10 中，从 2 开始，3/2，17/12，99/70，577/408，3363/2378，…，我们可以不断地找到更小的有理数。类似地在 A' 中我们可以不断地找到更大的有理数。这两件事采用前面说到的 ε–Δ 方法可以严格证明，由于篇幅的原因，我们就省略了。

第三种分割显然是存在的，这个分割的边界就被定义为一个无理数。也正是因为它既不在集合 A 中，也不在集合 A' 中，因此它不是有理数。

看到这三种组合可能有人会问，是否会出现第四种组合，即A有最小的元素，同时A'也有最大的元素。这种情况是不可能的，很容易通过反证法证明。

我们可以假设q_1是A中最小的元素，q_2是A'中最大的元素，根据戴德金分割的定义，$q_1>q_2$。那么$(q_1+q_2)/2$显然也是一个有理数。

由于$(q_1+q_2)/2<q_1$，因此它不在A中，同时由于$(q_1+q_2)/2>q_2$，因此它也不在A'中。这就违背了A和A'的并集等于有理数集全集的假设。因此这种情况不会出现。

戴德金分割把每一个有理数和一种在数轴上的切割方式对应起来，有理数中间的空隙就被定义成了无理数，有理数和无理数共同构成了实数这个集合。大家可能已经看出，上述这样的定义方法很像欧几里得定义几何学概念的方法，从一个最简单的定义出发，推导出一大堆新的知识。至于前面关于有理数的定义，其实只要有整数的定义，就能通过乘法的逆运算定义出有理数，而整数的定义则是依赖于集合论。也就是从集合论出发，最后到戴德金分割，数学家们就将数这种看似“自然而然存在”的概念，变成了严密的公理化体系。最终完成这个任务的是著名数学家希尔伯特，他通过三类公理[①]描述了整个实数系统，包括它们的性质和运算，在此之上微积分中的微分部分（包括导数和极限），就变得非常严格而富有逻辑了。

戴德金分割在整个实数理论中占有最重要的位置。它在有理数

① 即域公理、序公理和完备性公理。

之间补足了无理数，让整个数轴变得连续了，也就是任何两个“很靠近”的实数 r_1 和 r_2 之间，还有无数个实数。这个结论很容易证明，因为 $r_3=(r_1+r_2)/2$ 就是它们中间的一个实数，而 $r_4=(r_2+r_3)/2$ 又是它们之间的另一个实数，这个过程可以无限重复下去。当我们把戴德金分割从有理数的范围扩展到实数的范围，A 和 A' 只会出现两种情况，也就是 A 有最小的元素，A' 没有最大的元素，或者反过来。不会出现有理数条件下出现过的第三种情况。这样，在实数轴上的一个戴德金分割 (A, A')，都唯一地确定一个实数 r。这个性质通常被表述为戴德金实数完备性（连续性）公理。

接下来我们就可以用戴德金分割，来证明 0.999 999…=1 了。

由于 0.999 999…是一个循环小数，因此它是一个有理数，因此我们就在有理数域的范围内，对所有的有理数做戴德金分割。

根据我们前面的描述，两个有理数 q_1 和 q_2 要相等，充分和必要条件就是它们对应的分割 C_1 和 C_2 要相等。我们假定 C_1 把有理数分割成 A_1 和 A_1'，C_2 把有理数分割成 A_2 和 A_2'，那么我们只要证明 $A_1=A_2$（当然同时自然就会有 $A_1'=A_2'$），就证明了分割 C_1 和 C_2 相同，进而证明了 q_1 和 q_2 相等。

我们令：

A_1={所有小于 1 的有理数集合}，

A_2={所有小于 0.999 999…的有理数集合}。

显然，A_1 包含 A_2，即 $A_1 \supseteq A_2$，因为小于 0.999 999…的数一定小于 1。接下来我们只要证明 $A_1 \subseteq A_2$ 即可。

对于 A_1 中任何一个元素 $q=m/n$（其中 m 和 n 为整数），都满足 $q<1$，即 $m<n$。因此存在一个整数 d，使得 $d \leqslant n-m$，即 $q=$

$m/n \leqslant 1-d/n$。我们选取一个正整数k，使得$10^{-k}<d/n$，显然10^{-k}也是一个有理数。这样就有：

$$q \leqslant 1-d/n<1-10^{-k}=0.999\cdots99(\text{一共}k\text{个}9)$$

显然0.999…99(一共k个9）要比0.999 999…（无限个9）要小。因此q在A_2当中，即$q \in A_2$。

由于q是A_1中任意一个元素，这也就是说，A_1中每一个元素都属于A_2，于是$A_1 \subseteq A_2$。再结合$A_1 \supseteq A_2$，就知道这两个集合相等，即$A_1=A_2$。于是相应的分割C_1，C_2也相等，和它们分别对应的有理数1和0.999 999…也相等。因此，0.999 999…并不仅仅是无限趋近1，而是就等于1。

上述结论还可以用柯西序列、康托尔集合等其他的工具证明。这其实也从另一个角度说明，其他数学家对实数的描述其实都等价于戴德金的理论。通过了解戴德金的理论，我们可以体会如何从左右两个趋势来看待静态的数，进而养成动态看问题的习惯。

讲完了微分部分的公理化，大家肯定会想，在积分方面是否有什么漏洞需要补上呢？确实有！

我们前面讲的积分有一个隐含的条件是，就是被积分的函数需要基本上是连续的。所谓“基本上”连续，是指在被积分的区间内，只有有限个不连续的地方。比如图11.11中实线所示的函数$f(x)$，它在b，c两个点不连续，但是除此之外都是连续的。如果我们要计算从a到d的积分$\int_a^b f(x)\mathrm{d}x$，我们可以将它分为从a到b，从b到c，再从c到d三段积分，即

$$\int_a^d f(x)\mathrm{d}x=\int_a^b f(x)\mathrm{d}x+\int_b^c f(x)\mathrm{d}x+\int_c^d f(x)\mathrm{d}x \qquad (11.4)$$

图11.11中的点线是$f(x)$的原函数$F(x)$，我们根据牛顿-莱布尼

茨定理知道，$F(d)-F(a)$就是上述积分。

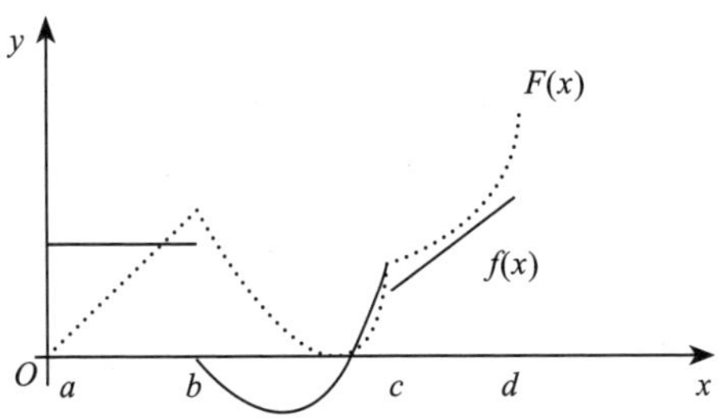

图11.11　分段连续的函数依然可以做积分

但是，如果从a到d之间，每一个点都是不连续的怎么办？前面讲到的积分的办法就没有用了。比如下面这个狄利克雷函数（Dirichlet function）：

$$f(x)=\begin{cases}1，当x是有理数，\\0，当x是无理数。\end{cases} \tag{11.5}$$

这个函数由于每一个点都不连续，其实无法在坐标系中画出它的图像，我们只能用虚线显示一个大意，如图11.12所示，上面的部分表示x是有理数的情况，下面的部分表示x是无理数的情况。

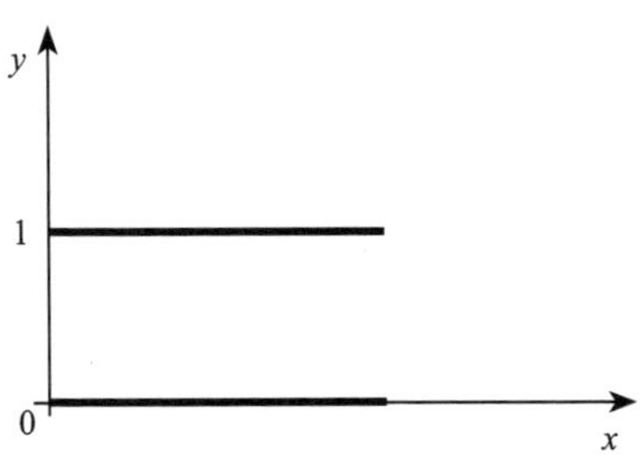

图11.12　狄利克雷函数

如果我们按照原来积分的定义，无论将区间 Δx 取得多么小，也算不出这一个区间(比如［0,1］区间)的面积，因为如果相应的 x_i 是有理数，$f(x_i)=1$，这个区间的面积就是 Δx。如果每一个区间都这么取，将这个函数从 0 到 1 积分，就得到 $\int_0^1 f(x)\mathrm{d}x=1$。但是，如果每次取到的 x_i 是无理数，$f(x_i)=0$，算出来的积分就是 0，即 $\int_0^1 f(x)\mathrm{d}x=0$。这显然是矛盾的，因此我们说这样的函数积分不存在。

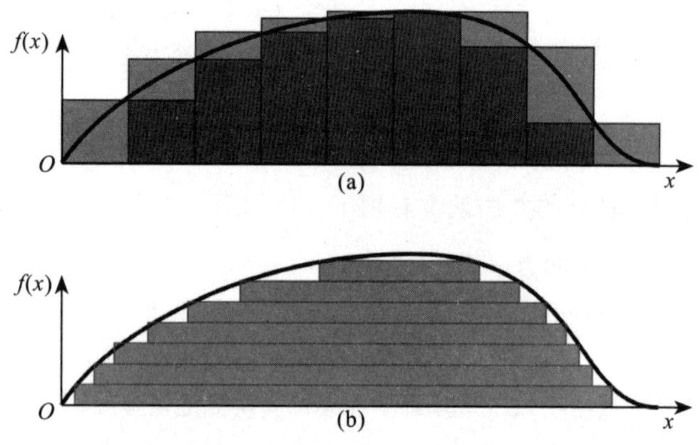

图11.13　计算曲线下方的面积，既可以按照变量 x 分割相加，也可以按照函数值 $f(x)$ 分割相加

不过，如果我们换一个角度来思考狄利克雷函数的积分问题，它还是有解的。用黎曼的方法对函数积分时，是把一个函数垂直地划分为很多区域，然后计算每一个区域的面积，如图 11.13（a）所示。不过，我们也可以水平地划分区域，然后计算每一个区域的面积再相加，如图 11.13（b）所示。

对于狄利克雷函数，我们对它按照函数值划分之后，只有包括

$f(x)=1$ 的区域和 $f(x)=0$ 的区域有对应的变量，或者说它们的宽度可能不为零，其余的都是零，如图 11.14 所示。因此在［0，1］区间内对这个函数求积分，只要把值等于 0 的点（所有无理数）的总长度 l_0 乘以函数值 0，再把这个区间内函数值等于 1 的点（所有有理数）的总长度 l_1 乘以函数值 1，然后相加就可以了，即

$$\int_0^1 f(x)\mathrm{d}x = 0 \cdot l_0 + 1 \cdot l_1。$$

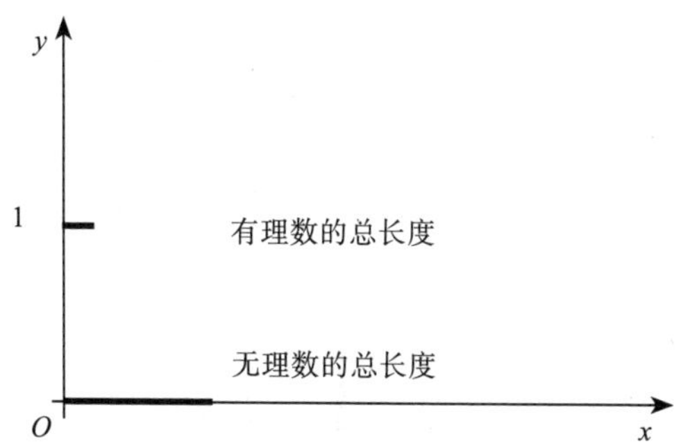

图 11.14　水平分割狄利克雷函数后，把［0,1］之间所有的有理数“挤到”一处，所有的无理数“挤到”一处

接下来的问题只剩下，在 0 和 1 之间，无理数放到一起的长度 l_0 是多少，有理数的总长度 l_1 又是多少。对于这个问题，法国数学家亨利·勒贝格（Henri Lebesgue）给出了一个度量的方法，他把这种满足条件的数字放在一起的“长度”称为测度。

具体到 0 和 1 之间的实数，它们的总长度当然是 1，其中无理数的数量是有理数的无穷多倍，因此，无理数的测度 $l_0=1$，有理数的测度 $l_1=0$。因此，狄利克雷函数的积分就是 $0\times1+1\times0=0$。

上述这种按照水平区域划分曲线面积，然后求积分的方法，被

称为勒贝格积分。可以证明，如果一个函数的黎曼积分（垂直划分的）存在，那么勒贝格积分一定存在，但是反过来却不一定，狄利克雷函数就是一个很好的例子。

勒贝格对于微积分的贡献在于，他发明了抽象的测度的概念，用这个纯粹的数学概念取代了我们生活中熟知的，但是不那么严密的长度的概念。有了测度的概念，很多其他的数学分支，就可以进一步完善了，比如概率论。建立实数理论和测度概念基础上的微积分，也被称为实变函数分析，这是今天在实数定义域中最为严格的微积分体系。至此微积分的公理化体系才算构建完成。

从微积分的建立过程，我们可以看出很多事情是水到渠成的结果，牛顿从力学出发，莱布尼茨从哲学出发，几乎同时都发明了类似的工具。因此缺了他们中的一人，微积分依然会在那个时代出现。其实在任何重大发明的过程中，时间的早晚可能远没有我们想象的重要。具体到微积分，最原始的思想，牛顿的老师巴罗就已经考虑过，但是那不能算是微积分，至于埃及、希腊、中国、印度、伊拉克、波斯和日本今天都声称自己的国家更早发明了微积分的雏形，你当笑话听听就好了。我们在这一个模块中，从牛顿的视角引入微积分，因为它比较直观，但是它和今天教科书里的内容相去已经甚远。今天的微积分和莱布尼茨的版本有更多的继承关系，但是我们今天学的依然不是他的版本，而是后来柯西等人完善的版本。很多人都醉心于从0到1的发现，但是真正伟大的发明需要走完从0到N的全过程，这中间有很长的路，任何时候进入相关的领域都不晚。

本节思考题

从黎曼积分到勒贝格积分，简单地讲就是由竖着划分区域变成横着划分，为什么转了90度的划分方式，原来不可以积分的函数就变成了可积分的呢?

本章小结

积分是微分的逆运算，它可以通过细节了解全局。积分看中的是累积效应，但是累积的效果需要一个过程才能看到。当一个函数开始变化时，它的累积效果不会很快显现出来，需要经过一些时间的积累才能体现出来。我们经常讲飞轮效应，其实飞轮的速度就是对加速度的积分。当我们对飞轮施加作用力后，其实它的加速度已经开始出现，但是一开始速度依然是很慢的，需要在时间之后，我们才能看到它飞快地转动。同样，当我们想制止一件事情的时候，虽然我们已经采取了措施，但是原先事物变化的轨迹不会因为我们所采取的措施马上改变，需要我们有耐心坚持一段时间，才能看到改变。

结束语

微积分让很多人望而生畏。其实它是一种非常强大的数学工具，特别是对于那些难以用初等数学方法解决的问题。我们在理解了它的基本原理后，用的时候，使用类似Mathmatica之类的工具即可。对于不需要使用微积分的人来讲，它是一种思维，包括通过宏观变化的速率了解微观的细节，以及通过微观变化的积累了解宏观趋势。理解了这两点，我们的认知就得到了升级。

微积分，通常是和它的发明者牛顿和莱布尼茨的英名联系在一起的。但是，在它被称为真正严格数学分支的过程中，柯西、魏尔斯特拉斯、黎曼、戴德金和勒贝格等人同样做出了重大的贡献，这才让微积分这个数学工具变成了今天逻辑最为严密，最重要的高等数学分支。其中，将微积分置于公理化的框架之下，是这个改造过程的核心，通过对这个过程的了解，我们能够加深对数学本质的认识。

概率和数理统计篇

数学发展的大致过程，是从不确定到确定，再到不确定的。但是后一个不确定和前一个并不相同。

最初，人类数不清数，后来发明了计数方法，这就是从不确定到确定。再后来，人们掌握了丈量土地的方法，能够计算时间，能够解方程，这就越来越具有确定性了。特别是在代数学中，通过变量和函数，确定性从个案上升到了规律。利用微积分，人们对确定性的理解从宏观进入到微观，当然也能反过来，通过对事物的细微观察，了解宏观规律。微积分的出现，使得人类有了空前的自信，连那么细微、短暂的规律（比如瞬时速度）都能把握，还有什么是不能把握的呢？

到了詹姆斯·克拉克·麦克斯韦（James Clerk Maxwell，英国物理学家）的时代，他通过几个非常确定的方程，把看不见、摸不着的电磁场描绘得清清楚楚。这样一来，世界上似乎就不存在不确定的事情了，最多是我们暂时还没有找到答案而已。

1879年麦克斯韦去世时，正赶上大物理学家马克斯·普朗克（Max K.E.L.Planck）选择大学专业，他一度考虑是否要学习物理以外的学科，因为那个时代的科学家们觉得物理规律都被发现完了，剩下的只是修修补补的工作了。但是后来，普朗克恰恰成了带有不确定性的物理学——量子力学的开山鼻祖。与此同时，数学的发展也开始注重对不确定性的研究了。有关不确定性的理论基础——概率论，是数学的一个分支。

第12章

随机性和概率论：如何看待不确定性

最早从数学的角度研究不确定性，寻找随机性背后规律的既不是数学家，也不是古代掌握知识的祭司们，而是赌徒。他们经常需要了解赌局中什么情况更可能出现，以便于下注赢钱。因此可以讲概率是由利益驱动发展起来的学问。

12.1 概率论：一门来自赌徒的学问

赌徒们之所以要研究概率，是因为打牌时或者进行其他赌博时，真实的获胜率和人们的想象经常是相反的。我在年轻的时候一度痴迷于桥牌，打桥牌就要算牌，算算某张牌可能在谁的手里。我们知道一个花色有13张牌，假如你和你的搭档有9张黑桃，对方两人有4张，最大的两张牌A和K都在你手里，但是第三大的Q在对方手里。这时你要做一个判断，对方手中的4张黑桃，每人各有两张（即2-2分布）分布的可能性有多大。如果超过50%，你直接打出A和K，将对方手里的Q砸死即可。但如果1-3分布的可能性很大，而Q恰好在有3张黑桃的那个人手里，你就不能这么打了。事实上，在上述情况下，1-3分布要比2-2分布的概率大不少，这就和我们的常识是相悖的。打桥牌的人要背下来主要牌型分布的概率，在打牌时是靠概率取胜，而不是靠运气。当然，在没有概率论之前，算清楚牌型的概率并不容易，绝大多数玩家只能凭直觉或者经验判断出牌，因此犯错误是常事。庄家虽然也算不清楚牌，但是因为长期设赌局经验多，不知不觉地能统计出一些概率分布，因此通常会赢到玩家的钱。

在历史上有明确记载的最早研究随机性的数学家是布莱士·帕斯卡（Blaise Pascal）和费马。帕斯卡就是最早发明机械计算机的那位数学家，他并不是赌徒，但是他有一些赌徒朋友。那些人常常玩一种掷骰子游戏，游戏规则是由玩家连续掷4次骰子，如果其中没有6点出现，玩家赢，如果出现一次6点，则庄家赢。在这个赌局中，由于双方的赢面差不多，不是大家能够凭直觉判断准的，因此玩家并不觉得吃亏，甚至还觉得赢面大一些。但是，只要时间一长，庄家总是赢家，玩家注定是输家。1654年一位赌徒朋友就向帕斯卡请教，是否能证明庄家的赢面就是大。帕斯卡经过计算，发现庄家的赢面还真是稍微大一点，大约是52%比48%。大家不要小看庄家这多出来的4个百分点，累积起来，能聚敛很多财富。

在研究赌局概率的过程中，帕斯卡和费马有很多通信，今天一般认为他们二人创立了概率论。他们二人的工作表明，虽然无法为各种不确定性问题找到一个确定的答案，但是背后依然是有规律可循的。

到了18世纪启蒙时代，法国政府债台高筑，不得不经常发一些彩票补贴财政。但是由于当时人们的数学水平普遍不高，发彩票的人其实也搞不清该如何奖励中彩者。著名的启蒙学者伏尔泰是当时最精通数学的人之一（牛顿受到苹果启发发现万有引力定律的说法就是由他传出去的），他算出了法国政府彩票发行的漏洞，找到了一些只赚不赔的买彩票的方法，赚到了一辈子也花不完的钱。伏尔泰一生没有担任任何公职，也没有做生意，但是从来没有为钱发过愁。这让他能够专心写作，研究学问。

从18世纪末到19世纪，数学家们对概率论产生了浓厚的兴趣，像法国的雅各布·伯努利（Jacob Bernoulli）、皮埃尔-西蒙·拉普拉斯（Pierre-Simon Laplace）和西莫恩·德尼·泊松（Siméon Denis Poisson）等人，德国的高斯，以及俄罗斯的帕夫努蒂·切比雪夫（Pafnuty Chebyshev）和安德烈·马尔可夫（Andrey Markov）

等人，都对概率论的发展有着很大的贡献。经过他们共同的努力，概率论的基础理论逐渐建立起来了，很多实际的问题也得到了解决。在这些人中划时代的人物是拉普拉斯，他给出了古典概率的定义。

本节思考题

有三个均匀的骰子，同时掷出后，点数超过15点的概率有多少?

扫描二维码

进入得到App知识城邦"吴军通识讲义学习小组"

上传你的思考题回答

还有机会被吴军老师批改、点评哦~

12.2 古典概率：拉普拉斯对概率的系统性论述

在过去的两百多年里，概率的定义是不断被修正的，这个过程其实反映出人类认知进步的过程。

1. 拉普拉斯关于概率的定义

最初给出概率定义的是法国数学家拉普拉斯。拉普拉斯是一位了不起的科学家，他除了在概率上的贡献之外，在数学和科学上还有很多贡献，比如他发明了拉普拉斯变换，完善了康德关于宇宙诞生的星云说等。不过，拉普拉斯却又热衷于当官，可能是因为那时当官的收益要比当科学家来得高。幸运的是，他有一位很著名的学生——拿破仑。后者在军校学习时，教授数学的便是拉普拉斯。靠着这层关系拉普拉斯后来真当上了政府的部长，不过，他的政绩不太好，因此他的学生拿破仑讲，他是一位伟大的数学家，但却不是一个称职的部长。抛开拉普拉斯在科学上的诸多贡献，让我们聚焦在他对于概率的定义上。

在拉普拉斯的时代，大家已经开始关心概率论中的问题了，但是却没有一个关于概率的正规的定义，也就更不用提如何准确计算概率了。当时人们对“有可能”和“概率大”是分不清的。直到今天，问一些人买彩票中彩的概率是多少，他依然会说50%，因为在他看来只有中彩票和不中彩票两种情况。

拉普拉斯是如何定义概率的呢？他先定义了一种可能性相同的基本随机事件，也称为单位事件（或者原子事件）。比如我们同时掷两个骰子，两个骰子的点数加起来可以是从2到12之间的任何正数。那么这些数出现的概率相等吗？很多人会认为相等，因为从2到12一共有11种情况，每一种情况的概率就是1/11。但是，这11种情况并非是基本随机事件，而是可以拆分为更小的单位事件。我们不妨挑两种情况，拆分成单位事件，这里面的道理便一目了然了。

假定我们希望两个骰子加起来是5点，有四种单位事件可以得到这个结果，即第一个骰子的点数分别是1，2，3，4，同时第二个的点数是4，3，2，1。如果希望两个骰子加起来12点，只有一种单位事件能得到这样的结果，即两个骰子都是6点。因此，我们知道得到5点的概率和得到12点的是不同的。类似地，中彩票的概率和不中彩票的也是不同的，因为它们所包含的单位事件数量不同。

基于单位事件的概念，拉普拉斯定义了古典概率，即一个随机事件A的概率$P(\mathrm{A})$可以按照下面的公式计算：

$$P(\mathrm{A})=\frac{\text{随机事件A中所包含的单位事件的数量}}{\text{随机变量空间里的单位事件的数量}}。\tag{12.1}$$

在上面掷骰子的问题中，随机变量空间就是两个骰子点数的各种组合，它有36种单位事件，即第一个骰子是1点时，第二个骰子为1～6点的6种情况；第一个骰子是2点时，第二个骰子为1～6点的6种情况；等等，加起来一共是36种。每一种单位事件是不可再分的。单位事件的概率称为原子概率（atomic probability），在这个例子中，原子概率是1/36。如果我们要计算两个骰子加起来为5点的情况，只要数数里面包括了多少单位事件，它里面是4个，然后我们用4除以总数36即可。这样算下来，两个骰子加起来5点的概率是1/9。用这种方法我们会发现2点和12点的概率最小，是1/36，中间7点的概率最大，是1/6。这11种情况并不是等概率的，它们的概率可以用下面这张直方图表示（图12.1所示），中间最大，两头最小。

根据拉普拉斯对概率的定义，所有可能发生的情况放在一起，构成了一个随机事件总的集合（今天我们也称为概率空间）。任何一个随机事件，都是随机事件总集合里的一个子集。比如掷两个骰子，随机事件总的集合就包含那36种情况。而某个随机事件，比如

“两个骰子总点数大于10”，就是其中的一个子集，这个子集包含三个单位事件，即第一个骰子5点，第二个骰子6点，以及反过来，或者两个骰子都是6点。

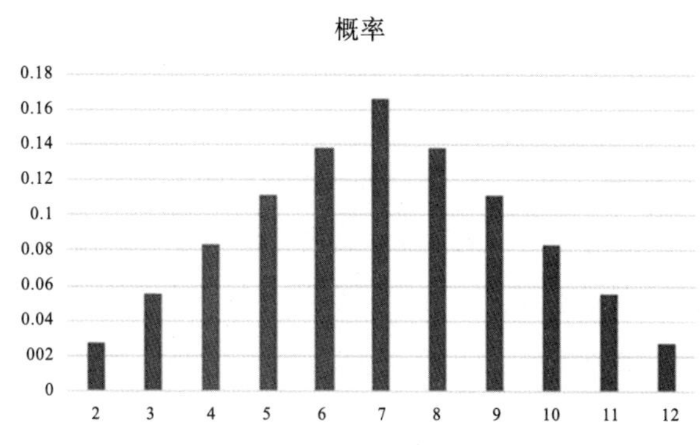

图 12.1　掷两个骰子得到不同结果的概率分布

如果一个随机事件，包含了随机事件空间中的所有的单位事件，那么这个事件必然会发生，它被称为必然事件，概率就是1。另一方面，如果一个随机事件不包括随机事件空间中任何一个单位事件（对应数学上的空集∅），它就不可能发生，被称为不可能事件，概率为0。剩下来的随机事件，概率都在0～1之间，里面包含的单位事件越多，概率就越大，用通俗的话讲，就是发生的可能性越大。

2. 拉普拉斯古典概率定义的漏洞

拉普拉斯是第一个系统论述概率的人，但是他对于概率论的描述其实有不少漏洞。比如在现实中是否存在着可能性完全相等的单位事件，这本身就是一个大问号。我们知道，没有骰子是完美对称的，因此和骰子相关的概率问题似乎就不存在单位事件了。当然，这还不是拉普拉斯定义中最大的缺陷，他给出的定义本身有循环定义的嫌疑。拉普拉斯为了一个随机事件A的概率，用了等可能性的单位事件这个说法。但是在没有概率定义之前，又从何谈起等可能性。此外，根据拉普拉斯的定义，需要先已知随机事件空间，或者说各种可能性总的集合，比如掷骰子我们需要知道一个骰子只有6种结果。但是对于未来的预测，常常无法把各种随机性都列举出来。比如医疗保险公司无法确定一个60岁的人在接下来的3年里得大病的概率，因为无法知道所有可能发生的意外。不过由于拉普拉斯这种定义大家都能理解，也就暂时不追究其严密性了。

就在拉普拉斯试图从数学上定义概率的同时，不少人从其他角度来思考随机性的问题，那就是经验主义。我们知道，数学是能从经验中获得启发的，但是不能建立在经验之上，而是要建立在公理和逻辑之上。今天的概率论便是如此，不过，对于随机性的各种实验，还是为人们发现概率论的各种定理提供了帮助。这就是我们接下来要讲的内容。

本节思考题

一把长度为一尺的尺子，每一寸的地方有一个刻度，包括左右两端。一枚直径为0.5寸的硬币随机地放在尺子上，它正好压在刻度上的概率是多少?

12.3 伯努利试验：随机性到底意味着什么

当人们发现随机性其实也是有规律可循的时候，就试图寻找它们的规律性，并且通过试验来证实。通过实验，人们发现随机性所反映出的很多规律其实和我们直觉想象是不一样的，以至于大部分人在生活中误读了概率。比如说，我们知道抛硬币正反两面朝上的概率各一半，但你真的抛了10次硬币，真的有5次正面朝上么？其实这种可能性只有25%左右，这显然和大多数人的直觉完全不同了。再比如有人设了一个赌局，赢面是10%，是否玩10次就能保证赢一次呢？如果不能，需要多少次才有很大的把握赢一次呢？这个结果是26次，这可能也颠覆了大家的认知。在后面你还会看到，大部人对随机性的理解都是错的。而我们了解概率论的一个重要的目的，就是正本清源。

1. 伯努利试验

在18世纪和19世纪初的时候，数学家和一些爱动脑筋的赌徒们就想搞清楚为什么人们对随机性的想象和现实存在矛盾。他们一方面开始做更多的随机试验，试图找出有关随机性的规律；另一方面，希望枚举出各种可能性，先用数学的方法“算出”概率，然后再通过试验来验证。当然，很多时候，他们算出的概率和试验出的结果根本对不上，这又促使很多人绞尽脑汁想办法找到两者不一致的原因。比如，我们掷10次硬币，看看是否正面朝上的次数是5次左右（包括4次或者6次）。但是，大部分时候都不可能得到5次正面朝上的结果，甚至有一小半的时候也落不到4～6次之间。这时我们是否该得出硬币两面不均匀的结论，还是说这个结果是因为偶然性造成的呢？如果我们做其他随机试验，可能也会遇到类似的情况。于是，法国数学家伯努利等人为了回答这个问题，就开始做了大量的随机试验，其中最为简单的一种就是以他的名字命名的伯努利试验。

伯努利试验简单到只有两种结果，非A即B，没有第三种状态。A和B发生的可能性不需要相同，但是在同样条件下重复试验，A和B各自发生的概率需要一致。比如一个口袋里有一个白球，三个红球，它们大小重量都相同，我们从口袋里摸出来一个，看完颜色再放回去。拿到白球是事件A，拿到红球是事件B。我们来回来去做这个试验，每次摸到白球的概率应该是一致的。这就是一个典型的伯努利试验。前面讲的掷硬币的试验也是一种伯努利试验，只是事件A和事件B出现的概率相同。但是，如果我们考察今天的天气，下雨是事件A，不下雨是事件B，每天这两个事件出现的概率是无法保持一致的，因此它就不是伯努利试验。

伯努利从这种最简单、可重复的试验入手研究随机性，是非常有道理的。因为可重复，才可能有规律可言，因为简单，规律才好寻找。如果发现试验的结果和理论分析得不一样，也好寻找原因。下面我们就以抛硬币为例，来说明为什么我们推测出的结论会和试验的结果不一致。

2. 为什么理论和试验的结果不一致

照理讲，如果一枚硬币是两面均匀的，抛一次，正面朝上和背面朝上是等可能性的。我们掷 10 次硬币，正面朝上的次数应该是 5 次。但是如果你真的拿一枚硬币去试，会发现可能只有三次正面朝上，也有可能是四次正面朝上，甚至会出现没有一次正面朝上的情况。事实上最后一种情况，即没有一次正面朝上的情况出现的概率是 1/1024，也并不算太小。如果我们把从 0 次正面朝上，也就是说全部是背面朝上，到 10 次全是正面朝上的可能性都算出来，画成一个折线图，就是图 12.2 的样子。从图中可以看出，虽然 5 次正面朝上的可能性最大，但是只有 1/4 左右。如果我们把条件放宽一点，把 4 次和 6 次正面朝上的情况都近似为等概率，那么也不过是 60% 左右，剩下 40% 左右的情况和 5 次正面朝上的情况相差就比较大了。这时我们似乎得不到“正面朝上的概率为一半”的结论。

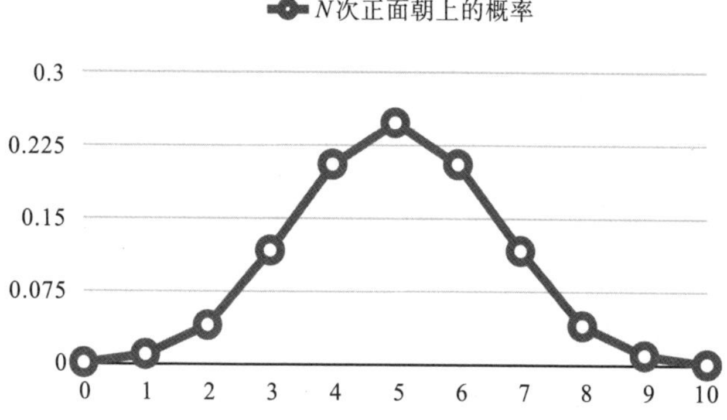

图 12.2　抛 10 次硬币，有 N 次正面朝上的概率分布

造成试验结果和理论值不一致的原因，并不是硬币本身有问题，或者我们抛硬币的手法有问题，而在于随机性本身。具体讲，就是试验10次数量太少，统计的规律性被试验的随机性掩盖了。如果我们做更多的随机试验，规律性是否会更清晰一点呢？比如我们统计100次抛硬币的结果，然后反复做这个随机试验，你会发现，正面朝上出现40～60次结果的，会占到实验次数的80%以上。也就是说，抛100次硬币得到的结果，比抛10次更接近等概率的分布。如果我们继续增加试验的次数，比如增加到1万次，你会发现正面朝上的次数基本上就在一半左右浮动，不太可能出现极端的情况（即大量正面朝上或者大量正面朝下的情况）。事实上，我们只要做1000次试验，正面朝上的次数在400～600之间的可能性在99.9%左右。即使我们把浮动的范围缩小到450～550，也有99.7%的可能性正面朝上的次数落在这个范围内。

在一般的伯努利试验中，假设事件A发生的概率是p，那么事件B发生的概率就是$1-p$。如果进行N次独立的试验[①]，那么事件A会发生多少次呢？我们感觉应该是N次乘以每次发生的概率p，即$N \cdot p$。比如我们把52张扑克牌洗一遍，你从中抽一张，事件A是你抽到黑桃，它的可能性应该是1/4。然后我们把抽出来的牌再放回去，洗牌后再抽出一张，这样重复500次，大家感觉应该有$N \cdot p=125$次抽到黑桃。但是实际上抽到黑桃（即事件A发生）多少次都是有可能的，只不过发生125次的可能性最大，接下来在$N \cdot p$

① 所谓独立的试验，是指第二次试验的结果和第一次的结果无关，比如抛硬币就是独立的试验。

周围即发生124次或者126次的可能性次之，然后向两头逐渐递减。如果将出现各个次数的可能性画成一条曲线，就是中间高两头低的曲线，如图12.3所示。

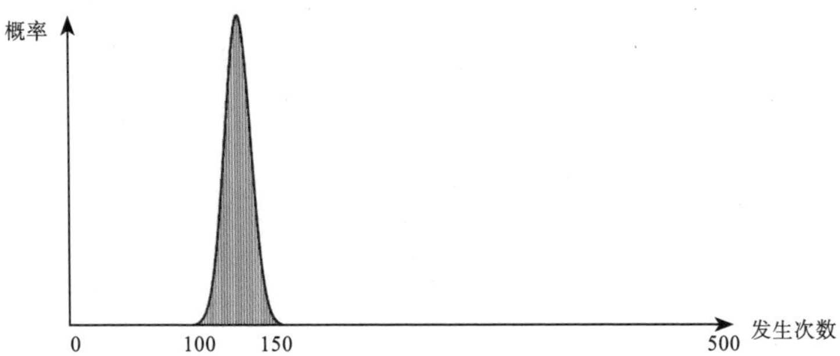

图12.3　单次概率为1/4的伯努利试验进行500次后的概率分布

在这个曲线中，每一个点就是出现相应次数的概率，这条曲线对应的函数，就被称为500次伯努利试验的概率分布函数。对于一般的情况，如果每一次伯努利试验时事件A发生的概率为p，进行N次试验后，恰好发生了k次，这个概率可以用下面的公式来计算：

$$P(N,k,p)=\binom{N}{k}p^k\cdot(1-p)^{N-k},\tag{12.2}$$

其中$\binom{N}{k}$是从N个物品中挑选出k个的组合数，它等于$\frac{N!}{k!\,(N-k)!}$。公式（12.2）的推导过程比较复杂，我这里就省略了。大家如果有兴趣，可以验证两件事。

第一，k取不同值时的概率，在$k=N\cdot p$附近达到最大。比如N=20，p=0.3，k=6时概率达到最大值0.19左右，k=5的时候则降为了0.18，而k=10时只有0.03。

第二，如果N比较大，k在远离$N\cdot p$之后，概率下降得很快；如果N比较小，概率下降得很较慢。

由于伯努利试验只有两个结果，因此得到的概率分布也被称为两点分布（或伯努利分布）。从图12.3中可以看出，试验500次后，事件A发生次数少于100次，或者大于150次的可能性极小。因此，虽然大部分时候试验结果很难和计算出来的数值一致，不可能正好是125次，但是"总体上讲"，它会落在以125为中心，左右误差"不太大"的范围内。在后面我们会讲到，这个"总体上讲"的说法，在概率和统计中有一个专门的量化度量方式，被称为统计的置信度，"不太大"则可以用方差或者标准差来准确刻画。如果试验的次数N不断增加，从500增加到5000、50000甚至更多，二项式分布的曲线画出来会显得更加窄，逐渐变成一条高耸的线，直到N趋近于无穷大时，二项式分布的曲线看上去就是一条直线。这根直线所在的位置，和用公式计算出的位置$N\cdot p$是完全一致的。当然，如果N比较小，曲线的就会显得比较平，如12.4所示。

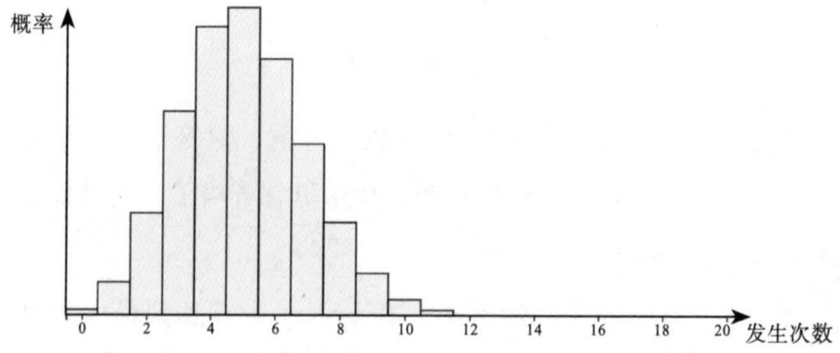

图12.4　单次概率为1/4的伯努利试验进行20次后的概率分布图

从二项式分布的特点，我们可以得到这样两个结论。首先，有关不确定性的规律是存在的，比如它总是呈现出中间大两头小的情形，不会任意乱来，而且不同的人做同样的试验，只要满足同样的试验条件，虽然结果的细节很难重复，但是大家得到的大致轮廓差不多。这个特性很重要，正是因为大量的随机试验，结果具有可重复性，我们研究它的规律才有意义。其次，只有在进行大量的随机试验时，规律性才会显现出来，当试验的次数不足时，它则显现出偶然性和随意性。

当然，在数学上我们不用“曲线比较鼓”或者“比较平”之类不严格的语言来描述一种规律。我们需要用两个非常准确的概念来定量描述“鼓”和“平”的差别。

本节思考题

有一枚硬币，掷了10次有8次正面朝上。下面两种情况哪一种可能性更大？

1. 这个硬币两面是均匀的；

2. 这个硬币有问题，正面朝上的概率是70%。

12.4 均值与方差：理想与现实的差距

1. 均值和方差的含义及关系

在概率论中，用于描述一个随机事件或者随机变量性质的重要概念就是平均值或者叫作数学期望值（简称期望值），我们常常用μ来表示它。数学期望值（均值）讲的是在同样的条件下多次重复某个随机试验，所得到结果的平均值。比如掷骰子，结果可能是1—6点，如果我们重复1万次，把每一次的点数加起来，平均值就是3.5，这就是掷骰子结果的数学期望值。当然，很多时候无法大量重复试验，因此我们可以通过将每一个可能的结果按照其发生的概率加权平均得到数学期望值。比如一个做了手脚的骰子，5点朝上的可能性为1/3，2点朝上的可能性为0，其余各点朝上的可能性为1/6，于是它的数学期望值就是：

$$1\times\frac{1}{6}+2\times 0+3\times\frac{1}{6}+4\times\frac{1}{6}+5\times\frac{1}{3}+6\times\frac{1}{6}=4。$$

虽然数学期望值是理想状态下得到的试验结果的平均值，和实际做试验得到的平均值可能有偏差，但是人们经常把它们当成一回事来讲。

数学期望值只能反映一个随机变量平均的情况，不能反映它的浮动范围，也不能反映进行一次随机试验，结果是否在平均值的附近。比如我们有两个骰子，一个骰子是普通的骰子，各点朝上的可能性相同，另一个被做了手脚，3点和4点朝上的概率分别是1/2，其他各点出现的概率为零。这两个骰子掷出来，数学期望值都是3.5，但是第一个骰子可能有各种结果，随机性非常大，第二个骰子的结果只集中在3、4两点上。如果我们把它们的分布情况画出来，就是下图12.5中（a）（b）两个不同的形状。

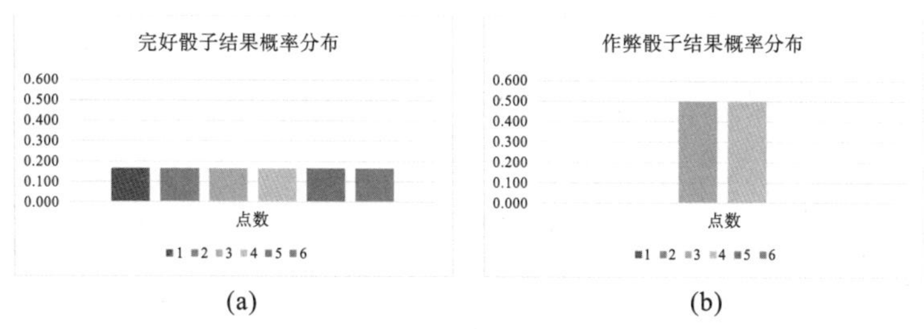

图12.5　完好的骰子和作弊的骰子结果点数概率分布

虽然这两个骰子掷出来的结果的数学期望值相同，但是显然它们的概率分布函数形态完全不同，为了描述它们的区别，我们就需要引入另一个重要的概念——平方差了。

平方差，也就是通常人们所说的方差，是指每一个随机试验的结果 a_i 和数学期望值 μ 差异的平方 $(a_i-\mu)^2$，按照概率加权平均。我们通常把方差写成 σ^2。比如在掷骰子的例子中，完好的骰子的方差为：

$$\sigma^2=(1-3.5)^2\times\frac{1}{6}+(2-3.5)^2\times\frac{1}{6}+(3-3.5)^2\times\frac{1}{6}+(4-3.5)^2\times\frac{1}{6}+(5-3.5)^2\times\frac{1}{6}+(6-3.5)^2\times\frac{1}{6}\approx 2.92。$$

而做了弊的骰子方差则为：

$$\sigma^2=(1-3.5)^2\times 0+(2-3.5)^2\times 0+(3-3.5)^2\times \frac{1}{2}+(4-3.5)^2\times \frac{1}{2}$$
$$+(5-3.5)^2\times 0+(6-3.5)^2\times 0$$
$$=0.25。$$

可见，做了弊的骰子掷出去之后方差要小得多。总的来讲，**一个随机变量的概率分布曲线越平，方差越大，越向中间集中，方差越小**。我们还可以这样理解方差，随机性越大，方差越大，反之亦然。当然，我们这里所说的方差大和小，是相对均值而言的，因为均值越大，方差难免随之变大，但这并不意味着随机性的增加。比如我们将骰子上面的数字写成10，20，…，60，它掷出来结果的方差的值肯定比以前的大，但是对于同样增加的均值，它的方差相对（均值）大小没有变化。

由于方差的单位是数学期望值单位的平方，两者不能直接比较，人们有时会用方差的平方根σ来衡量一个概率分布的随机性，称之为标准差。从数学上讲，它和方差是等价的。标准差的好处在于可以直接和数学期望值做对比，比如上述两个骰子的标准差分别为1.7和0.5左右，它们大致相当于均值的一半和1/7左右。如果我们将骰子上的数字放大10倍，均值和标准差也会放大10倍，这样标准差和均值的比例会维持不变。

对于上一节提到的伯努利试验，它只有两个结果，A事件发生我们用1量化地来表示，其概率为p，不发生我们用0来量化表示，其概率为$1-p$，于是它的数学期望值（均值）就是$\mu=1\cdot p+0(1-p)=p$。而它的方差就是$p(1-p)$。①我们不难发现，当$p=\frac{1}{2}$时，它的方

① $\sigma^2=(1-p)^2p+(0-p)^2(1-p)=(1-p)p[(1-p)+p]=p(1-p)$。

差最大。也就是说，对于非A即B的伯努利试验，如果两种情况出现的概率均等，随机性最大，这和我们的常识是一致的。

对于二项式分布，它就是把伯努利试验重复N次的概率分布，它平均发生的次数，也就是发生次数的期望值则是$N \cdot p$，方差计算出来是：

$$\sigma^2=Np(1-p)。 \quad (12.3)$$

如果我们注意一下标准差和均值的比值$\frac{\sigma}{\mu}=\sqrt{\frac{1-p}{pN}}$会发现两个现象。

首先，它实际上是随着试验次数N的增加而减少，这就解释了为什么试验次数越多，概率分布的曲线越接近均值。以抛硬币为例，如果硬币两面均匀（即正面朝上的概率$p=0.5$），我们进行100次试验，带入式（12.3），算出来的标准差σ是5次，相比平均值50，是10%。但是如果我们做10 000次试验，标准差大约是50，和平均值5000相比，降到了1%左右。如果我们将N继续扩大到无穷大，标准差和均值的比例就近乎为0了。也就是说，随机性对规律的影响可以忽略不计。我们平时在工作和学习中，都希望找到规律性，降低随机性的影响，做到这一点最直接的办法就是增加试验的次数。这也是为什么我们在大数据的应用中强调数据量的原因，因为只有数据量大，得到的才是规律性，而不是巧合。

其次，如果p是一个较大的值，接近于1，那么标准差相对均值是很小的。反过来，如果p是一个很小的值，接近0，标准差和均值之比就非常大。这说明，越是小概率的事件，发生的可能性就越难以预测。

2. 理想和现实的差距

我们也可以用方差（标准差）的工具，定量分析一下“理想”和现实的差距，以及其中的原因。

什么是理想呢？我们进行N次伯努利试验，每一次事件A发生的概率为p，N次下来发生了$N \cdot p$次，这就是理想。那么什么是现实呢？由于标准差的影响，使得实际发生的次数严重偏离$N \cdot p$，这就是现实。比如，在生活中，很多人觉得某件事有$1/N$发生的概率，只要他做N次，就会有一次发生，这只是理想。事实上，越是小概率事件，理想和现实的差距越大。比如说一件事发生的概率为1%，虽然进行100次试验后它的数学期望值达到了1，但是这时它的标准差大约也是1（将N=100和p=0.01代入式（12.3）），也就是误差(标准差)和均值的比例σ/μ高达100%。因此试了100次下来，可能一次也没有成功。如果想确保获得一次成功该怎么办？你大约要做260左右的试验，而不是100次。当然，我们这里所说的260次是按照有95%的“把握”计算得到的，并非100%的把握。在概率中，通常不会有100%有把握的事情发生。关于这个“把握”，在概率中也有一个专门的概念来准确地描述它，那就是我们在后面会介绍到的置信度。

根据式（12.3），我们还能看出，越是小概率事件，你如果想确保它发生，需要试验的次数比理想的次数多得多。比如买彩票这种事情。中奖的概率是一百万分之一，你如果想要确保有一次成功，大约要买260万次彩票。这时你即使中一回大奖，花的钱要远比获得的多得多。当然，有人觉得万一那百万分之一的好运气就落在自己头上了，也未可知，要知道这比大家每天出门被车撞死的概率还要低好几个数量级。如果不相信自己会遇到那样倒霉的小概率事件，凭什么相信自己在更小概率的事情上能够有好运气。中国有句古话叫利令智昏，讲的就是这个道理。

很多人在做事情时免不了有赌徒心理，觉得自己多尝试几次就能成功。这种想法对不对呢，我们还是用上面介绍的知识来定量分析一下。

假如我们做一件事情有50%成功可能性，基本上要尝试4次，才能确保成功一次（还是以95%的把握为准），相比理想状况下的两次，只多做了100%的工作。如果我们多花点心思，将成功率提高到75%，大约两次就可以了，只要多做60%的工作。但是如果想省点事情，做得快一点，多试几次，是否能省些努力呢？我们假设这样只有5%的成功可能性，大约需要50次才能确保成功一次，而不是理想状态中的20次，也就是说，我们要多做150%的工作。很多人喜欢赌小概率事件，觉得它成本低，大不了多来几次，其实由于误差的作用，要确保小概率事件发生，付出的成本要比确保大概率事件发生高得多。

关于随机性，我们从数学上得到的结论，常常和大家的直觉是不相符的。这一点和确定性的数学有很大的不同。很多人会问，如果自己算不清楚各自和概率相关的事情怎么办？最简单，其实也是最好的方法，就是凡事留够余量。

本节思考题

1. 某个赌场里有一个骰子，连掷了10次之后，有6次是1点朝上。请问出现这种现象是因为这个骰子是被做了手脚，还只是因为随机性导致多次出现了1点朝上?

2. 一个两面完全均匀的硬币，抛10次之后出现10次正面朝上的概率和5次正面朝上、5次反面朝上的概率相比，差多少倍?

本章小结

虽然概率源于赌徒们对钱的追求，但却在数学家们好奇心的驱使下，发展成了一门非常实用的学科。概率的概念本身并不难理解，就是一个随机事件发生的可能性。但是这个可能性的大小，常常和我们的想象并不一致。我们通常会高估那些我们喜欢的事情发生的概率，低估那些我们厌恶的事情发生的概率。因此，学一些概率的基本理论，有助于我们做出理性的判断。

第13章

小概率和大概率：如何资源共享和消除不确定性

了解了随机事件的不确定性，我们就可以想办法进行防范。对于不常发生的小概率事件，我们可以利用“小概率”的特点，设计出最佳的资源共享方案，大幅度降低成本。对于需要确保发生的大概率事件，我们需要消除不确定性，保证它的成功，同时还要有效地控制成本。为了做到这两点，我们就需要进一步了解大概率和小概率。

13.1. 泊松分布：为什么保险公司必须有很大的客户群

我们可以通过泊松分布这种常见的概率分布，来理解小概率事件。泊松分布是我们在前一章里所讲的二项分布的一种特例。在伯努利试验中，如果随机事件A发生的概率通常很小，但是试验的次数N很大，这种分布被称为泊松分布，比如发生车祸的情况便是如此。当然，为了更好地说明问题，我们用一个不算太小的概率来举例，这样比较好理解。

1. 准备资源时，为什么要多备一些冗余量

例 13.1：假如某公司门口有10个停车位，该公司有100名员工上班，每名员工早上8点钟之前开车来上班的概率是10%。当然，他们每天什么时候来公司不仅是随机的，而且彼此无关，不存在两个人商量之后一起到的情况，而且也不存在头一天来晚了没抢到停车位，第二天早到的可能性。现在，你是这家公司的新员工，早上8点整开车到了公司，请问停车场还有车位的概率是多大？

我们知道，如果当时停车场里汽车的数量小于或者等于9辆，那么你就有车位可以使用，因此我们就要计算出这个概率，它可以直接用泊松分布来计算。

泊松分布是这样定义的：如果随机事件A发生的概率是p，进行n次独立的试验，恰巧发生了k次，则相应的概率可以用公式

（13.1）来计算：

$$p(X=k)=\mathrm{e}^{-\lambda}\cdot\frac{\lambda^k}{k!}。 \tag{13.1}$$

这个公式的推导过程大家不必关心。在这个公式中，λ是试验次数n乘以每次试验出现情况的可能性p的乘积，即$\lambda= n\cdot p$。在上述停车场的例子中，λ=100 × 10%=10。如果停车场恰好有两辆车，那么，

$$P(X=2)=\frac{\mathrm{e}^{-\lambda}\lambda^2}{2\,!}=0.23\%。 \tag{13.2}$$

接下来我们就用这个公式来计算在上面的例子中能够抢到车位的概率。在揭晓答案之前，大家不妨思考一下，至少猜一下这个概率大概是多少。这个问题我问过一些不了解泊松分布的人，他们给我的答案通常有两种，一种是10%左右，一种是90%左右。哪个答案是对的？

首先我们用上面的公式，计算一下k小于或等于10的概率。我们需要把k=0，1，2，…，10全部代入公式中，一个个计算。非常遗憾没有更好的方法。我把k等于0到10的情况计算出来，放到了表13.1中。

表13.1　8点之前到达停车场车辆为不同数量的概率，以及累积概率

k	0	1	2	3	4	5	6	7	8	9	10
概率	0.000 05	0.000 45	0.0023	0.007 57	0.018 94	0.037 87	0.063 12	0.090 17	0.112 72	0.125 24	0.125 24
累积概率	0.000 05	0.0005	0.0028	0.010 37	0.029 31	0.067 18	0.1303	0.220 47	0.333 19	0.458 43	0.583 67

从表13.1中可以看出，概率是随着k的增加而逐渐增大。也就是说，8点以前，停车场有1辆车的概率比没有车大，有两辆车的概率比有一辆车来的大。但是在k=9和k=10这两个点，概率达到峰值，如果k再增加，超过λ时，概率其实要往下走。这种现象对任何λ都是成立的。由于表格画得太大，大家不方便查看，我们就用

曲线来示意 k 一直到20的概率情况。上面例子中的情况对应的就是图13.1中平缓的灰色曲线。

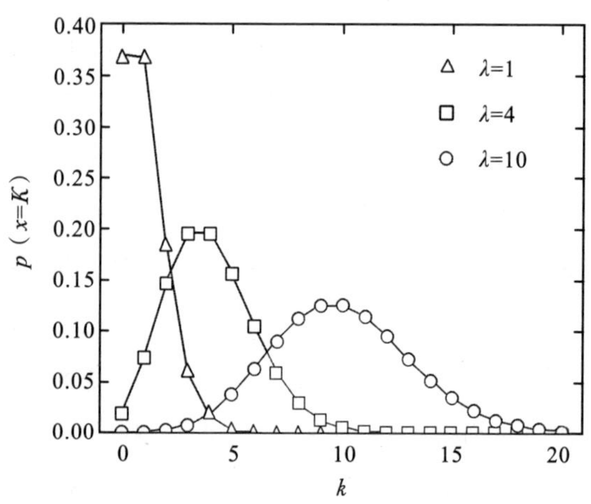

图13.1　不同λ条件下，泊松分布的曲线

好了，算完了 k 等于不同值的概率，把表13.1中 k 从0到9的各个概率加起来，就得到了 k 小于等于9的总概率，我们称之为累积概率，放在了第三行。在这个问题中它是0.46左右，也就是说你有将近一半的可能性获得车位。从表13.1的第三行累积概率的变化你可以看出，它一开始增长很慢，在 k 接近 λ 时就增长较快，再往后其实增长也很慢。

对于0.46这样一个概率，其实很少有人能猜到。前面说的那些回答10%的人是这样想的：既然有10个车位，有100个员工，大家也是根据10%的概率去占车位，因此8点左右应该正好把车位填满，我8点到，估计只能占到最后一个位子，也就是说占到了停车场最后的10%，概率就是10%。而认为可能性是90%的人是这样想的：100个员工的10%就是10，因此8点到的人应该是人人有车位，我现在掐着点到了，就有九成的把握拿到一个车位。这两种想法都来自直觉，它们和真实情况相去甚远。很多人投资总是失败，判定一件事发生的可能性总是有很大的误差，一个重要的原因就是靠直觉和有严重漏洞的逻辑，而不是靠严密的数学逻辑和推导。

接下来，我们再从这个例子出发，看看公司员工数量为不同数值时的情况，这样你对泊松分布就有感性的认识了。

例 13.2：我们假设公司的人数降到了40人（除你之外），每个人8点之前开车到公司的可能性依然是10%，但是公司的车位也减少到了4个，请问你找到停车位的可能性还一样大吗？

虽然从感觉上讲，8点整时有4辆车到达的情况和前一种情况下有10辆车到达的可能性差不多，但是这时你找到车位的可能性只剩下40%左右了，和之前比降低了。如果公司再缩减到10个人，只有1个车位，这时你8点到公司，得到车位的可能性只剩1/3左右。相反，如果公司扩大到200人，有20个车位，其他情况不变，你得到车位的可能性会增加到50%左右。也就是说，如果我们的“池子”变大，随机事件出现的概率不变，那么得到车位的可能性会增加，但是50%是一个上限。如果想保证8点到的员工能有车位要怎么办呢？那就需要增加一点余量了，也就是多准备几个车位。

在例13.1中，即公司有100个人的情况下，如果准备13个车位，就能保证8点到公司时，大约有85%的可能性获得车位。我们可以把增加的这3个车位（30%）看成是冗余，增加的数量并不是很多，但是却能解决大问题。

在现实中，电话公司通常要多准备一些线路，以免大家打电话时总是占线。根据前面的分析我们可以得知，如果电话公司准备的线路数量正好是λ，也就是打电话人数的平均值，那么大家在打电话时有一半的时间会遇到占线的情况。这个比例是非常高的，如果真的有一半时间打不通电话，用户们肯定抱怨不止。如果电话公司多准备20%的线路容量，占线的概率可能就会下降到25%甚至更低；如果多准备50%的线路，占线的概率就会降到5%以下。事实上，电话公司为了应付节假日或者其他高峰情况，通常都要准备好几倍的线路容量。了解了随机性的这个特点，我们就知道，在准备资源时做到平均值还是不够的，需要准备一些冗余量。

2. 保险公司是如何计算保费的?

冗余量在工程上是非常重要的，但是准备多大的冗余量既能保证平时不出问题，又不至于成本过高，这就需要使用泊松分布来计算了。在举例子之前，我可以先给出一个结论，就是资源的池子越大，越能有效地抵消随机性带来的偏差。我们不妨用保险业的数学基础来说明冗余量的必要性，以及它和资源池大小的关系。

保险是针对那些出事概率不太大、但是一旦出事损失可能很大的事情设置的。由于出事的概率不高，每一个人放一点钱到一个池子中，谁不幸出了事情，就由保险公司从这个池子里拿出钱来他们对进行理赔。这就是设立保险的初衷。但是对于每个人放多少钱在保险公司的池子里的问题，大部分人的理解都是错的。比如，每一次理赔的金额是10 000元，每年出事的概率是10%，有200人投保。请问每一个投保的人应该缴纳多少钱？很多人就会算了，200

个人的10%是20人次，20人次出事，每个人获赔10 000元，需要20万元，摊到这200人身上，如果不考虑管理费，每个人出1 000元即可。

上述计算看似正确，但那是基于不存在随机性的前提之下。根据前面的分析我们知道，由于出事是随机的，总是存在超过20个人出事的可能性。如果这一年张三非常不幸，等他申请赔偿时，前面已经赔过20人了，他就得不到赔偿了。事实上如果按照上述方式设计保险产品，你即使投保了，获得赔偿的可能性也只有一半左右。大家如果有兴趣，可以用上面的泊松分布验算一下。如果保险公司这么办，恐怕就没有人有投保的意愿了。

那么保险公司该怎么办呢？我们前面讲了，就是每个人多交点保费，比如每个人交1500元，这样你获得赔偿的可能性就增加到98%了。但是这样一来很多人就会觉得不合算，因为他们觉得自己多交了50%，于是就选择不买保险。为了解决这个问题，即在保证98%的情况下能够付得出赔偿金，又不至于多收投保人太多的保费，保险公司就必须把池子搞得更大。比如把投保的人数增加到2000人，这样只要稍微多缴15%的钱，即1150元，就能保证98%的情况能获得赔偿。当池子特别大时，每个人只要缴比1000元多一点点就可以了。这样，大家就有投保的意愿了。

从这个例子我们可以看出，在管理水平和效率相当的情况下，保险这个行业是池子越大风险越小。因此，对于个人来讲，应该优先考虑找那些大保险公司投保。很多人觉得小的保险公司服务好，而且承诺同样的赔偿，但事实上真的遇到索赔时，很多小保险公司是赔不出来的。

此外，根据我们前面计算的结果，即使大保险公司也有很小的可能性赔不出来。那怎么办呢？显然不可能把池子做到无限大。于是在保险行业，就出现了再保险或者保险公司之间互相保险的情况。这其实就是许多保险公司联合，把几个已经很大的池子，合并成一个超级规模的池子。这样，除非遇到2008年金融危机这样的情况，一般不会出现支付不起赔偿金的情况。

通过介绍泊松分布，大家可能已经体会到了真实世界里的随机性和我们的想象得很不一样。为了预防不测，我们需要留有一些冗余。想要有效地防范小概率事件所带来的灾难，大家不妨联合起来，把应付不测的资源放到一起。

理解了小概率事件，我们再来看看在什么条件下，我们期望的大概率事件一定会发生。

本节思考题

如果一家汽车保险公司有1万名客户，另一家有10万名客户。假如这些客户每年出事的概率都是10%，每次偿付的金额大约是一万元，为了保证在98%的情况下有钱支付赔偿金，这两家公司每年分别需要向客户收多少保费？

扫描二维码

进入得到App知识城邦“吴军通识讲义学习小组”

上传你的思考题回答

还有机会被吴军老师批改、点评哦～

13.2 高斯分布：大概率事件意味着什么

泊松分布揭示的是诸多小概率事件发生时的统计规律。如果一个事件A发生的概率非常大，等于或者接近1/2[①]，同时试验次数n也非常大，会是什么结果呢？我们还是回到二项分布，假定事件A发生的概率正好是1/2，经过n次试验后它发生了k次，我们把它的概率分布图画一下，就得到了图13.2的这样一个对称图形，图中的数字我后面会解释。

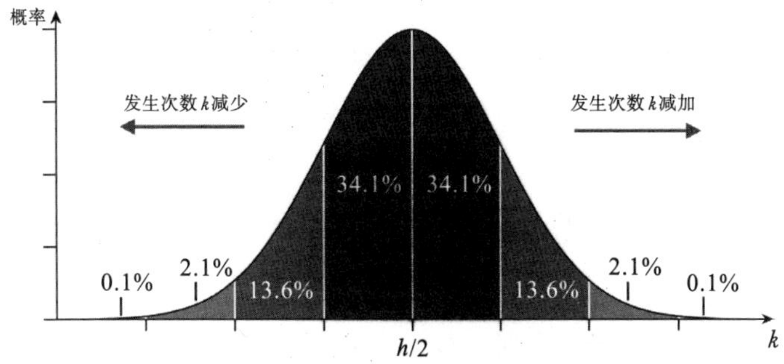

图13.2　正态分布（高斯分布）图

在图13.2中，横坐标是随机事件发生的次数k，纵坐标是不同次数的概率分布，从它的形状可以看出，它中间大，两头小，也就

① 当p大于1/2时，$1-p$小于1/2，我们把p和$1-p$互换，依然只要研究p小于1/2的情况。

是说发生次数是$\frac{n}{2}$时，概率最大。但是，这并不意味着发生次数较少或者较多的情况不会出现，只是概率较小而已。

1. 高斯分布

18世纪，数学家亚伯拉罕·棣莫弗（Abraham De Moivre）和皮埃尔-西蒙·拉普拉斯（Pierre-Simon Laplace）首先发现了这种概率分布，并且把它称为正态分布（Normal Distribution），拉丁文的原意是“正常的分布”的意思，因为它和我们日常看到的各种情况相符合。比如在一个稳定的社会里，太富有的人和太穷的人都是少数，中间不富裕也不贫穷的是大多数；一个班上，成绩特别突出和特别差的都是少数，中不溜的是大多数；一群人中，个子特别高和特别矮的是少数，中等身高的是大多数。

不过，正态分布今天没有被称为棣莫弗分布或者拉普拉斯分布，而被称为了高斯分布，因为后者从数学上对正态分布进行了更严格的描述。在科技史上，发明和发现的荣誉常常是授予最后一个发明者或者发现者，高斯分布也是如此，因为是高斯为这项发现画了句号。

那么高斯是如何定义正态分布的呢？他和棣莫弗、拉普拉斯等人一样，也注意到正态分布中间大、两头小的特性，不过他发现符合这种概率分布的随机变量，取值在某一个范围内的概率，和这个随机变量的方差（或者标准差）有关。比如我们做n次抛硬币这种等概率的随机试验，平均的结果应该是$\frac{n}{2}$次正面朝上，它的标准差是σ，那么正面朝上的试验结果超过$\frac{n}{2}-\sigma$次，同时小于等于$\frac{n}{2}$次的概率是多少呢？它就是图 13.2 中显示的中间往左第一个区域的面积，即全部面积的 34.1%。同样的，正面朝上的试验结果超过$\frac{n}{2}$次，同时小于等于$\frac{n}{2}+\sigma$次的概率也是 34.1%。此外，正面朝上的试验结果属于$\left[\frac{n}{2}-2\sigma,\ \frac{n}{2}-\sigma\right]$这个区间的概率则是 13.6%。这样，高斯就把一个随机变量X的概率分布和它平均值μ、方差σ^2联系起来了，然后把平均值和方差满足如下规律的概率分布称为正态分布：

$$N(\mu,\sigma^2)=\frac{\mathrm{e}^{-\frac{(X-\mu)^2}{2\sigma^2}}}{\sqrt{2\pi}\,\sigma}。 \tag{13.3}$$

这样，人类对于正态分布的理解就从经验上升到了理性。高斯对正态分布的这种描述不仅具有更普遍的意义和指导性，而且在数学上使用起来更加方便。毕竟我们总不能讲，某一种随机变量的概率分布和多次抛硬币差不多，这不符合数学的语言。

由于高斯分布反映了很多随机事件共同的规律，因此人们花了很多时间研究它，对它的了解比较透彻。在很多场合，即便有些随机变量的概率分布不是严格意义上的高斯分布，诸如发音时某个音振动频率的范围，或者某个地区居民的收入，我们也可以设法用高斯分布来做近似。比如图 13.3 中的概率分布，看上去既有高斯分布中间高两边低的特点，又不像高斯分布那样是对称的，它可以用两个高斯分布的线性组合来近似，中间是一个权重较大的高斯分布，右边还有一个权重很小的，它们的线性组合就得到这样的分布图。

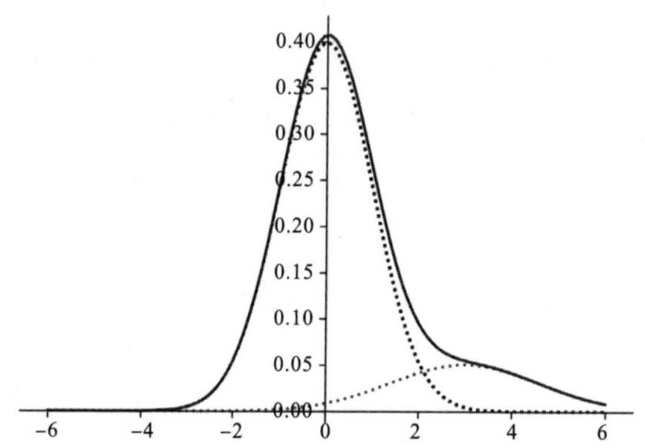

图 13.3　一个非高斯分布的概率分布，可以用多个高斯分布的线性组合来近似

2. 如何判断哪个班的成绩更好？

在有关高斯分布的规律中，我们最需要了解的是均值μ、标准差σ和发生概率p三者之间的关系。

我用一个日常生活中的例子来说明它们之间的关系。

例 13.3：假如在某次期末考试中，一班的平均成绩为 80 分，二班的为 85 分。我们假定这两个班考试时平均成绩的标准差都是 5 分，那能说二班学得比一班好吗？

如果简单地以一次考试论输赢，似乎可以得出上述结论。但是问题显然没有那么简单。

我们都知道，大家的考试成绩是有很大偶然性的，全班人的成绩分布通常符合正态分布——在平均分附近的人比较多，特别好或者特别差的很少，同时班上的平均成绩，也是在一定的范围内浮动的。这一次一班的平均成绩是 80 分，它有可能是 85 向下浮动的结果；二班平均成绩是 85 分，也可能是 80 分向上浮动的结果，如果这两件事同时发生了，就不能说明二班学得比一班好。根据这个例子所给出的已知条件，我们并不能确定哪个班学得更好，因为一班比二班好，或者二班比一班好的可能性都存在，不过，我们可以根据已知条件大致估算出二班比一班好的概率。

我们把两个班成绩的分布按照正态分布画在图 13.4 中。

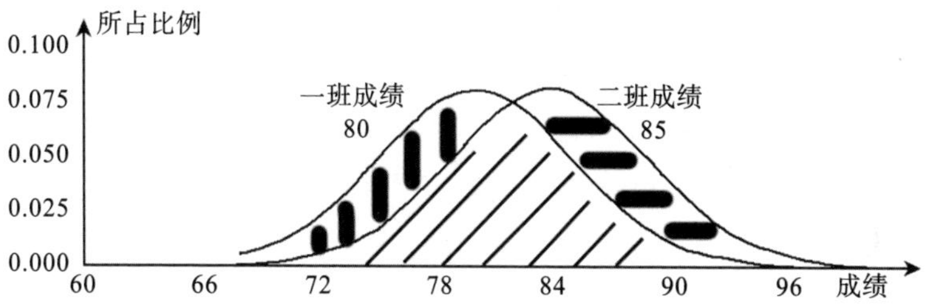

图 13.4　两个班分数分布的曲线

图 13.4 左边的曲线（标注了 80 分）是一班的成绩，右边的曲线（标注了 85 分）是二班的。从这两条曲线可以看出，一班的成绩浮动到 90 分以上的可能性很小，同样小于 70 分的可能性也不大。我们可以大致认为它在 70～90 分之间浮动，这个概率就是一班成绩分布曲线从 70 到 90 之间的面积。类似地，二班虽然这一次的平均分是 85 分，也可能是因为随机性让它从其他的分数偏差到 85 分的，但是它浮动的范围应该在 85 分左右，超过 95 或者低于 75 分的可能性也不大。

那么我们有多大把握说明平均分85分的二班一定比80分的一班强呢？这就要看两个班成绩分布的曲线了。从图13.4中我们可以看出，虽然两个班的成绩都在浮动，但是在右边阴影的区域，二班的成绩总是在一班的“右边”，也就是大的一边，这说明在这一块区域，二班的成绩确实比一班好。这一块区域，其实代表二班发挥好的情况。类似地，左边阴影的区域，一班的成绩总是在二班的左边，也就是成绩差的一边。因此在这个区域二班的成绩也比一班好，这个区域其实代表一班发挥差的情况。但是中间斜线的区域，我们就无法判断哪个班成绩更好，这个区域其实代表了一班发挥不太差，而二班发挥不太好的情况。这个区域面积，就是我们无法作出判断的概率。相反，左边和右边区域面积，是我们能确定二班的成绩更好的概率。具体在这个问题中，中间斜线区域的面积占了两条曲线所覆盖面积的65%。也就是说，有65%的可能性，我们无法判断哪一个班的成绩好。同时，我们有大约35%的信心，证明二班的成绩比一班好。这种信心通常被称为置信度。

从这个例子中我们可以看出，如果两个班平均分比较接近（差5分），而标准差相比两个班平均分的差异比较大的时候，我们没有足够的证据说明哪个班更好。但是，如果两个班平均分的差异很大，或者各自概率分布的标准差σ很小，我们就有更大的信心说二班比一班好了。比如当标准差降低到1时，这两个班的平均分还分别是80分和85分，这时它们成绩的概率分布如图13.5所示，重叠的部分只占面积的5%。这时我们大约有95%的信心说二班的成绩比一班好。

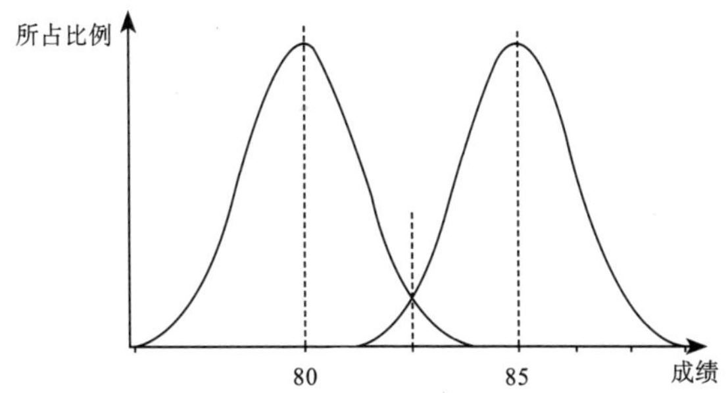

图 13.5　当两个班平均成绩的标准差较小时，我们就有很大把握说一个班的成绩比另一个班更好

怎样才能减小标准差呢？从上一章的内容可以看出，如果同学们的成绩分布情况不变，提高统计的人次数就可以了。对于高斯分布，如果能够将人次数提高到先前的25倍，标准差就会从5降低到1左右。当然，学校里两个班的人数不可能增加25倍，唯一的办法就是多考几次试，如果在25次考试中，二班总是比一班的成绩好5分，我们就有足够的信心说二班学得更好。

3. 3σ原则的运用

在现实中，增加试验次数或者增加具有同样分布的样本数量，是降低标准差找到规律性最常用的方法。2019年10月医学界发生了一件轰动世界的事情。美国渤健公司（Biogen）宣布他们所研制的治疗阿尔茨海默病的药品阿杜卡努马布（Aducanumab）在大规模临床试验中被证明有效，全世界都为此欢呼。但是仅仅在半年前，他们进行的小规模实验的结果却是药效不明显。这又是怎么一回事呢？其实是因为半年前的试验样本数量比较少，巨大的标准差掩盖了药物相比安慰剂在疗效上的差异。而当样本数量增加后，方差降低了，药效就看出来了。在图13.6中，四条线分别对应小样本试验、中等样本试验、大样本试验和参照组实验的结果，具体对应关系可以参考图右上角的标识。大家可以看出样本数大了，结果曲线和参照组的重合度就减少了，效果就得到了验证。

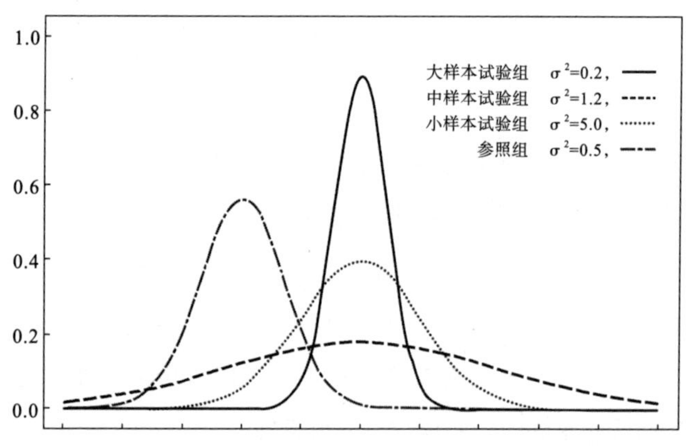

图13.6　大样本和小样本试验结果的对比

当然，如果那款药没有效果，药效的平均值和安慰剂差不多，再多的样本得到的结果也不会比对照组好。

理解了均值、标准差σ和置信度之间的关系，我们就能够体会如何排除随机性的干扰，找到规律性。在应用中，为了便于核实随机性（体现在标准差σ上）结果对置信度的影响，我们通常把高斯分布标准差和置信度的关系总结成下面的3σ原则，如图13.7所示。

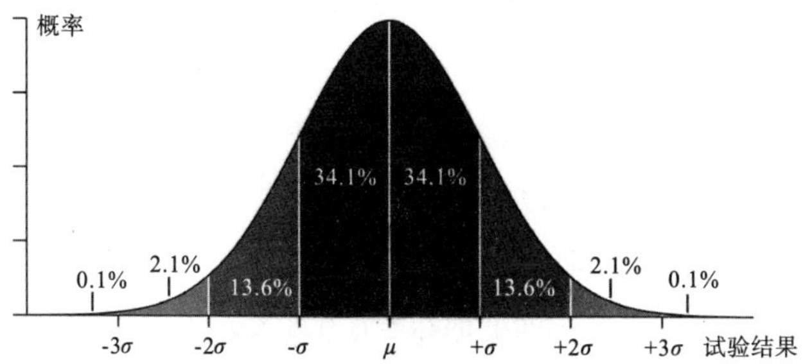

图 13.7　不同 σ 内高斯分布函数的概率

从图中可以看出，一个高斯分布：

（1）有大约 68% 的可能性，动态范围不超过平均值 $\pm\sigma$。换句话说，在一个标准差之内，我们对平均值的置信度为 68%。比如在上面的例子中，一班的平均成绩为 80 分，如果标准差为 5 分，我们就有 68% 的置信度说，考虑到随机性的影响，这个班的平均成绩应该落在 75～85 分之间，而不是之外。

（2）有大约 95% 的可能性，动态范围不超过平均值 $\pm 2\sigma$，即两个 σ 的置信度是 95%。做科学实验时，通常需要有 95% 的置信度，才能得到大家认可的结论。

（3）如果我们进一步扩大误差范围到 $\pm 3\sigma$，那么置信度就提高到 99.7%。在要求极高的实验中，我们甚至会要求达到 99.7% 的置信度，甚至更高。

上述结论适合于任何高斯分布，甚至是一些近似于高斯分布的随机事件。因此，3σ 原则是大家平时用得最多的统计原则，也被称为 68—95—99.7 原则，因为它们是在 1、2 和 3 个 σ 的动态范围内相应的置信度。通常，我们如果想给出随机性质的结论，需要有95%的置信度。

了解了标准差和置信度的关系，我们就拿它来分析一个股票投资的例子，我们以美国的股市为例来说明。

在过去的半个世纪里，标准普尔500指数的增长率大约是每年7%～8%，但是大家知道它的标准差有多大么？高达16%左右。在图13.8中，每一个竖条对应一年股票的涨跌。从图中可以看出，股市的波动性特别大，每年7%～8%的平均回报完全被淹没在巨大的正负误差波动中了。通常，金融领域的人会将这种标准差直接称为风险。

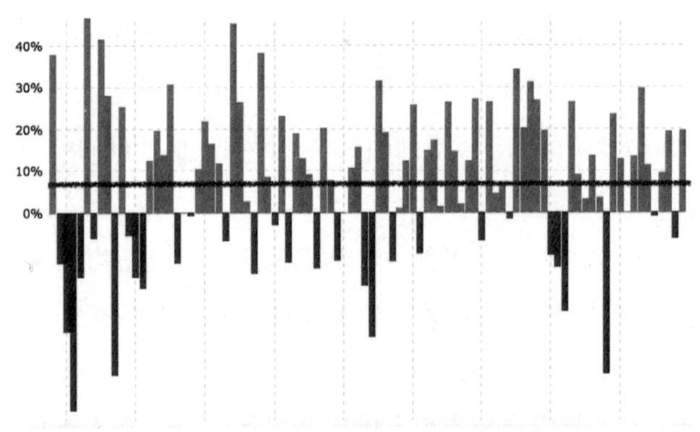

图13.8　1950年之后，标准普尔500指数每年的回报

这个事实说明，其实我们对于大概率事件，往往是视而不见的，而风险其实就存在其间，有三点结论要详细说明：

首先，股市的风险要远远高出大部分人的想象，这不用多说了，一张图胜过千言万语。美国的标准普尔500指数，是世界上风险最低、回报最高的投资工具，而且是500种表现很好的股票的平均值、收益和风险之比尚且如此，其他投资的风险就更高得多了。因此，大家在投资时如何小心都不为过。

其次，由于任何一种投资都有标准差（风险），因此对比投资回报时要把它考虑进来，不能只考虑回报不考虑风险。比如投资A回报是10%，风险是20%，投资B回报是5%，风险是3%。不能光看到10%比5%高，就认定投资A比B好，要在相同风险条件下进行对比。事实上在做投资时，A，B这两种投资恰恰是很好的具有互补性的工具。

再次，如果有一只股票连续三年的回报是10%，另一只是5%，我们能说第一只比第二只好吗？不能，因为5%的差异，要远比16%的标准差小很多，事实上个股的方差比股指更大。换句话说，这5%的差异更可能是市场浮动的随机性造成的。事实上美国每年涨幅最好的10只股票、10个基金到了第二年表现都会跌出前十名。因此，任何人都不要因为几年投资回报超过了股市大盘，就认为自己是股神了，事实上那更有可能是随机性带来的结果。

有了置信度这个概念，我们会想，如果概率真实存在（到目前为止我们还没能极为准确地定义概率本身），是否重复实验的次数足够多，我们就可以获得100%的置信度呢？这就需要在理论上对概率有更好的认识，然后让各种试验、统计能够和理论相吻合。

本节思考题

股票或者基金浮动的方差被称为它们的风险。美国道琼斯指数有三十只股票，都是大公司。标普500指数有500家公司，它们包含了道琼斯指数的成分股公司，也包括了其他大公司和一些中型公司。标普500指数的风险是否会比道琼斯更小?

*13.3 概率公理化：理论和现实的统一

我们已经介绍了概率的思想和很多应用，但是到目前为止大多数结论都依赖于经验和不算严格的定义，这和数学不能建立在经验之上是矛盾的。事实上，这也是早期概率论面临的一种尴尬局面。一方面，伯努利、拉普拉斯和高斯等人在概率论上有了很多的成就，这些成就已经被证明是正确有效的；但另一方面，很多数学家则拒绝承认概率论是数学的一部分，因为它缺乏严格的逻辑性。今天在一些大学的数学系里，我依然能体会到他们对概率论的鄙视。比如学纯数学的会说，“他们是搞概率统计的，我们是研究数学的”，言外之意，概率论算不上是严格意义的数学。因此研究概率的人似乎比研究其他数学课题的人低一个档次。

这些当然是对概率论的偏见，因为今天的概率论，早已不是那种基于经验、缺乏逻辑的理论，而是建立在公理之上的，非常严格的数学分支了。这在很大程度上要感谢苏联伟大的数学家柯尔莫哥洛夫（Kolmogorov），是他完成了概率论的公理化过程。因此很多数学家认为他是20世纪最伟大的数学家，我觉得这种赞誉并不为过。要理解柯尔莫哥洛夫的伟大之处，就要先说说之前数学家们在概率论上欠缺的地方。

1. 早期概率论的欠缺

我们在前面讲到，早期的概率论是建立在拉普拉斯古典概率的定义之上的，这种定义带有比较强的主观色彩，因为它需要主观假设存在等可能性的单位事件，而且从逻辑上讲，犯了循环定义错误。因此，即使建立在古典概率基础之上的结论正确，也并不能说明逻辑就是严密的。在柯尔莫哥洛夫之前，另一种对概率的定义虽然克服了主观的色彩，却带有强烈的经验主义色彩，那就是英国的逻辑学家约翰·维恩（John Venn）和奥地利数学家理查德·冯·米哲斯（Richard von Mises）等人提出的，建立在统计基础上的统计概率。

维恩和理查德的想法就是我们前面已经讲到的，用相对频率极限值来定义概率。比如要确认一个骰子六点朝上的概率是否为1/6，就进行大量的独立的试验，共 n 次。最后六点朝上的次数是 m 次，它和试验次数的比值 m/n 就是相对频率（通常用 f 来表示），我们看看它是否无限趋近于1/6。由于掷骰子的结果具有随机性，只试验几次肯定是不行的，我们在前面讲了，少量试验可能会得到各种结果，并不能保证每六次，就有一次六点朝上。所幸的是，当我们不断把骰子掷下去，六点朝上的次数和试验次数的比值，虽然会上下浮动，但最终会趋近于1/6。[①]如果我们将这个想法推广到任意一个随机事件，如果它的出现真的存在一个确定的概率，那么随着试验次数的增加，出现次数和试验次数的比值应该会趋近于某个极限值。这个极限值就被定义为统计意义上的概率。这就是维恩等人对概率的定义。这种定义在逻辑上是合理的，而且因为不需要假设等概率的原子概率，因此没有出现循环定义的问题。

不过，有两个问题维恩等人没有回答。

首先，他们没有证明（拉普拉斯的）古典概率的定义和基于统计（或者说随机试验）的概率的定义，在数学上是一回事。如果这个问题的答案是否定的，我们做再多的试验也没有用，因为两者之间可能总有一个无法弥补的误差。这就如同 $1+\frac{1}{2}+\frac{1}{4}+\frac{1}{8}+\cdots$，不断加下去，和2是越来越接近，但它和2之间永远有一个很小的误差是无法弥补的，因为它们根本不是一回事。

其次，即使一个随机事件多次试验后，相对频度的极限就是它发生的概率，我们也需要找到相对频度和概率之间的误差，是如何随着试验次数的增加而缩小的。我们不能笼统地讲，只要试验次数足够多误差就非常小，而是需要明确做多少次试验就能保证结果一定在某个给定的误差范围之内。这就如同我们前面在介绍高斯分布时讲的，当样本数达到什么程度后，我们有百分之多少的置信度，保证统计结果在均值的某个标准差（σ）之内。

---

① 当然，前提是这个骰子绝对对称，而且不会因为试验次数过多而有所磨损。

由于维恩等人的定义用到了极限的思想，我们需要回顾一下在前面讲到使用ε-N和ε-δ的方法给出的极限的定义。一个序列，要想说明它最终会趋近于一个极限，就要找到一个N，使N项之后的每一项，和极限的误差都小于给定的误差ε。类似地，我们要证明一个函数在某个点附近的值趋向于一个极限，就要对任意给定的ε，找到一个区间范围δ，让这个范围内的函数值和极限的误差小于ε。类似地，当我们说统计得到的结果收敛于它的概率时，也需要保证，任意给定一个误差ε，我们能够确定在n次试验之后，统计的结果，会落在概率附近，误差不超过ε。

最早回答上述问题的是伯努利。他证明了，假如一件事的概率p真的存在，进行n次试验，每次试验的条件完全相同，那么当n趋近于无穷时，A 发生的相对频度，和它真实的概率p之间的误差是无穷小。这就是我们常说的“大数定理”中的伯努利版本。这个版本在数学上并不严格，因为它只是一个定性的描述，而且在无形中引入了一个假设前提，就是概率p本身是存在的。

19世纪中期，俄罗斯著名的数学家切比雪夫和辛钦提出了大数定理一个比较严格的版本。切比雪夫证明，一个随机事件X，只要在进行了大量的随机试验之后，结果的平均值和方差都趋近于各自的极限，那么这个随机事件多次试验后发生的相对频率，就可以被看作该随机事件发生的概率。也就是说，我们不需要事先定义概率的存在，只要大量试验得到的相对频率收敛于某个数值，它就可以被定义为概率。这样一来，拉普拉斯所说的概率和维恩等人所说的就是一回事了。切比雪夫还通过一个不等式（即切比雪夫不等式），揭示了随机试验的次数和试验结果误差之间的关系。在此基础之上，辛钦给出了大数定理的严格描述。有了这些理论依据，维恩等人对概率的定义就站得住脚了，而大数定理也是今天我们采用大数据方法解决问题的理论基础。关于大数定理的一些细节，我们在附录6中会详细讨论。

应该讲，概率论发展到19世纪末，已经比较严格了。但是，它在形式上依然不漂亮，完全没有数学本身的美感。如果我们回顾一下几何学和公理化的微积分，就会发现它们都很漂亮，因为只要定义几个公理、几个基本概念，就能构成一个完整的数学分支。概率论讲来讲去，总是让人觉得有点别扭，很多道理要用自然语言，而不是数学的语言来解释，这有点像牛顿莱布尼茨时代的微积分。因此今天我们把20世纪之前的概率论称为初等概率论，或者早期概率论。

2. 现代概率论：公理化概率论的建立

和初等概率论相对应的则是现代概率论，它是建立在公理和我们前面提到的“测度”概念之上的。完成现代概率论大厦建造的主要是柯尔莫哥洛夫，是他让概率论有了今天崇高的地位。

柯尔莫哥洛夫和牛顿、高斯、欧拉等人一样，是历史上少有的全能型的数学家，而且也是少年得志。柯尔莫哥洛夫在22岁的时候（1925年）就发表了概率论领域的第一篇论文，30岁时出版了《概率论基础》一书，将概率论建立在了严格的公理基础上，从此概率论正式成为一个严格的数学分支。同年，柯尔莫哥洛夫发表了在统计学和随机过程方面具有划时代意义的论文《概率论中的分析方法》，它奠定了马尔可夫随机过程的理论基础，从此，马尔可夫随机过程成为后来信息论、人工智能和机器学习强有力的科学工具。没有柯尔莫哥洛夫奠定的这些数学基础，今天的人工智能就缺乏理论依据。柯尔莫哥洛夫一生在数学之外的贡献也极大，他的成果如果要列出来，一张纸都写不下。当然，他最大的贡献还是在概率论方面。接下来我们就讲讲柯尔莫哥洛夫的公理化概率论。

首先，我们需要定义一个样本空间 Ω，它包含我们要讨论的随机事件所有可能的结果。比如抛硬币的样本空间就包括正面朝上和背面朝上两种情况 Ω={正面，背面}，掷骰子有六种情况，于是 Ω={1，2，3，4，5，6}。这个样本空间不一定是有限的，也可以是无限的，比如高斯分布的样本空间就是从负无穷到正无穷所有的实数，这时 $\Omega=\mathbf{R}$。

接下来，我们需要定义一个集合 F，它被称为随机事件空间，里面包含我们所要讨论的所有随机事件，比如掷骰子不超过四点的情况是一个随机事件，它可以表示成 A_1={1，2，3，4}，掷骰子结果为偶数点的随机事件可以表示成 A_2={2，4，6}，或者得到 5 点的情况可以表示成 A_3={5}，所有这些随机事件自然可以构成一个集合。对于无限概率空间里的随机事件，它可以是一个范围。比如一个传感器接收到的电信号，可能是 0～5V 之间的任何电压，它有无数种情况，但是我们可以划定它的范围，比如在 0～1V 之间或者 4.5～5V 之间。

最后，我们需要定义一个函数（也被称为测度）P，它将集合中的任何一个随机事件对应一个数值，也就是说 P：$F\rightarrow\mathbf{R}$。只要这个函数 P 满足下面三个公理，它就被称为概率函数。

公理一：任何事件的概率是在0和1之间（包含0与1）的一个实数，也就是说P：$F \to [0,1]$。

公理二：样本空间的概率为1，即$P(\Omega)=1$。比如掷骰子，从1点朝上到6点朝上加在一起构成样本空间，所有这6种情况放到一起的概率为1。

公理三：如果两个随机事件A和B是互斥的，也就是说A发生的话B一定不会发生，那么，A发生或者B发生这件事发生的概率，就是A单独发生的概率，加上B单独发生的概率。我们把这条公理写成“如果$A \cap B=\varnothing$，那么$P(A \cup B)=P(A)+P(B)$”。这也被称为互斥事件的加法法则。

这一点很好理解，比如掷骰子一点朝上和两点朝上显然是互斥事件，一点或两点任意一种情况发生的概率，就等于只有一点朝上的概率，加上只有两点朝上的概率。

基于这样三个公理，整个概率论所有的定理，包括我们前面讨论的所有内容，都可以推导出来。

可以看出，这三个公理非常简单，符合我们的经验，而且不难理解。你可能会猜想，在这么简单的基础上就能构造出概率论？确实如此，我们不妨看几个最基本的概率论定理，是如何从这三个公理中推导出来的。

定理一：互补事件的概率之和等于1。

所谓互补事件，就是A发生和A不发生（写作$\bar{A}$）。比如，整个样本空间是S，A发生之外的全部可能就是A不发生，如图13.9

所示。

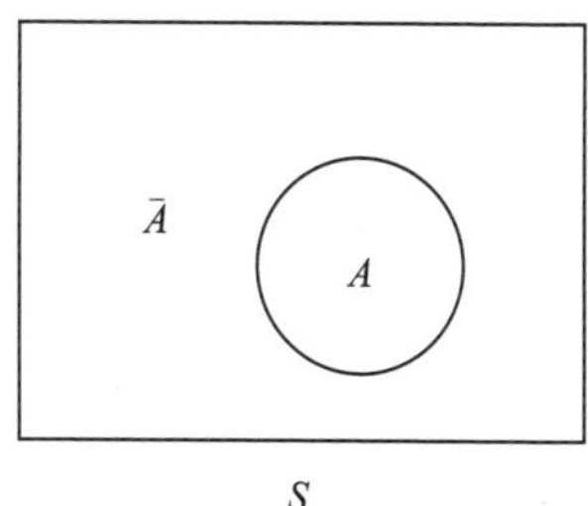

图 13.9　互补事件

由公理二和公理三，很容易证明这个结论。具体做法如下：

（1）首先，A 发生则 $\bar{A}$ 不会发生，因此它们是互斥事件，因此：

$$P(A \cup \bar{A})=P(A)+P(\bar{A})。$$

（2）根据互补事件的定义，A 和 $\bar{A}$ 的并集就是全集，即 $A \cup \bar{A}=S$，而 $P(S)=1$。

根据上述两点，我们得知：

$$P(A)+P(\bar{A})=P(A \cup \bar{A}) = P(S)=1。$$

定理二：不可能事件的概率为零。

从上一个定理可以得知，两个互补事件合在一起就是必然事件，因此必然事件的概率为 1。而必然事件和不可能事件形成互补，于是不可能事件的概率必须为零。

类似地，我们可以证明拉普拉斯对概率的定义方法，其实可以由这三个公理推导出来。根据拉普拉斯的描述，那些单位事件是等概率的，而且是互斥的。我们假定有n种这样的单位事件，单位事件的概率均为p，所有n个这样的事件的并集构成整个概率空间的全集。根据公理二，我们知道其概率总和为1。再根据第三公理，我们知道概率总和为$n \cdot p$。由于$n \cdot p=1$，故每一个单位事件的概率均为$p=\frac{1}{n}$。

对于抛硬币，$n=2$，正反面的概率各一半；对于掷骰子，$n=6$，每一个面朝上的概率为1/6。

有了概率的公理和严格的定义，概率论才从一个根据经验总结出来的应用工具，变成了一个在逻辑上非常严密的数学分支。它的三个公理非常直观，而且和我们的现实世界完全吻合。

我们通过讲述概率论发展的过程，揭示了数学家们修补一个理论漏洞的过程和思考方法。只有建立在公理化基础上的概率论，才站得住脚，而之前的理论，不过是在公理化系统中的一个知识点。

本节思考题

利用概率公理，推导$p(A \cup B)=p(A)+p(B)-p(A \cap B)$。

本章小结

概率论的一些结论和我们在生活中根据直觉得来的结论常常不一样。比如我们通常以为如果出事的概率为

10%，我们在买保险时只要支付赔偿金的10%就够了，但真实的情况却是不够。再比如，我们常常以为小概率事件都不会发生，但实际上小概率不等于不可能，只不过它出现的情况比大概率事件少一些罢了。反过来讲，我们常常认定的一些结论，比如张三考得比李四好好就说明张三学的好，这其实不过是在一定的置信度范围内成立的结论，并非必然的结论。因此，我们需要使用概率论，把我们的很多生活常识更新一遍，同时将来在遇到这类问题时，能够用概率论的头脑来想问题。

第14章

前提条件：度量随机性的新方法

到目前为止，我们讲的和概率有关的随机试验都是独立的，即前后不相关。但是世界上很多随机事件的发生是彼此相关的，比如今天的天气就和昨天的天气有关；在一句话中，某个词是否出现，和上一个词不仅相关，而且关系极大。同样一个随机事件，在不同条件下发生的概率，差异是巨大的，因此我们需要用一种新的度量随机性的方法，将随机事件发生的条件也考虑进去。

14.1 前提条件：条件对随机性的影响

一个概率确定的随机事件，在不同条件下发生的可能性常常会有巨大的变化，我们不妨先来看一个真实的例子，体会一下条件对概率的影响。

1. 被哈佛大学录取的概率问题

和中国大学完全看分数录取不同，美国顶级私立大学的录取有很大的随意性，因为平时成绩（从九年级到十二年级第一学期的平均分）和标准考试成绩，只不过是被考察的十多个维度中的两个维度而已，其他的维度有一大半是主观的，比如学生性格可能对其他学生带来的益处，这完全依照审核材料的人的主观判断。在中国，像清华北大这样的名校录取时有很大的确定性——你少一分也不行，但是在美国，像哈佛这样的大学，能否录取几乎就是一个随机事件。美国甚至有这样的笑话，说哈佛负责录取的工作人员头一天晚上把该录取学生的材料摞在了一起，把该拒绝学生的材料放在了另一摞，但是没有做标识，到了第二天，他完全分不清哪一摞是该录取学生的材料了。这虽然是一个笑话，但说明了录取过程中的随机性。那么被哈佛录取这个随机事件发生的概率是多少呢？2009 到 2019 年的 10 年间，这个概率在 5% ～6% 浮动——每年录取的人数基本上是常数，但是分母，也就是申请者人数变化较大。

接下来的问题是，一所一流的高中（类似中国的重点高中）里的某个学生申请哈佛，是否有5%左右的机会被录取呢？或是说有100个学生申请哈佛，是否会有5个左右的学生被录取呢？答案是看条件而定。各种影响录取结果的条件，至少可以分为三个维度。

首先，要看100个学生是提前申请还是正常申请。

美国绝大部分名校允许学生报一所提前申请的大学（称为EA或者ED，通常在11月底之前要完成申请）。比如，你可以提前申请哈佛，或者耶鲁，但是不能同时申请这两所。当然，对于正常申请（简称RA）则没有限制，你爱申请多少所就申请多少。2019年哈佛一共录取了1950名学生，录取率只有4.5%（43 330人申请），这是它的历史最低水平。但是，提前申请的人，录取率则高达13.4%（6958名提前申请者中的935人被录取），显然要高得多。在36 372名正常申请者中，只录取了1015人，录取率只有2.8%。也就是说，如果提前申请，被录取的概率要比正常申请高将近4倍。为什么美国大学喜欢招收提前申请者呢，因为在美国，每一个学生可能会同时被很多所大学录取，而他只能接受一所大学的录取，剩下的全部作废，这样就白白浪费了大学宝贵的录取名额。而提前申请，一旦被录取后，大部分学生会接受录取通知书（有些大学会要求学生必须接受，并且自动终止其他大学的申请过程），放弃申请其他大学，这样学校能保证录取一人来一人。因此，美国所有的名校，提前申请者的录取率都要比正常申请者的高得多。

如果把被（哈佛）录取这个随机事件用A来表示，提前申请这件事用B来表示，当然，正常申请对应的就是$\bar{B}$，我们现在已知A发生的概率$P(A)$=4.5%，提前申请者被录取的概率，就是在B这个条件下，事件 A 发生的概率等于 13.4%，我们把它写成 $P(A \mid B)=13.4\%$。类似地，在 B 不发生的条件下，事件 A 发生的概率等于 2.8%，即 $P(A \mid \bar{B})=2.8\%$。

回到前面的问题，如果那所中学 100 名申请者都是提前申请，应该会有 5 个甚至更多的学生被哈佛录取。但如果是正常申请，通常被录取的人会少于 5 人，甚至可能一个都没录取。从这个例子可以看出，在不同条件下，一个随机事件发生与否，概率会差很大。

其次，要看“是否为特定校友的孩子”。

条件概率的条件可以有很多种，比如哈佛等大学一直会照顾特定校友[①]的子女，根据全国公共广播电台（NPR）的报道，这群学生被录取的概率接近 34%（2009—2015 年），而同时期总的录取概率只有 5.9%，差出 5 倍左右。我们假设这个条件为 C，根据全国公共广播电台的说法，我们可以得到这样的结论：$P(A \mid C) \approx 5P(A \mid \bar{C})$。也就是说，如果我们前面说的高中有学生的父母都是哈佛毕业生，那么 100 个申请者被录取 5 个是非常有可能的，否则，可能性其实很小。事实上，硅谷地区有一所高中，很多学生都是斯坦福校友的孩子，这所高中的学生每年被斯坦福录取的人非常多，是被其他名校录取的人的好几倍。

再次，要看学校的地理位置，这个条件我们后面再分析。

通过对上述两个条件的分析，我们已经看出要想对一个随机事件发生的概率作出准确的估计，就需要考虑它发生的各种条件。今天我们大部分人说到概率时，都是泛泛地在谈可能性，而没有细致

① 这个群体被称为继承者，是指对学校有过实质性贡献的校友。

地考虑各种条件，以至于自己的感觉和结果会相差甚远。很多人甚至会觉得明明是大概率的事件却没有发生，小概率的事件却经常发生。这其实是忽略了条件的结果。

2. 条件概率的计算公式

既然条件概率很重要，那么怎么计算条件概率呢？我们不妨回顾一下上一章中所讲到的对概率估算的方法，即用一个随机事件 A 发生的次数 $\#(A)$，除以总的试验次数 #。根据大数定理，当 # 足够大的时候，$\#(A)/\# \rightarrow P(A)$。在统计中，通常会将 $\#(A)/\#$ 称为随机事件 A 发生的相对频率，记做 $f(A)$。我们通常会认为 $P(A)\approx f(A)$。当 # 足够大之后，我们有时也简单地写成：

$$P(A) = f(A) = \#(A) / \#。\tag{14.1}$$

在计算条件概率 $P(A|B)$ 时，我们要考虑当条件 B 发生了 $\#(B)$ 之后，随机事件 A 在 B 发生的条件下发生了多少次，我们假定它为 $\#(A,B)$ 次。于是，我们可以把 $\#(A,B)/\#(B)$ 定义成条件 B 下 A 发生的相对频率 $f(A|B)$。当 $\#(A,B)$ 足够大的时候，就有：

$$P(A|B) = f(A|B) = \#(A,B) / \#(B)。\tag{14.2}$$

在前面的例子中，被哈佛提前录取的人数 935 就是 $\#(A,B)$，而提前申请的人数 6958，就是 $\#(B)$，它们的比值，就是条件概率 $P(A|B)$。$\#(A)$、$\#(B)$、$\#(A,B)$ 和总数 # 的关系，我们可以用图 14.1 来表示。

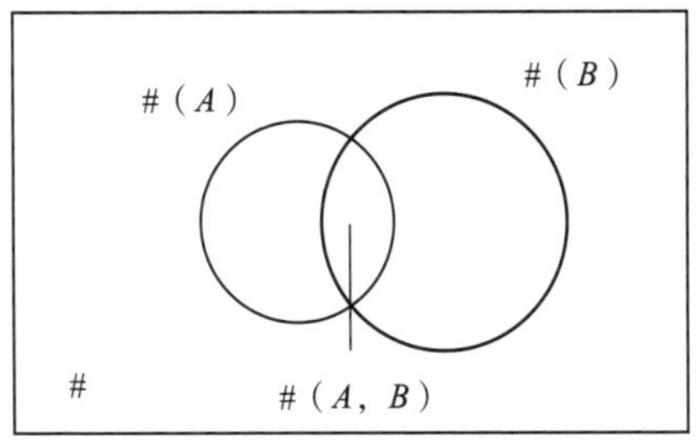

图 14.1　样本总数#、随机事件发生的次数#(A)、条件发生的次数#(B) 以及条件和随机事件同时发生的次数#(A，B)之间的关系

如果我们把式（14.2）的右边分子和分母同时除以样本总数，就得到下面的等式：

$$P(A \mid B)=\frac{\#(A, B)/\#}{\#(B)/\#}。\tag{14.3}$$

分母#(B)/#，B本身的概率P(B)，而分子#(A，B)/#则是一种新的概率——随机事件A和条件B同时出现的概率P(A，B)，我们称之为A和B的联合概率分布。于是，式（14.2）就可以重写成：

$$P(A \mid B)=\frac{P(A, B)}{P(B)}。\tag{14.4}$$

这个公式其实才是条件概率原本的计算公式，只是它不如式（14.2）形象，不容易理解，因此从（14.2）推导出（14.4）。

现在，对于一个随机事件A，我们有了三种概率：没有任何限制条件一般意义上的概率P(A)，它在条件B发生后才发生的条件概率P(A|B)，以及它和B一同出现的联合概率P(A，B)。这三种概率彼此是有联系的，我们通常可以其中两种得到第三种，比如我们将式（14.4）换一种方式表述，就得到下面的公式：

$$P(A, B)=P(A \mid B)\cdot P(B)。\tag{14.5}$$

利用这个公式，我们可以从条件概率$P(A|B)$和条件本身发生的概率$P(B)$计算出联合概率$P(A, B)$；当然，也可以从联合概率$P(A, B)$和条件概率$P(A|B)$，倒推出一般的没有条件的概率$P(A)$。

我们不妨通过图14.2来看看联合概率$P(A, B)$和概率$P(A)$之间的关系。

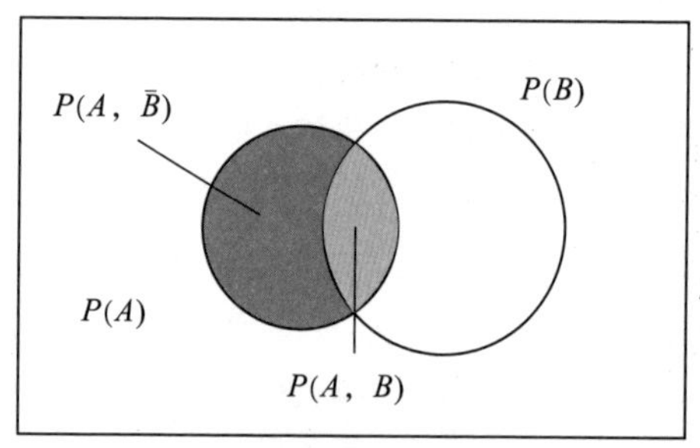

图14.2　概率$P(A)$，条件的概率$P(A | B)$，以及联合概率$P(A, B)$的关系

图14.2中随机事件A发生的概率$P(A)$其实包含两部分：一部分是A和B同时发生下的联合概率$P(A, B)$，另一部分是A发生了但是B没有发生的概率$P(A, \bar{B})$。由此我们可以得到下面的等式：

$$P(A)=P(A, B)+P(A, \bar{B}), \tag{14.6}$$

这就从联合概率分布推导出了一般的概率分布。

接下来，我们将式（14.5）和式（14.6）合并，就得到概率和条件概率之间关系式：

$$P(A)=P(A|B)\cdot P(B)+P(A|\bar{B})\cdot P(\bar{B})。 \tag{14.7}$$

上述两个公式警示我们在使用概率时，不能将某个条件下发生的概率和一般的概率相混淆，因为前者只是后者的一部分，而后者还包括那个条件没有发生时的概率。在下一节，我们将通过一些实例进一步说明一般概率、条件概率和联合概率的差异。从这些例子中大家可以看到条件对结果的影响，这样就清楚在什么场合该用什么概率了。

本节思考题

一个人的某种生理指标A检测如果呈阳性，这个人可能染上了一种疾病B。某医院检测了1000个人，有240个人的检测结果呈阳性。经过进一步确认，这1000个人中有160个人患了疾病B，其中有150个人指标A的检测结果呈阳性。请问：

1. 如果某个人检测结果为阳性，他其实没有染病的概率是多少?

2. 如果某个人的检测结果为阴性，他其实染病的概率是多少?

14.2 差异：概率、联合概率和条件概率

要理解概率、条件概率和联合概率的不同用途，我们不妨看这样两个例子。

1. 概率和条件概率的差异

例14.1：有两只NBA球队，L队主场的胜率是72%，C队主场的胜率是81%，哪支球队更可能获得预赛的冠军？

从它们在主场的表现来看，似乎C队更胜一筹，而且9%的差异在NBA比赛中并不小。很多人甚至会想，主场胜率高这么多的球队，客场可能也差不了。但遗憾的是，这两支球队在所有比赛中的胜率分别是77%和67%，差出了10个百分点。事实上，L队是著名的洛杉矶湖人队，C队则是同城的另一支球队快船队，而上述数据则是2019—2020年赛季真实的数据。前后数据看似不一致的原因在于湖人队在客场的胜率高达82%，而快船队只有54%。

在这个例子中，一开始给出的72%和81%都是条件概率，条件就是“在主场”。如果我们用概率的符号表示，就是P(L胜|主场)和P(C胜|主场)，而两个队整体的胜率77%和67%则是无条件的概率P(L胜)和P(C胜)，它们是两回事。后面两个概率，其实除了包含了主场的胜率之外，还包含了非主场，也就是客场的胜率。事实上在那个赛季，湖人队在客场的胜率高达82%，而快船队只有54%。因此，我们不能从P(L胜｜主场)<P(C胜｜主场)这个事实，得到P(L胜)<P(C胜)这样一个结论。实际上在这个问题中，我们想从条件概率推导出一般意义上（无条件）的概率，就需要用式（14.7），等式的右边包括条件发生和不发生两种情况。

在现实的世界里，影响一个随机事件X发生与否的条件Y可能不止主场、客场两种情况，而是有很多种情况，我们不能只考虑几种可能的情况就轻易下结论。比如我们要研究女生在高考中的录取率，就不能只考虑北京周围各省市或者华东地区各省市的情况，而需要考虑中国大陆地区34个省级行政区全部的情况。我们可以来根据各省市的情况，用下面的公式计算出全国的情况：

$$P(A)=P(A|B_1)P(B_1)+P(A|B_2)P(B_2)+\cdots+P(A|B_{34})P(B_{34})$$
$$=\sum_{i=1}^{34}P(A|B_i)P(B_i), \tag{14.8}$$

其中，$P(A)$是女生的录取率，$P(A|B_1)$，$P(A|B_2)$，…，$P(A|B_{34})$分别是女生在34个省级行政区各自的录取率，它们都是条件概率，条件就是相应的地区。而$P(B_1)$，$P(B_2)$，…，$P(B_{34})$则是女生考生在各个省级行政区的分布情况，可以看作各种条件本身发生的概率。如果我们只考虑北京周边地区，相当于在式（14.8）中，只累计了几种条件下的概率，漏掉了大部分情况。

对于更一般的情况，我们假定条件Y有k种取值，我们就用k代替式（14.8）中的常数34，也就是：

$$P(A)=\sum_{i=1}^{k}P(A|B_i)P(B_i) \tag{14.9}$$

这里面B_1，B_2，…，B_k构成了条件Y的全部选项。在现实中，虽然很多人懂得概率和条件概率不是一回事，但是在使用时却不知不觉地陷入三个误区。

第一个误区就是有意无意地漏掉了部分选项，也就是在使用式（14.9）的时候只累计了其中的几项，而非全部。这种现象，可以解释为什么散户在听了所谓专家的建议之后炒股的回报率还是非常低。

我们经常会看到某个股票分析师在电视或者其他媒体上谈未来的股票走势，很多人觉得听从那些建议大概率会赚到钱，并且真的拿着真金白银去操作了。但结果怎么样呢？散户们其实是很难在股市上挣到钱的，听从专家建议的散户获得的回报一点都不比随机操作的散户更高。根据美国的统计，在过去的一个多世纪里，虽然股市的年均回报率超过7%，但是散户的回报率只有1%，比通货膨胀率都低。为什么会发生这种情况呢？是那些专家的水平不行么？公平地讲，能到媒体上去发布看法的专家们，所做的分析多少是有些道理的。非常遗憾的是，他们所能考虑的，只是股市可能出现的一些情况，而不是所有情况。今天的股市早已经复杂到没有人能够把各种情况都考虑周全了。散户们（包括很多专家们），根据某些情况制定的操作策略，看似有很高的挣钱概率，但其实不过是在他们的假设条件发生的前提之下的条件概率，并非整体的概率。把两者混为一谈，就如同我们把一个球队主场的胜率，当成是它整体的胜率一样。

我们回顾一下图14.2所展示的情况，假设随机事件A代表在股市上挣钱的概率，两圆交叉部分$P(A, B)$是专家们所预言的那些条件发生的情况，它只占全部情况的一小部分。而剩余的部分$P(A, \bar{B})$，也就是专家们考虑不到的部分或者他考虑到了却没有讲出来的部分，才是经常会发生的常态。事实上，几乎没有哪个专业的基金团队能够做到连续5年投资回报超过股市的平均值，因为即使是他们，常常也是将有限条件下的概率作为整体的概率去处理了。

使用概率和条件概率时的第二个误区是在穷举了过去的、我们已经看到的全部情况后，就以为它涵盖了未来的各种可能情况。很多专业的使用统计方法工作的人，也常常陷入这个误区。

在投资领域有阅历的人通常爱讲这样一句话，“过去的表现不能代表未来”，其实就是这个道理。今天有了计算机，我们很容易把过去的情况都列举出来，把在那些情况下最好的应对方式都找到。但是，过去看到的全部情况其实只是所有可能性中有限的一部分，过去没有看到的情况未来完全有可能发生。2008年金融危机时，我参加了一家著名投行召集的出资人的会议，主办方分析了当前各种情况下的对策。这时一位年迈的出资人问，如果最后真实的情况不在你们的考虑范围内，会是什么结果？投资银行的负责人讲，这在历史上没有发生过。那位老先生讲，我们现在正在创造历史，言下之意，过去没有见过的条件，接下来即将出现。事实证明那位老先生说的是对的。

我过去在做机器学习研究时，我的导师弗莱德里克·贾里尼克（Frederik Jelinek）教授经常讲，再大的统计量也不可能涵盖所有的可能性。例如，在自然语言处理中，我们经常需要计算当前面出现了Y这个单词时，后面跟着单词X的概率，这是典型的条件概率问题。但是如果我们把过去各种文本都拿来分析一遍，会发现有些条件Y和后面单词X的组合过去并没有出现过。这些情况是否可以不考虑呢？答案是否定的，这就如同我们使用式（14.9）的时候，只对部分情况求和了一样。今天，在网络上经常会出现语言新的用法，如果我坚持过去看到的语言现象是完备的，那么对于新的语言现象就不知道该如何处理了。

涉及使用概率和条件概率的第三个误区是，很多人总是不自觉地选择对自己有利的条件做判断，以至于过高地估计成功率，过低地估计失败率。这些人里很多是专业人士，懂得条件概率不等于概率的道理，也懂得在使用式（14.9）的时候，需要枚举出所有的条件。但是，真到了执行的时候，就会不自觉地去寻找对自己最有利的条件。《自然》和《科学》这两份全世界最权威的杂志，每年都会撤掉很多已经发表的论文，这倒未必是论文的作者们可能造假，而是他们为了发表论文，有意或者无意地选择了有利于支持自己结论的条件。比如有十个不同的条件，他们只选择了三个加以考虑，或者把这三个条件发生的概率夸大。这样结果就会显得很漂亮，但这种做法其实是自欺欺人。这件事其实也提醒我们学习数学基本知识的重要性，它可以让我们在即使不知道太多专业知识的情况下，也能判断真伪。当我们看到一个结论是从部分条件中得出的，而不是考虑了全部条件，就应该怀疑给出结论的人的动机或者能力了。

2. 联合概率和条件概率的差异

接下来我们看看联合概率和条件概率的区别。不妨来看一个例子。

例 14.2：有两种疾病 C_1 和 C_2，它们的死亡率分别是10%和3%，请问哪种疾病更危险？

很多人看到这个问题，会不假思索地回答第一种危险，因为死亡率10%要比3%高得多。但是这样的想法忽略了一个重要的事实，就是一个人得上两种疾病的概率。我们不妨假设它们分别是 $P(C_1)$ 和 $P(C_2)$。前面提到的死亡率其实是在染病条件下的概率，我们假定用 X 代表病死这个随机事件，那么根据题目给出的条件，我们知道 $P(X \mid C_1)=10\%$，$P(X \mid C_2)=3\%$。认为死亡率是10%的疾病比3%的疾病危险的人，对比的是条件概率，或者说已经发病条件下的危险性。但是对于这个问题，我需要对比的是发病（条件）和死亡

（结果）的联合概率，即 $P(C_1, X)$ 和 $P(C_2, X)$。

根据式（14.5）得知，$P(C_1, X)=P(X|C_1)\times P(C_1)$，$P(C_2, X)=P(X|C_2)\times P(C_2)$。如果 $P(C_1)=0.1\%$，$P(C_2)=2\%$，可以算出来第二种疾病的危险程度是第一种的6倍。事实上，对于很多疾病来讲，彼此之间发病率的差异远超过0.1%和2%。因此单纯看死亡率没有什么意义。比如狂犬病的死亡率近乎100%，但是发病率不到一亿分之一，而流感的死亡率只有千分之几，但是发病率可能高达10%。后者比前者危险得多。很多媒体为了吸引读者关注，都会用死亡率来误导大众，而很多人也会上这类媒体的当。但是，如果我们搞清楚什么时候该使用联合概率，什么时候要讨论条件概率，就容易判断真伪是非了。

那么什么时候该使用条件概率，而不是联合概率呢？让我们来看下面这个例子。

例 14.3：哈佛大学在新英格兰地区（东北部6个州）和中大西洋地区（从纽约到弗吉尼亚等地）的录取人数分别占总录取人数的17%和22%，这两个地区学生人数占美国学生人数的4.5%和17%，并且两个地区的高中教育水平相当，申请哈佛的学生的比例也大致相当。请问哪个地区的高中生申请哈佛更容易被录取？

从绝对录取数量来看，似乎是中大西洋地区的录取数量更多，但是这并不反映录取的难度，我们需要用概率论做一些细致的分析。

和本章第1节一样，我们还是把一个学生是否被录取看成一个随机事件 X，$X=A$ 表示被录取。这名学生所在的地区则是条件，我们用 Y 来表示。在这个问题中 Y 有两个选项，B_1 代表新英格兰地区，B_2代表中大西洋地区。$P(A，B_1)$则表示一个申请者来自新英格兰地区，同时被录取的概率，类似地$P(A，B_2)$则表示某个学生来自中大西洋地区，同时被录取的概率。这两个概率有多大呢？其实它们就是17%和22%乘以一个常数C，即$P(A，B_1)=17\%\cdot C$，$P(A，B_2)=22\%\cdot C$。

虽然$P(A,B_2)>P(A,B_1)$，但这是由于前者的人数更多所导致的。真正有意义的对比是条件概率$P(A|B_1)$和$P(A|B_2)$谁更大，即一个人身在新英格兰地区，和身在中大西洋地区被录取的概率分别是多少。上述两个地区的学生人数在全美学生中的占比分别是4.5%和17%，就是条件本身的概率。根据式（14.4）可以算出：

$$P(A|B_1)=\frac{P(A，B_1)}{P(B_1)}=\frac{17\%\cdot C}{4.5\%}=3.8C,$$

$$P(A|B_2)=\frac{P(A，B_2)}{P(B_2)}=\frac{22\%\cdot C}{17\%}=1.3C,$$

也就是说，前者大约是后者3倍。

至于为什么新英格兰地区的人容易上哈佛？原因很简单，哈佛大学在新英格兰，会多少照顾附近的学生。类似地，在加利福尼亚州上斯坦福，在纽约周围上普林斯顿和哥伦比亚，就比其他地区相对容易一些。世界各国的名牌大学都会照顾当地人，这是不争的事实，并非中国特有的现象。

通过上述几个例子我们可以看出，针对不同的问题我们需要使用不同的概率。有些问题需要使用（无条件的）概率，有些则需要使用条件概率或者联合概率。不过要做到这一点并不是很容易，事实上很多专业人士在处理具体问题时也会犯错误。不仅一些公开发表的文章会因为使用概率不当做了没有意义的比较，甚至一些公司的产品和服务，在使用概率时，逻辑也是相当混乱。比如将条件概率和联合概率混着用。这样的产品未必是失败的，但是性能却大受影响。为了保证我们能够在不同场景都能正确使用概率，一方面需要对几种概率的含义有准确的了解，另一方面则需要对问题本身有清晰的了解。同时，理解了上述几种概率的区别，也能培养我们判断是非对错的火眼金睛。

本节思考题

1. 北京某名牌高中学生考上清华大学的概率是 10%，这所高中的录取率也是 10%。另一所普通高中考上清华大学的概率是 1%，录取率是 80%。如果某个人只能申请一所高中，他申请哪所学校考上清华大学的概率更大？

2. 在上述问题中，某名牌高中和普通高中学生考上清华大学大学的概率依然分别是 10% 和 1%。但是这 10% 和 1% 考上清华大学的学生分别来自成绩前 20% 和 5% 的学生。这些人能否上清华大学在各自的高中都是等概率的。

小田如果进了名牌高中，他的成绩是最后的 5%，当然经过三年努力，他的成绩有希望提高，进入到前 20% 的可能性是 5%。小田如果进入了普通高中，他排在前 5%，只要他努力，三年后有 95% 的希望依然能维持原先的排名。在这种情况下，他去哪所高中考上清华的概率更大？

14.3 相关性：条件概率在信息处理中的应用

条件概率中的条件，本身也是一种随机事件，它可以有不同的取值，因此条件概率在本质上揭示的是两个随机事件的相关性。当条件概率中的条件发生变化后，和它相关的随机变量的概率分布就会发生巨大的变化。在信息的世界里，信息本身也有这样的相关性，因此，利用条件概率，可以解决很多信息处理的问题。为了理解这一点，我们先来看一个简单的例子。

假如我们看到汉语拼音tian qi，不考虑音调，能想到什么样的汉字词语呢？通常大家能够想到的是“天气”这个词。如果我们统计一下读音为tian qi的词，会找出很多个，为了简单起见，我们假定只有三个，“天气”、“田七”和“天启”。其中“天气”大约在所有汉语词中出现的概率超过千分之一，而“田七”和“天启”，不到百万分之一。为了简单起见，我们取个整，假定P(天气)=0.1%，而P(田七)=0.0001%，P(天启)=0.0001%。

接下来，我们假设tian qi的前一个词是“中药”，这时后面一个词是“田七”的可能性P(田七|中药)就比后面跟着“天气”的可能性P(天气|中药)大得多了，可能是1%和0.01%的差异；而后面是“天启”的概率虽然不是零，但已经小到可以忽略不计了。

从这个例子中我们可以看出，考虑和不考虑上下文的条件，两个词出现的概率可以差出很多数量级。原本是低频的词语，却极可能发生，而原来以为是高频的词，可能根本就不会出现。利用这个特点，就可以将手写体识别、拼音输入、语音识别和印刷体文字识别（OCR）的错误率降低80% ～95%。至于上述条件概率是如何得知的，就需要用到我们后面讲的统计的方法了。简单地讲，当见到的文本足够多时，我们就可以用一个词出现的频率除以文本的总字数，当作这个词出现的频率。比如，我们见到的文本所有的词加起来出现了10亿次，其中天气出现了100万次，占了0.1%，我们就认为天气的概率P(天气)=0.1%。类似地，如果田七出现了1000次，它的概率P(田七)=0.0001%。

类似地，我们还可以用这种方法，计算出在特定上下文条件下，天气和田七这两个词的联合概率。比如，“中药天气”出现了5次，“中药田七”出现了500次，于是“中药”和“天气”一同出现的概率，即联合概率为P(中药,天气)=$\frac{5}{10^9}=5\times10^{-9}$，而“中药”和“田七”一同出现的联合概率为$P$(中药,田七)=$\frac{500}{10^9}=5\times10^{-7}$。

当然，我们也可以用统计的方法算出特定上下文条件下“中药”的概率。我们假定它出现了5000次，于是它的概率就是P(中药)=$\frac{5000}{10^9}=5\times10^{-5}$。根据式（14.4），我们可以推算出“天气”和“田七”分别在中药条件下的概率：

$$P(\text{天气}\mid\text{中药})=\frac{P(\text{中药},\text{天气})}{P(\text{中药})}=\frac{5\times10^{-9}}{5\times10^{-5}}=0.01\%,$$

$$P(\text{田七}\mid\text{中药})=\frac{P(\text{中药},\text{田七})}{P(\text{中药})}=\frac{5\times10^{-7}}{5\times10^{-5}}=1\%。$$

从上面条件概率的计算可以看出，在自然语言中，一个词出现的概率，和上下文条件关系非常大。具体讲，它是否容易出现，取决于两个因素。首先是条件本身出现的概率，在上面的例子中就是“中药”出现的概率，它是计算条件概率的分母；其次是上下文条件和这个词一同出现的联合概率，在上面的例子中，就是“中药田七”或者“中药天气”出现的概率。条件概率就是后者对前者的比值。

在其他的信息处理中，类似上下文这种前后相关性也扮演着非常重要的角色。以视频图像压缩为例，视频中每一帧的图像和前面一帧有很大的相关性，也就是说，后面一帧图像中出现前面一帧中有过的或者相似的画面的可能性较大，而完全出现一个全新画面的可能性较小，利用这个特性，就能够将视频图像压缩几百倍。类似地，预报天气所用到的各种信息，比如云图信息，虽然是每时每刻随机变化的，但是今天的云图和昨天的有很强的相关性，也就是说头一天出现了什么情况，能够决定今天的变化。我们现在能够比较准确地预报大约10天的天气，靠的就是天气信息在时间和空间上的相关性。上述这些领域所用的信息不同，但是它们很多基础的概率模型却有相似之处，因为都用到了一个原理，就是一个随机事件的概率分布受到前后条件的影响，而且这种影响是巨大的。

说到上下文的相关性，既然一个词出现的概率会受到前一个词的影响，那么前一个词出现的可能性是否也会受到后面词的影响呢。对于这个问题的答案是肯定的。我们在前面讲过，数学上的因果关系，原因和结果是可以互换的。我们可以根据前面一个词是“中药”，推测后面一个词出现田七的概率比天气要大；反过来，我们也可以因为后面一个词是田七、黄芪或者麝香，推断前面一个词出现中药的概率比“重要”这个同音词要大。我们甚至可以根据从中药到田七的条件概率，倒推出后面一个词是田七的条件下，前面出现中药这个词的概率。这就要用到一个著名的公式——贝叶斯公式了。

本节思考题

据说《华尔街日报》上对纽约市天气的预报结果可以指导炒股，因为每年有70%股市上涨发生在晴天。你觉得是否应该根据天气决定是否买入股票？

14.4 贝叶斯公式：机器翻译是怎样工作的

我们在计算田七在“中药”这个条件下出现的概率时，是从中药和田七的联合概率出发，利用式（14.4）推算出来的，即：

P(田七|中药) = P(中药，田七) / P(中药)。

换一个角度来看这个问题，把条件和结果互换，计算一下如果后一个词是“田七”时，前一个词是“中药”的概率。我们可以把式（14.4）中的条件和结果对调，得到下面的公式：

P(中药|田七) = P(中药,田七) / P(田七)，

将这两个公式合并，我们可以得到下面的公式：

P(中药|田七) = P(田七|中药) × P(中药) / P(田七)。

这个公式，对于任何两个随机变量都成立。我们把它写成更具有普遍性的形式：

$$P(X \mid Y)=\frac{P(Y \mid X)\cdot P(X)}{P(Y)}, \tag{14.10}$$

这个公式被称为贝叶斯公式，它在概率论中非常重要，因为很多时

候，我们很难直接计算出$P(X|Y)$，但是知道$P(Y|X)$，于是就可以利用贝叶斯公式间接计算出$P(X|Y)$。

我们不妨看这样两个例子。

1. 贝叶斯公式在自然语言方面的应用

在很多人看来，机器翻译是一个人工智能问题，它为什么会和概率论特别是贝叶斯公式有关呢？我们不妨看看机器翻译背后的数学模型。

假定我们要把一个英语句子Y，翻译成中文句子X，从数学上讲，只要在所有的中文句子X_1，X_2，X_3，…，X_n，…中寻找一个含义最有可能和Y相同的句子即可，我们假定这个句子是$\hat{X}$。这也就是说，在给定英语句子Y的条件下，使得$P(X|Y)$达到最大值的那个句子$\hat{X}$就是我们要找的中文翻译。

假定$P(X_1|Y)$，$P(X_2|Y)$，$P(X_3|Y)$，…$P(X_n|Y)$，…分别等于0.1，0.3，0.2，…，0.05，…，对比一下我们发现，第二种翻译方法X_2的条件概率是0.3，是最大的，因此就认为Y应该被翻译成X_2，或者说$\hat{X}=X_2$。

当然很多人会讲，那么多中文句子，列举也列举不完。对于这个问题，大家不用担心，在自然语言处理中会有一些缩小搜寻范围的方法。接下来还有第二个问题，就是给定两个句子，一个中文的句子X和一个英文的句子Y，如何计算条件概率$P(X|Y)$？这其实是我们之前讲到过的最优化问题中的一类问题，从这大家可以看出数学各个分支之间的联系。

直接计算条件概率 $P(X|Y)$ 并不容易。根据估算条件概率的式（14.3），如果在文本中见到英语句子 Y 很多次，我们记作 $\#(Y)$ 次，而且知道它被翻译成 X 有 $\#(X,Y)$ 次，我们就可以用这两个数值的比值 $\#(X,Y)/\#(Y)$ 来近似条件概率 $P(X|Y)$。但非常遗憾的是，除非是一些已经翻译好的名句，我们根本无法见到 Y 多次被翻译成 X 的情况，因此不可能直接统计得到上述条件概率，我们只能绕道走。

有了贝叶斯公式，我们就可以间接地估算上述条件概率了。我们将 $P(X|Y)$ 按照贝叶斯公式展开如下：

$$P(X|Y) = P(Y|X) \cdot P(X)/P(Y)。$$

这个式子中有三个因子。第一个因子 $P(Y|X)$ 是给定中文句子 X，对应的英文句子 Y 的概率。第二个因子 $P(X)$ 是一个中文句子 X 出现的概率。第三个因子，也就是分母 $P(Y)$，则是英文句子 Y 本身的概率。看到一个概率被拆解为三个，大家可能会想，问题更复杂了。这只是表面现象，这样拆解背后的原因是上述每个因子都是能够计算的。

第一个因子 $P(Y|X)$ 可以通过一个隐马尔可夫模型近似地计算出来，对于它的细节大家不必关心，大家只要把它理解为每一个中文词或者词组有哪些可能的英语翻译即可。第二个因子可以通过一个标准的马尔可夫模型计算出来，它在这里也被称为语言模型，大家把它理解成计算的是哪个汉语句子读起来更通顺就可以了。第三个因子 $P(Y)$ 则是一个常数，因为一旦给出一个要翻译的句子 Y，它就是一个确定的事情，我们把它的概率想象成1就可以了（其实不是1）。这里面的细节我省略了，有兴趣的同学可以去阅读拙作《数学之美》，在那本书中我对机器翻译的数学模型有更详细的介绍。

通过贝叶斯公式，我们将一个原来无法直接计算的条件概率，变成了三个可以计算的概率，虽然从形式上看这样变得复杂了，但是却能够计算了。虽然实际上计算量是巨大的，但这正是计算机的长处所在。

这便是机器翻译的原理。当然，不少人可能会觉得今天的机器翻译做得不够好，因为对于一些较难的语句机器翻译得不对。这其中的原因在于，较难的语句平时见到的机会不多，对它们所建立的概率模型不太准确，甚至很不准确。从这里面，大家可能也能体会到对于那些带有不确定性的问题，我们对它们发生的概率的估计存在一个置信度，超越了置信度的范围，见到的就不再是规律性，而是随机性了。

2. 贝叶斯公式对医疗检测的准确率和召回率问题的解决

贝叶斯公式不仅在自然语言处理中有广泛的应用，在各种和概率统计相关的应用中，或多或少都能看到它的影子。今天，概率和统计在医疗和生物信息处理中占据着重要的地位，我们不妨看看它在这方面的一个简单的应用。

例 14.4：假定某一种试剂能够检测病毒性肺炎，如果检测结果为阳性，有99%的可能性是感染上了肺炎。某一年，某地区肺炎的感染率是0.5%，用这种试剂对当地随机抽取的人群进行检测，0.2%的人呈阳性，请问肺炎患者能够通过这种方式检测出来的概率是多少？再进一步思考一下，这种检测方式是否有效？

我们通常希望一种疾病检测手段能够做到下面两点：

第一，凡是检测为阳性的都是染病的；

第二，凡是染病的，检测结果都是阳性。

但实际上，任何检测都不可能这么准确。会有一部分染病的人检测不出来（他们被称为假阴性），就是图中浅灰的部分，同时可能有一部分人检测出是阳性的，但其实没有得病（他们被称为假阳性），就是图中深灰色部分。我们把染病的概率和检查结果为阳性的概率用下面这张文氏图图 14.3（a）来表示。在图中，整个长方形区域表示所有的人。左边的圆圈表示染病的人，他们的数量占人口的比例，就是染病的概率。右边的圆圈代表检查结果为阳性的人，他们的数量占人口的比例，就是检测结果为阳性的概率。这两个圆圈的重叠部分（灰色），是既染了病，检测结果又为阳性的人，他们就是被准确诊断出有疾病的人。左边浅灰色的部分，是染病却没有被检测不出来的人（假阴性），右边深灰色的部分，则是检测结果为阳性但其实没有染病的人（假阳性）。

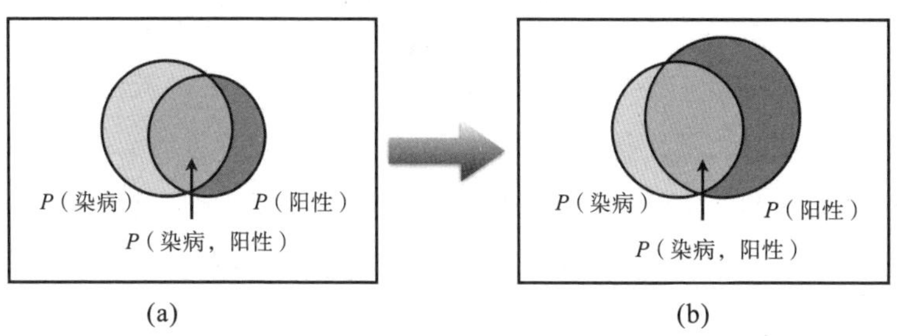

图 14.3　增加疾病检测的召回率会增加阳性的比率，这会以牺牲准确率为代价

在例题中，我们知道如果检测结果为阳性，有 99% 的可能性

是感染上了病，其实这给出的是一个条件概率，即 $P(X=$染病$|Y=$阳性$) = 99\%$，这看上去是很准确的，也说明该检测的假阴性比例很低，它不太会把健康的人判断成病人。但是我们还必须知道这种检测是否能有效发现患病者，也就是说，一个人染了病之后，检测结果是阳性的比例为 $P(Y=$阳性$|X=$染病$)$。这也是一个条件概率，但是在题目中没有直接给出。不过，我们可以根据贝叶斯公式可以算出：

$$P(Y=\text{阳性}|X=\text{染病})=P(\mathrm{X}=\text{染病}|Y=\text{阳性})\cdot\frac{P(Y=\text{阳性})}{P(X=\text{染病})}$$
$$=\frac{99\%\times0.2\%}{0.5\%}\approx40\%,$$

也就是说，在所有染病的人群中，这种方法只能检测出40%左右。由此我们可以得到两个结论：第一，这种检测结果如果是阳性的，以此为依据确诊某个人感染了疾病是有效的，有效率为99%。第二，如果用它来筛查疾病，会有大量漏网的情况，这时我们会说它的召回率太低。

在疾病的检测中，通常准确率和召回率是不可兼得的，要想提高召回率，就得牺牲准确率。在图14.3（a）中，灰色区域和左边的圆的比例，就是召回率，而灰色区域和右边的圆的比例，就是准确率。如果我们放宽阳性的标准，就可以增加召回率，如图14.3（b）所示，有更多的病人可以被诊断出来，但是同时准确率则下降了。

不仅疾病检测如此，在很多应用中，比如信息检索、人脸识别等，都会出现准确率和召回率的矛盾。通常在技术条件不变的情况下，召回率和准确率直接的关系是图14.4显示的函数关系。当然，经过改进技术后，整个函数曲线会往上移。

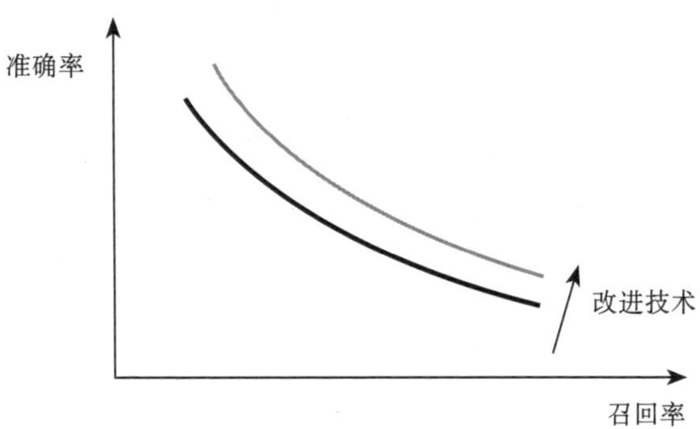

图 14.4 召回率和准确率的关系

本节思考题

在地铁站的监控录像拍到了一张照片，但是由于照片中的人戴了帽子，分不清是王五，还是徐六。通常王五戴帽子的概率是10%，徐六戴帽子的概率是20%。还需要什么信息，能够对这个戴帽子的人是王五还是徐六做一个大致的判断?

（提示：比较P(王五｜A）与P（徐六｜A））

本章小结

虽然数学家们研究概率是从普通的无条件的概率开始的，但是现实中的概率常常是有条件的。不同条件的存在，可以让同一个随机事件的概率相差很大，这从数学上验证了凡事讲究条件这个古老智慧的正确性。

条件概率通常是用条件和随机事件的联合概率比上条件本身的概率来计算的。这里面就涉及三个不同含义的概率了，即一般意义上的概率、条件概率以及条件和随机事件的联合概率。在不同的场合需要采用不同的概率，但是不少人经常使用错，甚至专业人士也是如此，这一点要非常小心。

在数学上条件和结果是可以互换的，而在概率中，它们的互换是通过贝叶斯公式体现出来的。利用贝叶斯公式，我们可以间接地解决很多难以直接解决的概率论问题。在数学上这是一种常用的解决问题的思路，它看似绕了一个弯，实则是架起了几个桥梁，让本来没有直接通路的两个点，能够在绕几段路后联通。我们在前面讲到虚数的作用，其实也是绕一个弯之后，把原来不通的道路走通。这种间接解决问题的思路，不仅适用于数学，也适用于解决生活中的很多难题。这也是学习数学对认知提高的帮助。

第15章

统计学和数据方法：准确估算概率的前提

为了准确地估算一个随机事件的概率，常常需要对大量样本进行统计。我们需要有一套统计学的理论，来指导具体的统计工作，并且设定一种可以得到重复性结果的过程，任何人只要遵循那个流程，就能够得到相似的结果。否则，不同人用不同的统计方法，不同的数据，得到完全不同甚至矛盾的结论，就让概率论和统计失去了意义。

15.1 定义：什么是统计学

今天我们谈到统计学，常常和概率论联系在一起，因此很多人觉得它们是一回事，或者是认为统计学是概率论的应用部分。其实，统计学是一门独立的学科，它是关于收集、分析、解释、陈述数据的科学，不能和概率论混为一谈。统计学的数学基础是概率论，我们在分析和解释数据时，要大量地使用概率论和其他数学工具，因此今天它成了概率论最大的用武之地。但是，统计远不只是设计一个样本，然后用加减乘除算算概率那么单纯，它里面还有很多非数学的工作，比如如何陈述数据让大家接受我们的结论——正是为了达成这个目的，人们才发明了各种统计图表，因为人类对图表的敏感度要远远高于对数字的敏感度。在统计学中专门有一个分支，叫作描述统计学，就是研究如何让统计的结果更有说服力的。除此之外，统计学还涉及很多工程问题，比如如何保存和整理数据，这些也和数学没有太多的关系。不过，我们在本书中只重点介绍统计学中和数学有关的部分。

如果说概率论最初是赌徒们所研究的雕虫小技，登不上大雅之堂的话，那么统计学从一开始就是高大上的学问。统计学的英文statistics是源于拉丁语“国会”或者“国民政治家”的意思，最早是特指对国家的数据进行分析的学问。18世纪德国的学者戈特弗里德·阿亨瓦尔（Gottfried Achenwall）发明了德语版的这个词，特指“研究国家的科学”，即根据数据了解情况，制定国策。后来这个词被翻译成各国的语言，但是含义却远远超出了原来特指研究国家的科学的这一层含义。

统计学研究的目的，通常是从大量数据中寻找规律性，特别是寻找不同因素之间的相关性，以及可能存在的因果关系。不过，后一种关系，即因果关系通常未必能找到，这一点我们后面要专门讲。在找到相应的规律之后，我们就可以利用它来建立数学模型，预估未来数据的发展和变化。比如前面讲到，我们可以统计出汉语词之间的关联性，也就是条件概率，这样，如果遇到像“天气”和“田七”，“北京”和“背景”这样的同音近音词，就可以通过上下文，计算它们的条件概率，从而在语音识别或者拼音输入中，确定到底是哪一个词。比如，前面一个词是中药，我们就知道后面是“田七”的可能性比“天气”大。而见到天气这个词，我们也就知道前面是“北京”的可能性比“背景”大。得到这样的规律性，就可以分析和理解自然语言。因此，通过统计从大量带有随机性的事件中找到规律，指导今后的工作，这就是统计的目的所在。

但是，并非所有的随机事件背后都有规律可循。在统计工作中，人们容易陷入的第一个、也是最大的误区就是非常牵强地寻找不是规律的规律。很多时候两个随机的事件看似有联系，其实那只是在统计量不足的情况下的巧合。比如过去流传着街上女生穿短裙多，股市就会上涨的说法。虽然有人举出一些例子，来证明女生穿短裙的比例和股市浮动的一致性，但是他们却忽略了数量同样多的反例。事实上没有哪个基金能用这种方式挣到大钱。在今天的大数据时代，利用数据找到一点相关性并不难，但是真正挖掘出有用的规律性依然不容易。就说前面讲到的利用前一个词来预测后一个词（或者反过来），即利用自然语言上下文直接用词的相关性的方法看似应该很容易想到，但是在语音识别诞生后的头20多年里，科学家们并没有想到这个办法。当20世纪70年代信息科学家贾里尼克想到这个方法后，其他人又都有恍然大悟的感觉。可见，找到真正具有相关性的随机事件本身并不容易，这在很多时候甚至超出了科学的范畴，属于艺术和灵感，但是它却体现出人类的智慧。

人们在统计工作中容易陷入的第二个误区是，忽略了做统计的主观行为对统计结果的影响。或者说，我们的行为反过来改变了条件，而条件一变，我们看到的结果自然不反映真实的情况了。这里面最出名的例子就是20世纪初，心理学家们在美国西方电器公司位于霍桑市的工厂所进行的霍桑实验了。

霍桑实验的最初目的，是找到一些影响工人生产效率的因素（变量），然后加以改进，以提高生产率。心理学家们考虑的因素包括薪酬、照明条件、工间休息等。他们通过大量的统计发现，这些因素似乎和劳动效率有关，于是厂家就改善了相应的条件，比如增加照明亮度。但是，在这些改进中，一些并未让生产效率有明显的提升，和想象得不一样，另一些改进虽然开始起到了一定的效果，但是很快又回到初始的状况。对于这个现象，心理学家们后来进行了很多研究，比如发现当时很多试验并不是双盲的，那些对比在今天看来没有太多统计的意义。当试验的设计者提高照明亮度测试生产效率时，工人似乎提高了效率，但这不是照明引起的，而是因为他们觉得自己被围观了，因此特别有干劲。这一类情况在早期药品有效性的试验中也特别明显，只要病人从医生口中觉察到他所服用的是真药而不是安慰剂，效果就好，但这无法判定是药的原因，还是心理作用。于是就有了“霍桑效应”这个名词，它是指当被观察者知道自己成为被观察对象而改变行为倾向的反应。

霍桑效应不仅体现在个人身上，也体现为群体的反应。比如一个国家将原本3%的GDP增长，按照5%公布于众，民众对经济前景有了信心，开始增加消费和扩大生产，反而可能导致了GDP的上涨。反过来，城市道路的拥堵信息一发布并显示在地图上之后，大家为了避免拥堵，都挤到地图上显示的绿色的道路中，反而造成了往哪里走，哪里就堵的死循环。此外，今天很多推荐系统见你读什么、买什么，就继续推荐什么，但你一点兴趣也没有，这就是陷入了霍桑效应的陷阱。

很多人觉得统计工作很简单，就是数数。近年来，由于数据量的剧增，一个企业要是不谈大数据都不好意思，但是在谈论了十年大数据之后，很多企业并没有从数据中得到什么收益。比如对于2020年全球公共卫生事件，各种机构学者通过大数据做出的预测结论迥异。显然，符合事实的统计结果只能有一个，剩下的没有得到准确结论的，大多是在统计方法上和初始设置方面或多或少地出了问题。今天做统计工作的人，使用的数学工具通常都不会有问题，如果有问题，通常出在自己身上。那么怎样才能做好统计工作，从随机性中找到规律性呢？

本节思考题

在股市上，下面三个结果哪一个最可能是正确的，我们最不该相信哪一个：

1. 从过去120年历史上股市数据统计结果给出的预测；
2. 根据历史上和当前的经济学数据给出预测；
3. 股市真实的表现。

15.2 实践：怎样做好统计

利用统计的方法，解决实际问题，找到现象背后的规律性，需要遵循一定的章法。在统计学出现之后的200多年里，人们不断地改进统计方法，并且根据具体的应用做了很多优化。虽然不同的领域所采用的统计工作方法会有差异，比如生物信息领域使用的数据量要比信息领域小很多数量级，但是各个领域的统计工作还是有很多共性的，我根据自己的经验，把统计工作总结成下面五个步骤。

第一，设立研究目标。比如我们利用数据来证实一个假说，比如某种药比安慰剂有效，或者找到什么样的相关性，比如利率调整和股市涨跌的关系。有了目标，才能够避免盲目使用数据的情况，并且能够有意识地过滤数据中的噪音。通常，使用数据驱动的方法除了要准备一个待证实的假说，还要准备一个可对比的备用假说。如果我们想证实一种新的药品的有效性，备用的假说就是安慰剂同样有效。统计的目的就是确认设定的假说，同时否定掉备用假说。比如某家在线数据挖掘公司，要证明个人信息对推荐机票有效，就要证明不使用个人信息时，推荐机票无效，而不是同样有效。

第二，设计试验，选取数据。用于统计的数据必须能够进行量化处理。比如我们要识别图像，就需要能将图像信息数字化，便于计算机处理。关于数据的选取，我们在后面还要做进一步补充说明。

第三，根据实验方案进行统计和实验，分析方差。很多人只是关注统计结果的均值，而忽略方差。比如很多人关心某一种投资回报是否比其他的更高，但是在投资时光看回报率是不够的，还要衡量风险，这就是方差。

第四，分析和解释统计结果，并且根据分析进一步了解数据，提出新假说。很多时候，统计得到的结果并不能证明我们的假设。这可能是因为假设本身就错了，也可能是因为统计做错了。不论是哪一种情况，都需要重新验证。

第五，使用研究结果。有些时候，我们会直接将统计的结果用于产品，而另外一些时候，我们只是给他人提供报告。对于前者，有一个怎么使用统计结果的问题，因为很多结果都是在特定条件下获得的，我们需要确保使用的场景和统计的场景相一致；对于后者，如何报告结果，也就是说把那些数字变成大家能够看懂、容易接受的结论非常重要。

关于选取数据，或者说统计样本，值得做进一步的说明。

今天人们使用了数据（包括大数据）却没有成功，最常见的原因是没有找到具有代表性的样本。我们在前面讲了，同一个随机事件，在不同条件下概率分布的差异是巨大的。我在《智能时代》一书中举了1932年《文学文摘》预测美国总统大选失败的例子，虽然他们收集了近百万份调查问卷，但是由于按照电话号码本选取的样本忽略了大量的低收入人群，样本所表现的统计学现象背离了真实的概率分布，因此这样的统计即使使用再多的数据也没有用。

在失败原因中排第二位的，是低估了数据的稀疏性所带来的副作用。我们在前面讲了，利用统计得到结论，需要统计量足够。今天的大数据看似数据量是足够的，但是如果你把它们分了很多维度后，其实还是很稀疏的。

我们就以利用上下文预测后面的单词为例来说明。假如使用两个词Y和Z来预测第三个词X，汉语的词汇量按照10万来计算，这看上去并不是一个复杂的数学模型，但是这个统计模型有1000万亿个（$100\ 000^3$）条件概率值需要估算，整个互联网上的内容都翻译成中文，文字的总长度也超不过100万亿个词，因此，数据量显然是不够的。关于如何解决稀疏性的问题，我们后面会专门讲。

除了上述两个原因，还要注意在样本选取时，不能把间接相关的数据当作直接相关的数据来使用。由于统计得到的相关性可能并不准确，隔了几层关系后演绎出来的相关性很多时候只能算是主观刻意找出来的，并不反映客观规律。在统计中，“原因的原因不是原因”，这是我们要牢记的原则。

除了数据选取上的问题会造成统计失败，还有很多原因会让统计变得毫无意义，比如说把原因和结果搞反了，就是统计时常见的失误。我们在前面介绍条件概率时讲到，X和Y这两个随机变量，既可以把X看成是Y的条件，也可以反过来看。当我们拿到原始数据，看到X和Y同时出现时，其实很难弄清楚谁是原因，谁是结果。大家如果去读人文和社会科学的论文，就会发现既有把X当作Y原因的论著，以及把Y当作X原因的论著，它们甚至发表在同一本期刊上。今天很多公司在使用大数据时，完全不去分析因果关系，直接把结果当原因。比如我们上网查询过酒店，接下来并非就是要买飞机票，因为有可能已经用快到期的里程兑现了飞机票，或者已经通过代理购买了飞机票。因此，虽然查询酒店和查询机票有一定的相关性，但是断定它们之间有必然的联系就显得武断了。

总之，统计是一种非常有效的工作方式，它能让我们从众多数据中找到规律，特别是在今天的大数据时代。当然，要在各种条件下做到非常准确的统计，需要保证数据量足够，如果数据量不足，我们总结的规律就不可能有很高的覆盖率，在使用那些规律时，就经常会遇到之前没有想到的“黑天鹅事件”。如何防止黑天鹅事件发生，也是统计学研究的一个重要课题。

本节思考题

2016年和2020年美国大选期间，几乎所有民调机构给出的民调结果都错得离谱，试找出那些机构在民调工作中的系统性漏洞。

15.3 古德–图灵折扣估计：如何防范黑天鹅事件

很多人觉得今天有了大数据，不再会有统计覆盖不到的角落。其实不然，对于很多统计，哪怕是看似很简单的统计，今天的数据量依然远远不够。比如我们前面讲了通过对文本进行统计，实现通过上下文（具体讲就是前两个单词）来预测句子中某个位置单词的例子。在那个例子中，被统计的数据量哪怕再大，相比要产生的条件概率的数量，也显得太小，这种特点我们称之为数据的稀疏性或者干脆称之为数据量不足。就以微信为例，虽然微信上的数据看似很多，但是如果你真要利用两个词的上下文来预测下一个词，它的数据量依然显得不足。我们假定汉语词有10万个，用两个词作为上下文的条件，这就有100亿种组合，每一个条件后面，都可能出现10万个词中的任意一个，每一个对应一个相应的概率。也就是说，总共可以有1千万亿种条件概率。如果我们估算一个概率需要100个样本，这样就需要10亿亿个词语的文本。相比这么大的数据量，微信所有的数据只是九牛一毛。

上述问题在统计中很常见，但是这类问题中的绝大部分都已经很好地解决了，这要感谢半个多世纪以来很多数学家们的不懈努力。最先从数学上解决这个问题的是阿兰·图灵的学生古德（I.J.Good），他提出了古德—图灵折扣估计法，比较好地解决了所谓的零概率事件问题。我们用一个具体的例子来说明什么是统计中的零概率问题。

1. 古德-图灵折扣估计法

前面讲到，“中药”这个词后面跟着“田七”的可能性比较大，如果我们统计足够多的文本，可能会看到成百上千次，于是可以准确估计它的条件概率。但是“中药”后面跟着天气的可能性很小，可能我们统计了100亿词的语料库，一次也没有见过“中药天气”，那么是否敢说在“中药”条件下，天气的条件概率就是零呢？我们并不敢说。过去，人们以为大家讲出来的话、写出来的文字都符合一些规范，因此有些词的组合就不应该存在。但是后来人们发现，语言的演变，恰恰是使用那些过去认为不可能的组合所造成的。比如说今天的很多网络用语，像“炸群”“云朵计划”“奔现”等，完全不符合汉语的用法，过去一次都没用过。当它第一次出现时，我们不应该将它的概率设置为零，否则它们会成为产品的bug（漏洞）。事实上，如果我们把一个100亿词的语料库一分为二，变成A和B两个子集，就会发现很多在A子集中出现的词的前后组合，在B中根本没有遇到，反之亦然，因此我们不能说这种小概率事件的概率等于零。事实上，任何将小概率事件的概率强制设定为零，其结果就是早晚会遇到黑天鹅事件。

产生黑天鹅事件最主要的原因，就是我们把那些小概率事件，特别是在历史上没有见过的事件，都默认为是零概率事件了。一个随机事件的概率即使再小，它也不是零，那件事也会在某个条件下发生。

那么我们该如何考虑这些不容易被想到的事件呢？也就是说，如果一个随机事件，我们在统计中没有见到，该如何设置它们的概率呢？我们先要来分析一下小概率事件的特点。

大家都听说过一个80：20定律，就是说80%的总量常常是由20%高频率的元素构成的，反过来，80%低频率的元素，或者说长尾的元素，只构成20%的总量。这个规律，其实是齐普夫定律的一个特例。乔治·金斯利·齐普夫（George Kingsley Zipf）是美国20世纪初的语言学家，他经过对各种语言中词频的统计发现，一个词的排位和它词频的乘积，近乎一个常数。比如在汉语中，“的”是最常见的词，排位第一，它的词频大约是6%，于是$1\times6\%=6\%$。第二高频词为“是”这个字，它的词频大约是3%，恰好$2\times3\%=6\%$，词频排位第三的词是“一”，它的词频是2%多一点，$3\times2\%$也是6%。后来经济学家和社会学家发现齐普夫定律在他们的学科中也成立，比如你把世界上所有人的财富排一个序，让序号乘以财富的数量，就会发现类似的规律。今天，齐普夫定律被认为是自然界的普遍规律。我们每一个人都需要牢记齐普夫定律，这样就不会相信所有人都能够通过创业成为富翁这样的鸡汤观点了，因为它违背了齐普夫定律。

不仅如此，齐普夫定律在低频词上也有一个出乎意料的特点，就是词频乘以相应的词的数量，得到的结果也近乎一个常数。比如在一个词汇表中，大量的词只出现一次，但是它们的总数却占到了词汇表的一半左右，然后还有大量的出现两三次的词，总数也不少。如果我们假定只出现一次的词有N_1个，出现两次的词有N_2个，出现三次的词有N_3个，那么$1\times N_1$、$2\times N_2$和$3\times N_3$都差不太多，因为大多数词其实只出现一次。

图灵的学生古德就利用自然界的这个特点，设计了一个办法，把那些黑天鹅事件也考虑了进来。古德思想的核心是从高频的随机事件中拿出一点概率总量（probability mass）分配到低频的随机事件头上，再从低频的随机事件中拿出一些概率总量，分配给在统计时没有见到的随机事件。具体的做法是这样的。

假如出现 r 次的单词有 N_r 个，那么一个语料库文本中所有单词的总次数就是 $N=1\times N_1+2\times N_2+3\times N_3+\cdots+k\times N_k$，其中 k 是最高的词频。当然在这个统计中，更重要的是考虑那些原本没被考虑进来的词，这些词在之前的统计中出现 0 次，其实根本没有被统计进来，我们现在假定这些单词有 N_0 个。这并非代表那些词的频率就该是零，而是统计量不够多——要知道统计量和统计量之外的总量还是有区别的。

古德根据经验，假设 $N_0>N_1$，也就是说那些没被统计进来的词，数量比在统计时出现了至少一次的词多很多，这个假设不仅在语言学中是符合实际情况的，而且在几乎所有的应用中都是正确的。

接下来古德就调整不同词的词频。他是这么做的：

一个单词如果原来出现了 0 次，就把出现的次数调整为 $\frac{N_1}{N_0}$ 次，注意，这是一个 0 到 1 之间的数，[①]不再是零了。

一个单词如果原来出现了 1 次，就把出现的次数调整为 $\frac{2N_1}{N_0}$ 次，通常这是一个 1 到 2 之间的数。

对于一般情况，如果原来出现了 r 次，就调整为 $\frac{(r+1)N_{r+1}}{N_r}$ 次。

经过古德这么一调整，被统计的语料中所有词总的次数变成了

① 根据齐普夫定律，这是一个小于 1 的数。

多少呢？我们不妨算一算。

0次的数量有N_0个，它们每个被分配了$\frac{N_1}{N_0}$次，总共N_1次；

1次的数量有N_1个，它们每个被分配了$\frac{2N_2}{N_1}$次，总共$2N_2$次；

2次的数量有N_2个，它们每个被分配了$\frac{3N_3}{N_2}$次，总共$3N_3$次；

……

（$k-1$）次的数量有N_{k-1}个，它们每个被分配了$\frac{(k-1)N_k}{N_{k-1}}$，总共有kN_k次。

到此为止，被分配的总次数加起来是$1 \cdot N_1+2N_2+3N_3+\cdots+kN_k=N$。

从上面我们可以看到一个规律，就是古德把出现i次的词总的次数，分配给了出现$i-1$次的那些词，如图15.1所示。

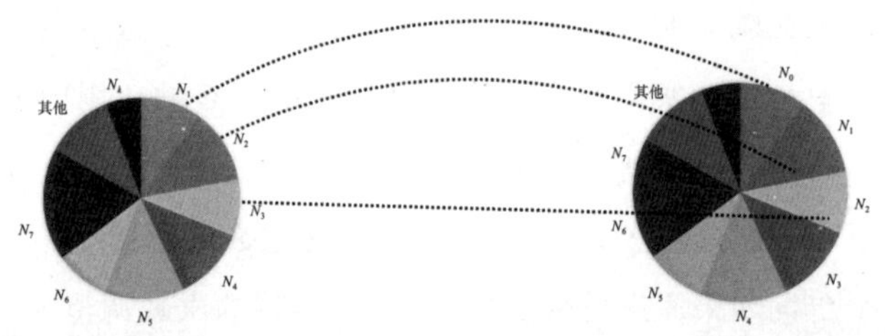

图15.1　古德-图灵折扣估计对各组随机事件概率比例重新分配

对于出现次数为0到（$k-1$）的词，这么分配都没有问题，对于出现k词的词，由于$N_{k+1}=0$，这样分配就有问题了。对此，古德做了一个调整，当一个词出现次数大于t次之后，直接认定它们就出现了t次，不再调整。但是这样一来，被分配的总次数加起来就

可能大于 N 了，因此，在计算概率时，还需要做归一化，以保证所有的概率加起来依然等于 1。古德的这种做法被称为“古德 - 图灵折扣估计法”。因为它实际上是把高频词的词频打了一个折，多出来的词频分配给了低频词和在统计中没有看见的词，这就让所有词的概率分布变得更光滑了，这和我们在介绍微积分时讲的希望一个函数尽可能光滑是同样的道理。因此，人们也称之其为“古德 - 图灵平滑法”。后来人们对古德的方法做了一点小的改进，让它更加平滑，直到今天，它依然是统计中使用得最多的处理零概率和小概率事件的方法。

古德-图灵折扣估计法在方法论上也很有意义，在生活中给我们造成最大伤害的是那些不测的灾难，因为那些经常出现的灾难已经被预防了。那么为什么不能预防所有可能发生的灾难呢？因为我们没有那么多的资源。资源的总量和概率总量一样，加起来是一个常数，而通常它们都已经一个萝卜一个坑地分配出去了，突然发生一件想不到的事情，就没有资源应对。但是，具有防御性思维的智者，总会从资源分配较多的项目上，存留出一点点资源，用于应付任何不测的事件。这就是古德-图灵折扣估计法的思想。

2. 删除插值法

古德-图灵折扣估计法虽然避免了零概率的问题，但是当统计数据不够时，大量的小概率事件的概率还是无法准确估计。比如，一个随机事件出现了两次，另一个出现了一次，我们很难说前者的概率就是后者两倍。对于这种情况，信息论专家贾里尼克发明了一种被称为删除插值（Deleted Interpolation）的方法（简称插值法），比较有效地解决了这个问题。

贾里尼克在对文本进行统计时发现，统计数据不够的原因不是真的数据量少，而是我们在计算条件概率时加入了太多的条件，这样条件和随机事件可能的情况组合在一起数量太大，使用再多的数据，摊到那么多种组合上，每一种组合出现不了几次，统计就变得不可靠了。比如，当我们统计 X 这个词的词频时，它可能出现了很多次，统计的结果就比较可靠。但是，如果我们在统计时要考虑 X 前面出现 Y 和 Z 这两个词的情况，可能统计了大量的文本数据，也没有见到 Y、Z 和 X 一同出现几次，这样的统计结果可信度就低。

基于这个特点，贾里尼克提出在估算条件概率时，用一般的概率作为补充。我们可以打个比方来说明他的思想。假如你想了解中国每一个城市居民的特性，一个办法就是在每个城市抽样统计一下。但是有些城市可能抽取到的样本不多，因此从那几个城市得到的信息就不准确，比如在福州只找到三个样本。为了避免个案的随机性影响对一个城市居民普遍性行为的估计，我们适当考虑以该城市上一级更大范围内的统计结果作为参考，比如将福建省的统计结果中最显著的特性，补充到福州市的统计结果中。这就是插值法思想的出发点，它具体的做法如下。

假定我们要估算条件概率 $P(X|Y)$，先分别统计 X 和 Y 一同出现的次数 $\#(X, Y)$，X 单独出现的次数 $\#(X)$，以及条件出现的次数 $\#(Y)$。我们通常会用相对频率 $f(X|Y)=\#(X, Y)/\#(Y)$ 作为对条件概率 $P(X|Y)$ 的估计，用 $f(Y)=\#(Y)/\#$ 作为对 $P(Y)$ 的估计，其中 $\#$ 是样本的总数。由于 $\#(Y)$ 数量较大，因此对 $P(Y)$ 的估计通常是准确的。但

是，一般 $\#(X, Y)$ 的数量较小，把 $f(X|Y)$ 当作 $P(X|Y)$ 肯定不准确。那么怎么办呢？贾里尼克将 $f(X|Y)$ 和 $f(X)$ 的线性组合，作为对条件概率 $P(X|Y)$ 的估计，即：

$$P(X|Y)=\lambda_2 f(X|Y)+\lambda_1 f(X), \tag{15.1}$$

其中 λ_1 和 λ_2 是线性组合的权重，它们大于等于零，并且满足 $\lambda_1+\lambda_2=1$ 的条件。[①]这样能够保证估算出来的概率 $P(X|Y)$ 符合概率公理所要求的条件。我们不妨用一个例子来具体说明上述方法。

我们假定福州市的某高中 7 月 6 号这一天要举行运动会，学校想预测一下 7 月份的第六天福州市下雨的概率，以便事先做好准备。我们的条件是 7 月份的第六天，随机事件是下雨。我们统计了过去 30 年的历史数据，发现其中有 3 年，7 月份的第六天下雨了。仅仅靠发生三次下雨事件，就断定 7 月 6 日下雨的概率是 3/30=0.1 显然不是很可靠。于是我们用整个 7 月份福州市下雨的概率来弥补统计数据的不足。假定在过去的 30 年里，福州市 7 月份下雨的概率是 20%。我们将上述数据带入公式（15.1），同时假设 λ_1 和 λ_2 都是 1/2，这样估算出来 7 月 6 日这一天下雨的概率就是 $0.5\times0.1+0.5\times0.2=0.15$，而不是简单统计得到的 0.1。

通常 $f(X|Y)$ 的权重 λ_2 比较大，比如是 0.7，这样能保证 $f(X|Y)$ 本身起主导作用。如果 $f(X|Y)$ 比较大，说明 $\#(X,Y)$ 出现的次数很多，比较可靠，因此赋予它较大的权重也是应该的。如果 $f(X|Y)$ 比较小，说明它不可靠，不过由于它很小，而 λ_2 也小于 1，我们不担

① 严格来讲，λ_1 和 λ_2 是和 Y 有关的，但是在应用中为了简单起见，大家常常就设置一个简单的常数。

心这一项会对计算$P(X|Y)$有多大的影响，这时无条件的概率$f(X)$会起主导作用。由于$f(X)$本身的可信度比较高，这样估计出来的条件概率$P(X|Y)$虽然不够精确，但是范围大致可靠，在使用时不会造成灾难性的后果。特别需要指出的是，当我们在统计时没有见到X和Y同时出现的情况，由此会得到$f(X|Y)=0$，这时，条件概率$P(X|Y)$就退化成非条件概率$P(X)$，因为它完全由$f(X)$决定。

插值法从本质上讲，是相信那些见到次数比较多的，置信度比较高的统计结果。如果遇到统计数量不足时，就设法在更大范围中找一个可靠性较高的统计结果来近似。后来凯茨等人又进一步改进了插值法，提出了备用法（Back-off），其核心思想和插值法类似，但是近似的效果更好些。备用法的细节就省略了，大家如果有兴趣可以查看拙作《数学之美》。在数学上和信息论中都可以证明，无论是插值法还是备用法，都比单纯依靠统计结果直接产生概率模型更准确。

要防范黑天鹅事件，这个道理很多人都知道，但是大部分人都只是停留在嘴上，真遇到了所谓罕见的、预料之外的情况，他们只好认倒霉了，而且还会觉得极小概率的事件是无法防范的。具有主动性的数学家们，则是找到一些数学方法，对黑天鹅事件进行防范。比如古德是通过将高频事件的概率分配给低频事件，而贾里尼克则是用可靠的统计结果，弥补对不可靠小概率事件进行统计的缺陷。那些方法，无论是在科学研究还是在生活中，都能有效地防范小概率事件带来的灾难。

本节思考题

在互联网上下载大约 10 万字的文本（大约 50 个网页），平均随机地分成 D_1 和 D_2 两个数据集。统计一下在数据集 D_1 中有多少个字没有出现在 D_2 中。显然，如果我们用 D_2 作为样本集来统计汉字出现的概率，很多字的概率就会被认为是零。试着想办法来解决零概率问题。

15.4 换个眼光看世界：概率是一种世界观，统计是一种方法论

世界上有很多规律并不是完全确定的，而是带有很大的随机性，这造成了一些结果的不确定性。这是我们这个世界自身的特点，并非通过人为努力就能够把不确定的事情完全确定下来。承认这一点，我们就需要用另一种眼光来看待我们的世界，明白很多时候，没有简单的黑与白，只有灰度。所谓的黑不过是灰度中黑的比例足够高，让我们难以看到白的存在；相反，所谓的白不过是灰中黑色的比例太低而已。因此，当我们对事物的描述从绝对的“是”和“非”，变成“是”或者“非”的可能性是某一个概率时，我们就学会了用概率论的眼光看待世界了。从这个意义上讲，概率论是一种世界观。

接受了概率论的世界观，我们在下结论时就不会那么斩钉截铁，会留有一定的余地。同时，我们在看到别人给出的结论时，也

不会盲信，或者把它当成绝对的真理。今天，即便是那些获得诺贝尔奖的科学结论，正确性也只是在一定的置信度范围内。当然，它们的置信度很高，而我们通常肯定的结论，未必能做到3个σ的置信度。

随机性和不确定性统治着世界。

当我们用不确定性的眼光看待世界时，就会发现真实的世界在很多地方和我们想象得不一样。比如我们前面分析过，1%的成功率尝试100次，并不能保证一次成功，而提高单次的成功率要远比在很低成功率的条件下进行多次尝试更有效。理解了概率论的人，会自觉地接受这个事实，而对概率一无所知的人，则喜欢主观地在低水平上做多次的尝试。很多时候一个人能否得到好的结果，不完全取决于勤奋与否，而取决于是否聪明，而聪明的头脑是可以用数学来武装的。

概率论还可以在数学上给我们的一些经验做背书。我们都知道应该留有一定的冗余度，这样可以提高我们所期待的大概率事件发生的可能性，防范不希望看到的小概率事件出现。类似地，我们为了防范诸多小概率事件的发生，最好准备一个大池子。概率论中关于泊松分布的理论，为这个经验做了背书。同样，我们知道对于随机性的事件，试验的次数越多，或者见到的样本数量越多，规律性就越明显，而随机性所产生的不确定性就会减少，这也是有大数定理做背书的。

概率论作为数学的一个分支，它也是讲究逻辑的，事实上今天的概率论是完全建立在公理之上，通过逻辑构建起来的。这和很多人从直接经验出发，用“很可能”“差不多”“不常见”等自然语言描述不确定性是完全不同的，后者其实很难从随机性中找到规律性。

概率从它的定义开始，到概率的估算，都是和随机试验联系在一起的。我们可以通过随机试验，或者通过对随机样本的统计，估计出一个随机事件发生的概率，或者一个随机变量变化的规律。采用统计的方法，还可以找到随机变量之间的关系，这也是一种有效的工作方法。因此，我们可以将统计看成是一种方法论。

统计的目的，常常是为了验证我们假设前提的正确性，或者在看似杂乱无章的数据中寻找规律。但是，我们根据概率论理论计算出来的概率，和统计得到的结果未必一致，这既可能是随机性造成的影响，也可能是我们自己工作方法失误所导致的。幸运的是，统计学经过两个世纪的发展，基本上形成了一套对各种问题都行之有效的工作方法。在有了足够的领域知识后，遵循这个方法，统计学通常能够帮助我们解决很多问题。相反，不遵循它的工作方法，我们就可能得出荒唐的结论。比如，当我们看到想象中的概率和真实情况之间的偏差时，是盲目推翻最初的假设，还是主观过滤试验样本，刻意让结果契合我们的假设？这两种做法显然都有问题，但是在现实中很多人就是这么做的，这里面除了有主观上的刻意为之外，很大程度上是对统计的方法缺乏全面的理解。

我们介绍统计学的目的，是为了正本清源，通过一些例子讲清楚随机性到底意味着什么，我们该如何得到正确的统计规律，而不是主观偏见。一旦我们了解了不确定性的本质，了解了它背后的规律，并且掌握了消除不确定性、得到规律的方法，我们的认知就从自发状态进入了自由状态。

本节思考题

利用统计的方法解决问题时，统计的数据量和样本数据的代表性，哪个更重要？

本章小结

很多人会把统计学和概率论相混淆。概率论是数学的一个分支，它和几何学、（近世的）代数学、微积分一样，都是建立在公理体系上的一个数学工具。从认识论的角度讲，它是一个纯粹理性的工具。统计学是通过数据的方法发现现实世界里的规律性，虽然它要用到概率论这个工具，但是它更多地是对经验的总结，而不是给出纯粹理性的结果。因此，它们不能混为一谈。另一方面，要想知道一个具体的随机事件或者随机过程的概率，又常常需要通过统计的方法对大量样本进行分析。因此，它们又是相互依赖的。

今天对于大部分人来讲，概率论和统计学可能是最有用的数学分支。这一方面是因为绝大部分确定性规律已经被我们认识清楚了，我们今天面对的问题大多具有一些不确定性，而概率和统计学则是解决相应问题最有力的工具；另一方面则是因为今天数据量的激增和持续上涨，让我们有可能通过统计的方法，解决各种难题。今天各种统计的工具非常多，这让我们不需要从最基础的统计学研究做起，就能轻易地从事统计工作。但是，了解了统计学的原理，则是用好工具的关键。

终篇

第16章

数学在人类知识体系中的位置

世界上有各种各样的知识体系，有些是建立在信仰基础上的，比如宗教；有些是建立在实证基础之上的，比如自然科学。数学和它们都不同，它是建立在纯粹理性（逻辑）基础之上的，因此它是不同信仰、不同语言、不同知识背景的人都能够接受的一种语言。如果我们将来能够和外星人进行通信，最有效的语言也会是数学的语言。数学的这个特点，决定了它在人类各种知识体系中都扮演着基础性的角色。这一章我们将聚焦在数学和其他学科的关系上。

16.1 数学和哲学：一头一尾的两门学科

1. 数学对哲学的影响

我们常常讲科学是没有穷尽的。这有两方面的含义：一方面，我们对科学的了解越来越多，没有穷尽；另一方面，无论在物理、化学还是生物领域，随着了解的深入，它们的基础被越挖越深，比如最基本的元素、生命的基本单元都变得越来越小，这个向下深挖的趋势即便不是无穷无尽的，也要经过几千年的认识才能探底。因此，今天对于这些学科的研究是不断往下的过程。比如，人类通过布朗运动了解了分子之后，又通过卢瑟福实验了解了原子和原子核，继而了解夸克、希格斯玻色子等。但是数学则不同，虽然它也是没有穷尽的，但这只是说我们对它的了解越来越多，而它的基础并不会越挖越深。一个数学的分支，其基础一旦建立起来，就几乎不会改变了。今天，我们不可能在几何公理之下，再建立更深的基础。

数学的这个特点，我们称之为“止于公理”。你可以把公理理解为“上帝的禁区”。也就是说，在公理之上，它完全是理性的。但是数学家们对公理的态度，倒像是一种信仰，这一点反倒是和哲学很相似，因为哲学也是建立在对世界本原认识的基础之上的。不过，世界上曾经出现过的各种各样的哲学，能够延续至今并且依然有很多人接受的，凤毛麟角，能派上用场的就更少了。在这方面，哲学又和几千年屹立不倒的数学完全不同。那么数学的奇迹又何以能产生呢？这可以说首先得益于其公理体系的公正性，这一点我们在介绍几何学的直角公理时已经介绍了。在公正性之上，才可能有其必要性和有效性。

今天世界上大部分完善的、能够自洽的哲学体系，大多诞生在科学启蒙时代之后，而这不得不感谢数学思维的运用，其中最有代表性的人物是笛卡儿和莱布尼茨。虽然大家未必赞同他们的哲学体系，但是都不得不佩服其完备而且前后自洽之处。事实上，这两位学问大家在哲学上的名气一点不亚于他们在数学上的。他们的哲学思想，特别是笛卡儿的，在今天对人类都依然有巨大的影响。我本人也从笛卡儿那里得到了很多的智慧。接下来我们就来分别说说他们的哲学思想，特别是其哲学思想是如何受益于数学的思维的。

先来说说笛卡儿。笛卡儿最有名的著作是《方法论》（*Discours de la méthode*），我在得到App的课程《科技史纲60讲》中讲了他的科学方法论对人类科学进步所产生的重大影响，这里就不再赘述了。在认识论层面，笛卡儿回答了两个问题，首先是人是如何获得知识的，其次是人能否通过自身努力获得知识。在笛卡儿的时代，人们通常认为知识来源于上帝的启示或者生活的经验。前者今天相信的人已经不多了，后者其实是我们今天所说的直接经验的来源。但是，靠经验积累知识有两大问题，一个是来得太慢，这还不是最要命的，更糟糕的是直接经验常常是不可靠的。比如你看到太阳东升西落，直接经验就告诉你它是围绕地球转动的；你看到鸟振动翅膀可以飞翔，就本能地要设计能够振翼的飞机；你想到人通过推理下围棋，就试图模仿人建构人工智能……这些在今天看来都是很荒唐的，但是直接经验常常会得出这样的结论。那么怎么解决这个问题呢？笛卡儿的贡献在于，告诉人类要通过理性过滤直接经验，然后才能获得知识。这句话的另一种表述就是通过理性的推理，实现去伪存真。

笛卡儿所说的理性可以分为两个层面：第一个层面是今天所谓的实证，这是今天科学研究的基础方法；但是，笛卡儿认为这还很不够，因为实验看到的可能只是表象，因此还需要有第二个层面的理性，就是要用符合逻辑的数学的方法，代替依靠测量的物理的方法，获得真知。我们前面讲到，不能用测量的方法证明勾股定理，这便符合笛卡儿的思想。

当然，依靠理性获得新知的前提是人是理性的。笛卡儿在哲学上的另一大贡献在于他肯定了人生而具有理性，并且有能力利用逻辑进行推理。因此，笛卡儿认为，人只要把自己的工作方法由简单的依靠经验上升到理性思考，就能创造出新知。后来，亚当·斯密（Adam Smith）把这个假设又推广到了经济学领域，它最基础的假设就是，人能够通过计算和推理，清楚自己的利益所在。

虽然笛卡儿自己没有发现多少自然科学的新知，但是后人遵循他这种哲学思想做事情，使科学获得了极大的发展。我们在后面讲数学和自然科学关系时还会讲到，牛顿和麦克斯韦等人在物理学上的成就，更多地依赖于数学上的推导，而不是单纯的实验。这种依靠理性或者说数学逻辑获得自然科学知识的做法影响深远。当然，今天有了大数据，我们有可能从不同维度回望一个事物，起到去伪存真的作用，而不是仅仅靠人的理性。

接下来再讲讲莱布尼茨的哲学思想。如果说笛卡儿的哲学思想是介于唯物论和唯心论之间的，那么莱布尼茨的思想则是彻底唯心的。因此，我们不多介绍他的哲学思想，只介绍他的哲学思想中和我们课程相关的两个要点。

第一个是相对的因果时空观。在莱布尼茨之前的伽利略，以及和他同时代的牛顿，都认为时间和空间是绝对的。但是莱布尼茨却认为只有上帝是绝对的，时间不可能有绝对的先后，但是有前后的因果关系。比如你不可能穿越回清朝，否则就会出现先有你还是先有你爸爸的矛盾。只要不违反因果关系，时间是可以拉长或者缩短的。这其实是把数学上的因果关系拓展到了哲学层面，当然后来爱因斯坦提出相对论，证明相对的因果时空观，要比伽利略和牛顿的绝对时空观更合理一些。

第二个是对离散的世界的理解。虽然莱布尼茨同牛顿一起发明了微积分，他承认世界的连续性，但是，他一生致力于用离散的方法来解决问题和解释世界，从二进制，到他的符号学，再到他的物质四特征（即不可分割性、封闭性、统一性和道德性），都说明他对世界离散、不连续的看法。从世界的离散性假设出发，利用数学上的逻辑，莱布尼茨得到了很多有趣的结论。他的这些思想启发人们发明了离散数学和量子力学。

无论是笛卡儿，还是莱布尼茨（以及很多大学问家），其实都是用了数学中建立公理化体系的方法，建立自己的哲学体系，而那些数学方法，一旦上升到哲学层面，就成为在认知上通用的方法，并且对世界形成了更大的影响力。莱布尼茨讲，“精炼我们的推理的唯一方式是使它们同数学一样切实，这样我们能一眼就找出我们的错误，并且在人们有争议的时候，我们可以简单地说，让我们计算

（calculemus），而无须进一步的忙乱，就能看出谁是正确的。”[①]从笛卡儿和莱布尼茨开始，人类社会就进入了理性时代，这种趋势，一直持续到了19世纪末叔本华和尼采等人在哲学上开始质疑纯粹理性时。因此，如果我们说数学透露了一种哲学之道，也是不过分的。

2. 哲学对数学的影响

讲完了数学对哲学的影响，我们再说说哲学对数学的影响。在历史上，缺乏哲学修养的人，学习数学最好的结果，也只能成为一般的数学工作者，成不了数学大家。我在《文明之光》一书中花了整整一章的篇幅介绍牛顿对思想的贡献，又在上文中讲了作为哲学家的笛卡儿和莱布尼茨，此外，像费马、希尔伯特等在历史上占有重要地位的数学家，都是有着深厚哲学修养的人。虽然他们并没有专门的哲学著作，但他们的哲学理念已经深深地烙入其数学成果之中。

为什么哲学对数学（和自然科学）这么重要呢？因为哲学讲的是宇宙万物的本质，它们之间最普遍、最一般的规律，以及整个宇宙的统一。套用《西方哲学史》一书的作者罗素的观点，整个德国古典哲学，就是试图构建位于科学和其他知识之上的大一统体系，形成一个没有矛盾的知识体系。这一点深深影响了从希尔伯特到爱因斯坦等的一批顶级数学家和科学家。前者试图构建一个大一统的数学体系，后者则致力于构建完美的物理学体系。虽然希尔伯特的努力被哥德尔证明是徒劳的，而爱因斯坦的设想至今也还没有实

① 莱布尼茨，《发现的艺术》，1685。

现，但是，数学和科学各个分支之间在方法上却具有相通性和普适性，这些通用的方法常常让很多学科同时受益。

当然，对于一个平庸的数学家，思考不思考哲学问题影响并不大，反正从事的都是补足数学中知识点的工作，并不需要进行高层次的创作与研究。类似地，如果我们仅仅像古希腊奴隶那样为了谋生而学习，掌握一点技能也就够了。但是如果我们像苏格拉底那样把自己看成主人，以这个态度来学习、来做事情，就需要在认知层面有所提高，了解数学和哲学都可以帮助我们做到这一点。如果我们把自然科学、数学和哲学的层次简单化成一张图的话，应该是图 16.1 这样一个结构，数学是基础，上面有各种自然科学，最顶上则又有哲学。

我们通常会觉得这一头一尾的数学和哲学是没有实际用途的，中间实用的自然科学才值得我们学习。但是，无用之用是为大用，一个人只有在深刻理解了人类知识的普遍性原理之后，才能站在一个制高点往下俯视。这也是数学和哲学的共同之处。

图 16.1　数学在人类知识体系中的基础地位

以上所有的内容都是针对大多数不去当数学家的人。如果哪位读者想当数学家，我倒有一个建议，就是需要有一颗自由而炽热的心，去追求很高的、比较纯洁的精神生活，并且能够站在哲学的高度去研究数学。

讲完了一头一尾，接下来我们来看看数学和自然科学的关系。

本节思考题

古印度的数学成就很高，这和他们的哲学思想或多或少有些关系。了解一下古印度哲学的内容，思考它们和数学发展有什么联系。

扫描二维码

进入得到App知识城邦“吴军通识讲义学习小组”

上传你的思考题回答

还有机会被吴军老师批改、点评哦～

16.2 数学和自然科学：数学如何改造自然科学

很多人都讲，数学是自然科学的基础。这不仅是因为在自然科学中要用到数学，而且只有采用了数学的方法，才让自然科学从“前科学”或者说带有巫术性质的知识体系，变成今天意义上的科学体系。因此，马克思这样描述数学和自然科学的关系："一种科学只有在成功地运用数学时，才算达到了真正完善的地步。"[①]这个论断可以被看成是对笛卡儿理性主义的另一种描述方式，也可以被视为是对从伽利略到19世纪中期自然科学发展过程的总结。

自然科学早期被称为自然哲学，包括牛顿的名著《自然哲学的数学原理》也用的是这种提法。因为那时人们普遍把所有的学问统称为哲学，而涉及自然界和宇宙的规律，就是自然哲学。后来到了19世纪初，英国人才把那种采用实验的方法、系统地构造和组织关于知识、解释和预测自然的学问称为科学。

自然科学最典型的特征则是其自然属性。当年，亚里士多德把它们笼统地称为Physics，今天直接翻译过来就是物理学。但是由于它真实的含义是包括所有的自然哲学，因此被翻译成形而下学，相对应的是在它们之上的形而上学（MetaPhysics），即今天意义上的哲学。根据科学的自然属性，它们研究的是自然现象和自然现象产生的规律。因此从这个定义来讲，数学显然不属于自然科学，因为它是人为制造出来的。制造数学在很大程度上是为了发展自然科学，而非数学本身，这就如同牛顿为了研究运动学而发明了微积分一样。但是，相应的数学理论一旦出现，并反过头来作用于原来的学科时，原来的学科便脱胎换骨了。这就如同我们今天经常讲的"互联网+"，什么产业一旦利用互联网进行改造，效率就会倍增。自然科学各个学科的形成和发展，其实就是一个"数学+"的过程。

---

① 保尔·拉法格，《忆马克思》，https://www.marxists.org/archive/lafargue/1890/xx/marx.htm。

接下来我们就来看看这个过程。

第一个被数学改造的学科是天文学。古代文明为了推算历法和预测地球上发生的各种现象，发明了占星术。但是，占星术的预测是极为不准确的，因为它措辞含混，而且缺乏量化度量。从占星术到天文学的转变源于古希腊时期，特别是喜帕恰斯和托勒密，他们利用数学这个工具，建立起天体运动的模型，于是就能比较准确地预测天体的运动了。其中最著名的是托勒密利用几何学建立起来的地心说模型。

第二个被数学改造的学科是博物学。亚里士多德使用分门别类的方法，对他那个时代所了解的世界万物进行分类，这和今天数学的集合论以及函数的概念有很高的一致性。由于篇幅的原因这里不多讲了。

第三个被数学改造的学科是物理学。这个过程始于阿基米德，成熟于伽利略，并且在后面不断地被发扬光大。

阿基米德最为人熟知的贡献是发现了浮力定律和杠杆原理。浮力定律并非是从大量试验中总结出来的，而是他洗澡时获得了灵感，运用逻辑得到的。至于杠杆原理，虽然比阿基米德早2000多年的古埃及人就知晓了，但是将它用数学公式描述出来的是阿基米德。在阿基米德之后，希腊文明圈不再有这个级别的科学家，因此建立物理学大厦的任务就落在了伽利略身上。伽利略的伟大之处在于，他把数学方法和实验方法结合起来研究自然界的现象，使物理学摆脱了经院哲学的束缚。杨振宁说，数学和物理是两片生长在同一根管茎上的叶子，这非常形象地说明了数学与物理之间的关系。

在伽利略之后，物理学的数学化加快了步伐。牛顿的工作我在之前得到App的课程《科技史纲60讲》中已经介绍了，这里就不多说了。在牛顿之后，最重要的物理学家是麦克斯韦，他对电磁学的贡献，堪比牛顿在经典力学上的贡献。在麦克斯韦之前，库伦、安培、伏特、焦耳、法拉第等人都通过实验发现了电学的一些规律。但是，这些理论缺乏系统性，没有完全道出电和磁的本质。麦克斯韦和这些物理学家都不同，他是从数学出发，把前人的理论，特别是把法拉第有关电磁场的想法归纳成几个简单的方程式，使得电学和磁学统一为电磁学。麦克斯韦的理论了不起的地方在于他预见到了当时大家还观察不到的现象，比如他在数学上推导出电磁波的方程式，预测出电磁波的存在，而电磁波在真空中的速度与当时所知的光速相近，因此他预测光也是一种电磁波，只是可见频谱波段特殊的电磁波而已。后来赫兹等人发现了无线电波，证明了麦克斯韦的预测。对于麦克斯韦的贡献，赫兹是这样说的："我们不得不承认，这些数学公式不完全是人造的，它们本身是有智慧的，它们比我们还聪明，甚至比发现者更聪明，我们从这些公式所得到的，比当初放到这些公式中的还多。"

后来人们发现，在高速的情况下，从数学上得到的麦克斯韦方程和牛顿的经典力学方程出现了矛盾。我们在前面讲过，如果这种事情发生，而推理又没有问题，可能说明我们最初的一些基本假设出了错。事实上正是这个矛盾的结果导致了相对论的诞生，而最初的基本假设中，距离和时间绝对性的假设错了，也就是说，在高速的状态下，测量到的时间和距离会变化。这和我们前面讲到的发现暗能量的道理很相似。20世纪另一个物理学成就就是量子力学，也几乎完全是建立在数学基础之上的。

在历史上，数学水平不够的物理学家，地位都不会太高，比如法拉第，他虽然发现了电学上的很多定律，但是在科学上的地位和另一位电学大家麦克斯韦无法相比。直到今天，依然如此。数学对物理学的重要性，可以通过一个人的经历来说明。这个人就是以傅立叶变换而出名的法国物理学家傅立叶。

1807年，傅立叶将自己关于热传导的论文提交给法兰西科学院，但是被拒稿了，理由不是物理研究得不好，而是数学不严谨。1811年他的另一篇关于热传导的论文再次被科学院的学报拒绝发表，理由还是数学上的缺陷。在此之后，傅立叶恶补数学，终于在1822年发布了《热的分析理论》一文，里面的数学推导极为严谨，不仅被科学家接受，而且成为今天热传导学的经典理论。今天，理论物理学家通常是半个数学家，物理学方面很多粒子其实都是在推导数学公式时，为了让等式平衡而假设出来的，当然很多在以后被实验证实了。在宇观层面，像黑洞这种无法直接观测到的天体，以及引力波这种长期测不到的现象，也是靠数学预测的。

第四个被数学改造的学科是化学。实验和逻辑让化学完成了从炼金术到科学的华丽转身。在这个过程中，化学之父拉瓦锡为后人确立了化学研究的方法——简单讲，就是逻辑和量化。拉瓦锡的一大贡献是提出了氧化说，推翻了过去的燃素说，这个成就来自逻辑的判断。拉瓦锡是这么考虑的，如果燃烧是因为燃料里的燃素被烧掉，那么燃烧剩余物的质量应该减少。但是，经过他的测定，燃烧后剩余物的质量却是增加的。这说明燃素说在逻辑上有问题，而能够让剩余物质量增加的唯一可能性，就是空气中的一些元素和燃料结合了，这就是氧化说。当然，得到这个结论需要精确地度量实验结果，因此拉瓦锡留下一句名言：没有天平就没有真理。为了方便量化度量，拉瓦锡等人还制定了今天我们使用的公制度量衡系统。

受到数学影响比较少的行业其实是生物学和医学，但是这门科学要用到大量的逻辑，到了近代，还要用到大量的统计。没有统计，就没有今天的医药学。

从上面这些例子可以看出，数学对自然科学的帮助，主要体现在工具和方法两方面。数学作为工具很容易理解，比如离散数学是计算机科学的基础，微积分是今天很多自然科学研究（特别是物理学的研究）的基础。但是，对大家更有借鉴意义的可能是在方法上。我们从自然科学的各种升华过程可以看出，它们有这样三个共同点：

（1）从简单的观察上升到理性的分析。今天我们观察到现象是一件很容易的事情，大部分人都能做到，但是能够对现象进行理性分析的人很少。这是每一个人都需要锻炼和提高的。

（2）从给出原则性结论到量化的结论。虽然我们不需要像拉瓦锡那样随身带着天平，但是需要明白很多事情必须量化度量才能得到准确的结论。从前面所讲到的计算利息的内容，你就能体会量化的重要性了。

（3）将自然科学公式化，或者说用数学的语言来描述自然科学。今天，不论是哪个国家的人，看到了$F=ma$，都知道是牛顿第二定律；看到$E=mc^2$，都知道是爱因斯坦的质能方程；看到H_2O，都知道是水。古代很多科学手稿，是用自然语言而非数学语言来描述物理学的规律，这种做法不仅不形象，而且里面有一些彼此矛盾的地方难以发现。在采用了数学公式描述自然科学规律之后，由于公式的严谨性，一旦有矛盾之处，就很容易被发现。

了解了自然科学的发展，很大程度上就是“数学+”的过程。我们在自己的工作中，也不妨试试用一用这种“数学+”的方法。养成理性和量化地处理我们日常工作的习惯，建立和他人的沟通基础，是我们通识课的目的。

本节思考题

在历史上数学的发展常常和力学有关，数学提供了描述力学问题的工具。比如我们在设计弯曲的道路时，常常要考虑一个弯拐得“急”或者“缓”的问题。急和缓的描述显然不准确，能否用数学的方式准确定义出拐弯急和缓的概念呢?（提示：有些拐弯是圆弧形的，可以用圆的半径来衡量，但大多数拐弯可以是任意曲线，需要用微积分中的概念来定义急和缓。）

16.3 数学和逻辑学：为什么逻辑是一切的基础

数学结论的正确性，取决于公理的正确性，以及逻辑的严密性。特别是像欧几里得几何这种数学体系，完全依赖于逻辑。也正是因为这个原因，19世纪末20世纪初的数学家和逻辑学家，试图将它们统一起来。这种努力至今都不能算很成功，但是数学和逻辑的紧密联系是不容否认的。因此，适当了解逻辑对学好数学会有很大的帮助。

一般认为，逻辑是人类理性的体现，它的基本原理其实都是大白话，但是仔细琢磨起来很有道理，更关键的是，只有少数人能够坚持那些看似大白话的基本原理。因此，我们就从逻辑学的基本原理，以及和数学的关系讲起。

1. 同一律

首先要说的是同一律，它通常的表述是，一个事物只能是其本身。这句大白话背后的含义是，世界上任何一个个体都是独一无二的。注意这里说的是个体，不是群体。一个事物只能是其本身，而不能是其他什么事物。苹果就是苹果，不会是橘子或者香蕉。

因为有同一律，我们才可以识别出每一个个体，这在数学上可以用A=A这样的公式表示，而且当一个个体从一个地方移到另一个地方去之后，它就不会在原来的地方，而会出现在新的地方。比如我们有一个等式$x+5=7$，当我们把5从等式的左边移到右边去之后，就变成了$x=7-5$，等式的左边只有x，不可能再有5这个数字了。很多孩子解方程，把数字从一边移到另一边的同时，忘记了把原来的数字消去，最后题做错了，自己甚至家长只是觉得粗心了而已。其实在每一次粗心的背后，都有概念不熟悉的深层次原因。具体到这个问题，就是根本不理解同一律。

同一律在集合论中特别重要，集合中的所有元素必须都是独一无二的。比如我们说整数的集合，里面只能有一个3，不能有两个，如果有两个，就出错了，这一点很容易理解。但是，在生活中，很多人自觉不自觉地在违反同一律，一个最典型的情况就是偷换概念，具体讲就是把不同含义的概念使用了同一个名称。

人有些时候偷换概念是不自觉的，比如很多词的含义有二义性，他搞不清楚具体含义，造成了自己头脑的混乱，或者把一个个体和一个集合等价起来，以偏概全。比如有些人会讲，股市都是骗局，他们的经验是来自一部分股票，是个体，但是讲这句话的时候，就把股票换成了集合，也就是股市。自己不懂的逻辑，头脑不清，讲出话违反了同一律后，就会造成别人的误解，甚至自己也会被绕进去，很多人缺乏好的沟通能力，可以溯源到讲话经常违反同一律上。

另一方面，也有人是故意违反同一律，比如悄悄改变某个概念的内涵和外延，把它变成了另外一个概念，或者将似是而非的概念混在一起讲。比如商家常常用限量版这个词对外宣传，让人感觉数量非常有限。其实世界上任何商品数量都是有限的，只是多和少而已。很多商品，并没有限量版一说，但其实数量比同类的限量版要少很多。比如说斯坦威钢琴一年一共生产2000台左右，大型的model D只有上百台，但是斯坦威从来不说限量版。相反，日本限量版的钢琴数量常常比斯坦威相应型号的总数量多很多，但是一说限量版，大家就有高大上的感觉，这其实是偷换了限量版这个概念的外延。再举一个例子，你会发现美国的左派和右派都在喊平等，但是总是在吵架，因为他们一个说的是结果平等，一个说的是机会平等，这是因为把很多相混淆的概念装进了一个名词中，违反了同一律。

在数学上，要严格遵守同一律。为了防止出现违反同一律的情况，就需要把概念定义得极为精确，在法律上也是如此。在生活中，我和别人沟通时，我常常会用我的语言复述一下对方的话，明确我们是在讨论同一件事情，这一点很重要。很多时候，我们和别人沟通中的误解，就来源于忽视了同一律，鸡同鸭讲。

2.矛盾律

矛盾律的通常表述是：在某个事物的某一个方面（在同一时刻），不可能既是A又不是A。我们前面介绍的数学中的反证法，就是基于矛盾律。矛盾律contradiction一词是由两个词根组合而成的，前一个contra是相反的意思，第二个词根dicti是讲话的意思，顾名思义，它就是指讲话的意思相对立。

也有人把矛盾律看作是同一律的延伸，因为是A和不是A是两个不同的个体，自然不可能相同。我之所以强调事物的某一个方面，因为事物本身可能是多方面的，不同方面可能有不同的表现。比如在前面的课程中，有同学问光的波粒二象性是否违反矛盾律，这其实不违反，因为它讲的是一个事物的不同方面。类似地，有人会讲，我人在某处，心却在你身边，这也不违反矛盾律。但是，如果说，某时某刻，我人在北京，人又不在北京，这就违反的矛盾律。在办案中，我们说的不在场证据，之所以能成立，是因为有矛盾律做保证的。

在数学和自然科学中，很多重大的发现都是源于将矛盾律的使用。比如在前面提到的毕达哥拉斯定理和无理数的内容中，这个定理和有理数性质的矛盾，就导致了无理数的被发现。在物理学上，麦克斯韦方程组和经典力学方程的矛盾，就导致了后来相对论的提出。在生活中，有人会挑战矛盾律，比如有人说，“我是一个矛盾的人，既慷慨大方，又斤斤计较。对于教育我总是很慷慨，对自己生活非常节省。”这种说法其实并没有违反矛盾律，因为偷换了概念。为了防止大家在使用矛盾律时偷换概念，逻辑学家们一般强调四个“同一”，即同一时间，同一方面、同一属性、同一对象，总之强调的是独一无二的事件。

3. 排中律

排中律的表述是，任何事物在明确的条件下，都要有明确的“是”或“非”的判断，不存在中间状态。比如在数学上，一个数字，要么大于零，要么不大于零，没有中间状态。有人可能会说，等于零不就是中间状态么？其实大于零的反面并非小于零，而是不大于零或者说小于等于零，因此等于零的情况其实就是不大于零的一种。

排中律保证了数学的明确性，通常我们在数学上使用排中律原则最多的时候，就是在所谓的排除法或者枚举法中。当我们排除了一种情况时，和它相反的情况就一定会发生。如果有多于两种对立的情况，我们可以先把所有可能的情况二分，然后再不断二分，直到分到每一个彼此不重复的情况为止。在计算机科学中，任何和二分相关的算法，其逻辑基础都是排中律。在这种思路的指导下，1976年，美国数学家肯尼思·阿佩尔（Kenneth Appel）和沃尔夫冈·哈肯（Wolfgang Haken）借助电子计算机，证明了四色定理。这是图论中一个非常著名的难题，说的是在任何地图上，只要用四种颜色就能够给所有的国家（或者地域）涂色，并保证相邻的地域颜色不同。这个问题的难度在于情况太多太复杂，因此数学家们努力了100多年也没有结果。阿佩尔和哈肯的高明之处在于，它们用计算机穷举了所有的情况，然后借助计算机一一证明了各种情况。

而这种证明方法的正确性就是靠排中律保障的。

讲到排中律，就不得不讲西方人和东方人在思维上的一种差异。在美国的大学和研究生升学考试SAT和GRE中，都要写作文，作文题目通常是就一个观点发表赞同或者反对的意见。中国学生的思维方式，常常是“既要……又要……”，比如让他分析是否要禁烟草，他会说，“因为吸烟对人体有害，因此我赞成禁烟，但是来自烟草的税收在国家的总税收里占很大的比例，所以，也不赞成完全禁烟。”这种作文或许在中国的高考中或许能得到不错的分数，但是在SAT和GRE的考试中，都会是不及格的分数，因为它首先违反了排中律。这不是文学写作水平的问题，是逻辑上的问题。

通常，稍微有一点逻辑的人在讲话时，会注意不违反排中律。但是不少人在不注意的时候，还是会被人设套。比如一个检察官问犯罪嫌疑人：“你收受的贿赂中有没有奔驰汽车？”这其实就有一个圈套，因为问话包含了一个预设，即对方已经有了收受贿赂的行为。对此问题，如果简单地回答没有，其实等于变相承认了自己有受贿行为。有经验的辩方律师这时候需要向法官提出抗议，抗议检方这种设有圈套的问法。当然，作为被告方，好的回答是否定对方的大前提，即直接回答，我根本没有接受过贿赂。

此外，很多逻辑学家也把充分条件律和上述三个基本原则等同起来，一同称为逻辑的四个基本原则。所谓“充分条件律”，讲的是任何结论都要有充足的理由，这也就是我们常说的因果原理。任何数学的推理，都离不开充分条件律。

充分条件律成立的原因，在于任何宇宙中事物不能自我解释，或者说不依赖于其他事物而存在。比如逻辑学家们经常会讲，为什么有我呢，不是天生就有我，而是因为有我的父母存在。再比如说，为什么张三数学成绩好，是因为他聪明，或者老师好，学校条件好，或者学习努力而且方法好，等等，不是毫无条件的，天生数学就好。当然，很多时候仅仅一个或几个条件本身还够不成充分条件，需要上述条件都满足才行。

数学正是因为有内在的逻辑性，才避免了可能的自相矛盾之处。在数学史上，虽然有三次数学危机，但是都化解了。理解逻辑，对我们来讲有非常多的好处。人通常会身陷矛盾而不自知，因为缺乏逻辑性。人们有时也会对某个重要的事物想不清楚，不知道该如何做判断，其实运用逻辑，把事实分析一遍，真相就清楚了。这应该是逻辑学和数学给我们的启发。而学习逻辑很好的方法就是学习好数学。

本节思考题

举两个违反排中律的逻辑错误。

16.4 数学和其他学科：为什么数学是更底层的工具

数学和哲学、自然科学的关系是浑然天成的，但是和人文学科、社会科学和管理学的关系似乎就远了一点，也比较难找到，但是它们确实存在。我们在前面讲了林肯用《几何原本》说服国会的例子，这其实就是很好地利用了数学思想和法律的关系。接下来，我们就说说这些关系。

1. 数学和管理学的关系

我们还是从工具和思维方式两方面来说说数学和管理学的关系。先说数学作为工具的一面。

大家可能都听说过运筹学，它是现代数学的一个分支。我最初的运筹学启蒙来自我的父亲。我小时候是脖子上挂钥匙的孩子，放学回家就要给家里人煮米饭。如果我做完功课再做饭，等做好了饭就没有时间玩耍了，于是我常常把饭煮上就出去玩，当然经常会玩得高兴回家晚了，把饭煮糊。后来父亲启发我回家先煮饭，同时在旁边做功课，饭煮好了，功课也写完了，再出去玩，什么都不耽误。父亲告诉我这叫作运筹学，从此我就知道了这个名词。当然，那时我对里面的方法其实不是很了解，直到后来在大学里学习了图论之后，才有了比较清晰的了解，到了美国才算完整地学完这门课。下面我通过"关键路径"这个简单的例子来说明运筹学和管理的关系。

我们用图 16.2 来说明数学在生产线流程管理中的应用。假如我们要制造一辆汽车（或者其他复杂的商品），需要经过很多环节，各环节之间是环环相扣的，完成每一个工序所需要的时间，如图 16.2 所示。在图中，S 点是起始点，我们可以把它理解为开始造车的状态，E 点是终点，它是汽车下线的状态。每一条路径是一个流程，路径上面是完成这个流程所需要的时间。

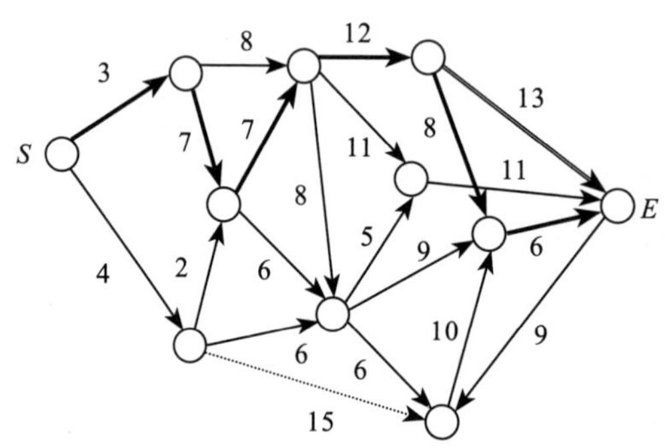

图 16.2　生产线上的关键路径（加粗黑线标识的路径）

在生产线上，前面的工序都完成后，下一个才能开始。因此如果前面有三个工序，两个已经完成，我们不得不等待第三个完成，那么这时前两个工序上的工人其实就出现了所谓的“窝工”状态，劳动生产率就受到影响。一辆汽车，在生产线上制造的时间，最终取决于各个工序中完成时间排在最后的那个工序，而不是完成时间最早的那个工序。如果我们从起点到终点，把持续的时间最长的各个工序连接起来，就得到一条耗时最长的路径，就是图 16.2 中加粗黑线标识的路径，它被称为关键路径。在图中这条关键路径上的耗时是 43 个单位。如果我们提高某一个工序的效率，缩短其时间，比如我们发现点线标识的那个工序占了 15 个单位的时间，似乎太长了，如果缩短它，对汽车下线的时间有帮助吗？答案是没有，因为耗费时间的瓶颈在关键路径上，而不在那条看似很花时间的工序上。

我们要想缩短整个的生产时间，就需要缩短关键路径上的时间，这就是运筹学的思想。具体到这个问题中，如果把关键路径中占用了8个单位时长的工序的时间从8缩短到4，这时候总的时间是否缩短了4个单位呢？也不是，因为这时双线标识的工序（路径）就成了关键路径，如果对比一下前后两种情况，你会发现它其实只缩短了1个单位的时间。运筹学其实就是利用图论、线性代数等数学工具，从整体上改进现有系统的效率。通过这个问题，我也希望大家能够理解我经常说的，在一个复杂的系统中，整体不等于部分和的原因。顺便说一句，虽然在大工业时代运筹学的原理已经被用于了企业管理，但是它真正成为一门交叉科学是二战时候的事情了，当时英美两国为了更高效地进行战争，找了一群数学家做规划，合理调度和使用各种战争资源。这些数学家对二战的胜利功不可没。

接下来是数学作为方法论在管理中的意义。不少管理学教授和企业家们对于企业形成和发展的共性做了相似的总结，我依照欧几里得构建几何学公理系统的方式，把它们重新梳理如下，这样它们和数学在思想方法上的一致性就清晰可见了。

一个企业最重要的是它的愿景使命、价值观和文化。一个卓越的企业在这些方面都做得很好，相反一个平庸的企业可能到关门都没有考虑清楚这些问题。愿景使命是一家企业存在的理由。比如，谷歌一直以“整合全球信息，使人人都能访问并从中受益”为自己的使命，阿里巴巴以“让天下没有难做的生意”为使命，微软以“让家家都有电脑”为使命（在那个年代电脑还没有进入家庭）。使命体现了企业和社会的关系。价值观其实体现了企业中的人和外界各种人的关系，比如是服务客户优先，还是回报社会优先，还是让投资人受益优先。企业文化则反映了企业中人和人的关系。这三条，相当于几何学上的公理，我们不妨称之为企业的三公理。

这三公理决定了企业的规章制度和市场定位。有了这三公理，哪些事情可以做，哪些不能做，该怎么做，不该怎么做，就可以决定了。这些规章制度相当于几何学中的定理。再接下来企业会逐渐产生很多做事情的流程、方法和习惯，并不断优化，它们可以被看成是定理的推论。规章制度、流程、方法和习惯一旦确立，市场定位便确定了。创始人其实管理公司是很轻松的。如果一个企业形不成制度，没有明确的市场定位，做事情没有章法可循，什么事情都要具体问题具体分析，需要靠创始人或者CEO的权力来解决，这样的企业整天忙着救火，事情还做不好。即使高层人士经验丰富，解决的一个个问题也不过是个案，很难通过一件事把其他的事情做好。

当然，三个公理一旦确定，公司的基因也就定了。基因不同，公司发展也就不同。这就如同在几何中，平行公理不同的设定方式得到了不同的几何学体系。当然，世界上不止一种公理体系，因此也不止一种好的公司。但是，就像任何公理体系不会试图将所有的公理都纳入进来一样，一家企业也不应该把自己的愿景使命、价值观和企业文化变成一堆大杂烩。不仅企业如此，我们每一个人立足于社会，也应该有自己心中的公理、定理和推论。康德讲的头顶的星空和内心的道德律，就是他的公理。

2.数学和历史学的关系

在本节的最后，我们谈谈历史和数学的关系。这里重点谈谈西方的大历史研究方法。

大历史的英文原文是macro history，可能翻译成宏历史更直观一些，它是将一个历史事件放到非常大的时间范围和非常大的空间场景中去考察。这种研究历史方法的代表人物是著名史学家费正清等人，他们是今天西方主流的历史学派。你如果去读《剑桥中国史》和《哈佛中国史》就能清晰地看到这种痕迹。近年来国内史学家们也从考据、考古探求历史真相，发展到用大历史的方法分析问题了。施展老师的《枢纽》就是典型的用大历史研究中国史的代表作。在大历史的研究中，很多素材放到一起，怎么组织和研究呢？

历史的研究需要用数学的思路，也就是归纳和演绎的方法，构建出一个能够自洽的知识体系。比如黄仁宇先生在评述中国历史上实现统一的前提时，用了基本的，类似公理的框架，即统一的前提是内在的凝聚力，包括大家对政权的认可，要大于各民族，各种势力离心力。然后他用这个框架结合前秦和东晋的局势，得出了中国出现南北朝的长期分裂，淝水之战并非主因的结论。[①]用这种方法，对一个历史事件进行评判，就不是历史上某个专家的观点了，不是“司马光认为如何如何”，或者“欧阳修认为如何如何”，而是史实自然演绎的必然结果。在这样的研究方法的指导下，就不会有什么世界史方面的欧洲中心论，或者中国史方面的中原中心论。这也是今天那些大历史的史书受到欢迎的原因，因为它们让人耳目一新。

当然，每一个人的视角不同，能够接触到的史料也不同，因此就会形成不同的甚至截然相反的结论。但是，在历史学研究中，不强调所谓的正确性或者正统观点，而强调逻辑的自洽。任何从客观

---

① 黄仁宇，《赫逊河畔谈中国历史》14、淝水之战。

出发，逻辑上能自洽的结论都是有意义的。比如我在《文明之光》和《全球科技通史》中，以科技和文明为线索来还原历史，科技和文明就是这个体系中的公理。费正清先生习惯于以经济学为线索看到世界，这是他的体系中最基本的公理。于是他就得到了和钱穆先生完全不同的结论。钱穆先生认为宋朝是“积贫积弱”，而费正清先生则认为宋朝是中国历史上最辉煌的时代。今天非常热门的一本历史书，尤拉利的《人类简史》其实也有一些与众不同却合理的假设，基于那些假设，经过逻辑推理和史实验证，就得到了全新的结果。因此，历史学的研究不会像数学那样有对有错，但是却会有好和坏、合理和荒诞的分别。而评判的标准就是其假设前提，也就是公理的客观性，以及论证的逻辑性。

具有数学思维，有利于形成对历史全面完整的看法。我们不妨看看大历史和图论的关系，大家可能已经发现它们的相似性了——都有点，都有连线。过去的历史通常以一国甚至一个地区纵向发展的主线来讲述，《二十四史》放到一起就是如此，在国外，过去的历史大多具有欧洲中心论的偏见。但是近半个世纪以来，除了将全世界作为整体来研究之外，还重点补足了连接各个节点的边，或者说连线。近年来比较热门的通识历史读物，比如《丝绸之路》《成吉思汗与今日世界之形成》《贸易打造的世界》《1491》《1492》和《1493》三部曲等，都是在补足过去世界历史各文明之间的连线。当然，在学术的历史期刊中，研究连线的论文数量要比研究孤立的历史事件的多得多。

数学的方法在今天社会学的研究中也经常被采用。在2020年全球公共卫生事件中，数学的方法就成为了各国制定相应大众卫生政策的工具。

通过理解数学和其他学科的关系，我们能更好地体会人类知识底层的相通性，理解方法和逻辑的重要性。这是我们通识教育的目的。

本节思考题

论述一下数学逻辑和历史学研究的关系。

16.5 未来展望：希尔伯特的讲演

2000年，克雷数学研究所在公布七个千禧年难题的数学大会上，播放了100年前著名数学家希尔伯特的退休讲演。那一段讲演既是对数学发展的总结，又是对数学未来的展望。因此，作为对全书的总结，没有比著名数学家希尔伯特在退休前的讲演更合适的了。在引出他的讲演之前，我先简单介绍一下希尔伯特以及这个讲演的背景。

希尔伯特是历史上少有的全能型数学家。他于1862年出生于东普鲁士的柯尼斯堡，这个城市在历史上有两件非常著名的事情。一件事就是出了大哲学家康德，而且康德一生几乎就没有离开这座城市。另一件事是我们熟知的七桥问题。二战后这座城市被划归了俄罗斯，就是今天的加里宁格勒。希尔伯特一生致力于对数学的各个分支实现非常严密的公理化，特别是几何学，进而将数学变成一个大一统的体系。希尔伯特因此提出了大量的思想观念，并且在许多数学分支上都做出了重大的贡献。20世纪很多量子力学和相对论专家都是他的学生或者徒孙，其中很有名的一位是冯·诺伊曼。1926年，海森堡来哥廷根大学做了一个物理学的讲座，讲了他和薛定谔在量子论中的分歧。当时希尔伯特已经60多岁了，他向助手诺德海姆了解海森堡的讲座内容，诺德海姆拿来了一篇论文，但是希尔伯特没有看懂。冯·诺依曼得知此事后，用了几天时间把论文改写成了希尔伯特喜闻乐见的数学语言和公理化的组织形式，令希尔伯特大喜。

不过，就在希尔伯特退休的那一年，令他感到沮丧的是，25岁的数学家哥德尔证明了数学的完备性和一致性之间会有矛盾，让他这种数学大一统的想法破灭。

希尔伯特还是一位著名的教育家，他后接替菲利克斯·克莱因（Felix Klein，因为克莱因瓶而出名）将哥廷根大学建设为世界数学中心。在纳粹上台之后，哥廷根大学人才大量流失，失去了往日的荣光。1943年，忧郁的希尔伯特在德国哥廷根逝世。

1930年，德国著名数学家希尔伯特到了退休的年龄（68岁）。他欣然接受了故乡柯尼斯堡的“荣誉市民”称号，回到故乡，并在授予仪式上做了题为“自然科学（知识）和逻辑”的演讲；然后应当地广播电台的邀请，将演讲最后涉及数学的部分再次做了一个短暂的广播演说。这段广播演说从理论意义和实际价值两方面深刻阐释了数学对于人类知识体系和工业成就的重要性，反驳了当时的“文化衰落”与“不可知论”的观点。这篇四分多钟的讲演洋溢着乐观主义的激情，最后那句“我们必须知道，我们必将知道！”的名言掷地有声，至今听起来依然让人动容。我们就以希尔伯特的这段讲演作为全书的结束语（英文译文见附录7）。

促成理论与实践、思想与观察之间的调解的工具，是数学；她建起连接双方的桥梁并将其塑造得越来越坚固。因此，我们当今的整个文化，对理性的洞察与对自然的利用，都是建立在数学基础之上的。伽利略曾经说过：一个人只有学会了自然界用于和我们沟通的语言和标记时，才能理解自然；而这种语言就是数学，它的标记就是数学符号。康德有句名言："我断言，在任何一门自然科学中，只有数学是完全由纯粹真理构成的。"事实上，我们直到能够把一门自然科学的数学内核剥出并完全地揭示出来，才能够掌握它。没有数学，就不可能有今天的天文学与物理学；这些学科的理论部分，几乎完全融入数学之中。这些使数学在人们心目中享有崇高的地位，就如同很多应用科学被大家赞誉一样。

尽管如此，所有数学家都拒绝把具体应用作为数学的价值尺度。高斯在谈到数论时讲，它之所以成为第一流数学家最喜爱研究的科学，在于它魔幻般的吸引力，这种吸引力是无穷无尽的，超过数学其他的分支。克罗内克把数论研究者比作吃过忘忧果的人——一旦吃过这种果子，就再也离不开它了。

托尔斯泰曾声称追求"为科学而科学"是愚蠢的，而伟大的数学家庞加莱则措辞尖锐地反驳这种观点。如果只有实用主义的头脑，而缺了那些不为利益所动的"傻瓜"，就永远不会有今天工业的成就。著名的柯尼斯堡数学家雅可比曾经说过，"人类精神的荣耀，是所有科学的唯一目的。"

今天有的人带着一副深思熟虑的表情，以自命不凡的语调预言文化衰落，并且陶醉于不可知论。我们对此并不认同。对我们而言没有什么是不可知的，并且在我看来，对于自然科学也根本不是如此。相反，代替那愚蠢的不可知论的，是我们的口号：

我们必须知道，
我们必将知道！

附 录

附录1

黄金分割等于多少

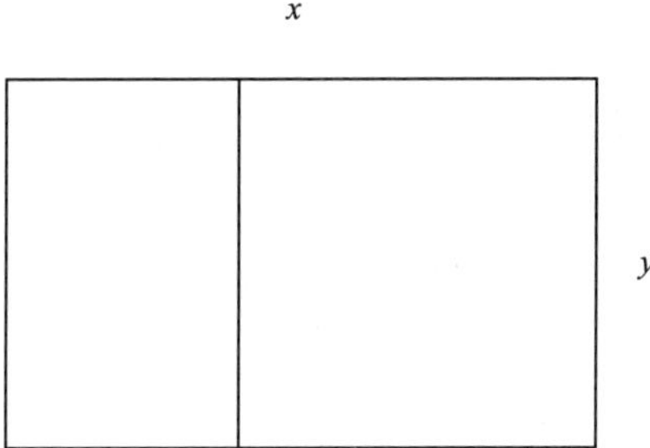

在1.4节中，我们介绍了黄金分割的比例$\varphi=\frac{x}{y}$满足

$$\frac{x}{y}=\frac{y}{x-y},$$

由此我们可以得到这样的方程：

$$\varphi=\frac{1}{\varphi-1},$$

即

$$\varphi^2-\varphi-1=0。$$

该方程有两个解：$\varphi=\frac{1\pm\sqrt{5}}{2}$。

由于$\varphi>0$，因此将上面的负数解舍弃掉，我们就得到$\varphi=\frac{1+\sqrt{5}}{2}$。

附录2

为什么斐波那契数列相邻两项的比值收敛于黄金分割

这个问题有很多证明方法，我比较喜欢使用组合数学中的母函数（Generating Function）作为工具来证明，因为它不仅能算出斐波那契数列每一项F_n和n的关系，而且对几乎任何给定了某一项和前几项递归关系的数列，都能找到解析关系。但是由于组合数学大部分人都没有学过，我们这里使用一个初等代数的证明方法。需要说明的是，这个方法会用到一个技巧，仅仅学过初等代数的人应该想不到这个技巧，因为这个技巧更像是由母函数方法倒推出来的。但是一旦被告知这个技巧，接下来的推导还是非常容易的。

我们假设斐波那契数列相邻两项的比值为p，于是就有$F_{n+1}=pF_n$。当然，$F_{n+2}=pF_{n+1}$也成立。（需要说明的是，我们需要先证明斐波那契数列相邻两项的比值收敛，然后才能得到上面的公式，这部分内容我们省略了。）

接下来我们再构造一个有关F_{n+1}和F_n的线性组合$F_{n+1}+qF_n$，这就是我所说的技巧所在。从这个线性组合出发，我们能得到：

$$F_{n+2}+qF_{n+1}=p(F_{n+1}+qF_n),$$

将qF_{n+1}移到等式的右边并化简，就得到下面的方程：

$$F_{n+2}=(p-q)F_{n+1}+pqF_n,$$

再和斐波那契数列的递归公式 $F_{n+2}= F_{n+1}+F_n$ 对比，我们就知道：

$$\begin{cases} p-q = 1 \\ p \times q = 1 \end{cases}。$$

消掉未知数 q，我们就得到 $p^2-p-1 = 0$，这和计算黄金分割比例 φ 的方程是相同的，于是我们就得到 $p =\frac{1+\sqrt{5}}{2}$。

此外，我们还可以算出 $q =\frac{\sqrt{5}-1}{2}$，然后再从 p 和 q 出发，利用 F_1=1，F_2=1，算出斐波那契数列中每一项 F_n 和 n 的关系，即：

$$F_n=\frac{1}{\sqrt{5}}\left[\left(\frac{1+\sqrt{5}}{2}\right)^n-\left(\frac{1-\sqrt{5}}{2}\right)^n\right]。$$

有意思的是，虽然上面这个式子中有根号运算，但是运算的结果永远是正整数。

附录3

等比级数求和算法

等比数列$A=a_1, a_2, a_3, \cdots$，满足$\frac{a_{i+1}}{a_i}=r$，其中$i=1, 2, 3, \cdots$，其级数

$$S=a_1+a_2+a_3+\cdots,$$

如果$|r|\geqslant 1$，则有$S\to\infty$；

如果$|r|<1$，则有：

$$rS=a_1r+a_2r+a_3r+\cdots=a_2+a_3+a_4+\cdots=S-a_1,$$

求解上述方程，得到

$$S=\frac{a_1}{1-r}。$$

类似地，如果要计算前n项的级数

$$S_n=a_1+a_2+a_3+\cdots+a_n,$$

可以将等式的两边同乘以r，得到

$$rS_n=r(a_1+a_2+a_3+\cdots+a_n)=a_2+a_3+a_4+\cdots+a_{n+1},$$

将以上两式两边相减，得到：

$$(1-r)S_n=a_1-a_{n+1}=a_1-a_1r^n,$$

因此，

$$S_n=a_1\cdot\frac{1-r^n}{1-r}。$$

附录4

一元N次方程 $x^N=1$ 的解

求解$x^N= 1$有多种方法，比较直观的方法是将这个问题放在复平面上。

在复平面上，横坐标轴表示一个复数的实部大小，纵坐标轴表示它的虚部的大小。比如复数$w=a+b\mathrm{i}$，在复平面上就可以用(a, b)这个点来表示。当然，我们也可以将$w=3+2\mathrm{i}$写成$r(\cos\theta+\mathrm{i}\cdot\sin\theta)$的形式，其中

$$\begin{cases} r=\sqrt{a^2+b^2} \\ \theta=\arctan(b/a) \end{cases}。$$

如果$w_1=r_1(\cos\theta_1+\mathrm{i}\cdot\sin\theta_1)$，$w_2=r_2(\cos\theta_2+\mathrm{i}\cdot\sin\theta_2)$，则

$$\begin{aligned} w_1\cdot w_2&=r_1(\cos\theta_1+\mathrm{i}\cdot\sin\theta_1)\cdot r_2(\cos\theta_2+\mathrm{i}\cdot\sin\theta_2) \\ &=r_1\cdot r_2[\cos(\theta_1+\theta_2)+\mathrm{i}\cdot\sin(\theta_1+\theta_2)]。\end{aligned}$$

我们用上式计算 $w=\cos\theta+\mathrm{i}\cdot\sin\theta$的$k$次方，可以得到下面的结论：

$$w^2=\cos2\theta+\mathrm{i}\cdot\sin2\theta,$$

$$w^3=\cos3\theta+\mathrm{i}\cdot\sin3\theta,$$

$$\vdots$$

$$w^k=\cos k\theta+\mathrm{i}\cdot\sin k\theta,$$

当 $\theta=2\pi/N$ 时，

$$w^N=\cos 2\pi+\mathrm{i}\cdot\sin 2\pi=1,$$

因此 $w=\cos\left(\frac{2\pi}{N}\right)+\mathrm{i}\cdot\sin\left(\frac{2\pi}{N}\right)$ 是方程 $x^N=1$ 的一个解。类似地，w^2，w^3，…，w^N 都是该方程的解，一共有 N 个，其中最后一个解 w^N 就是1本身。

附录5

积分的其他两种计算方法

方法2：利用微分和积分互为逆运算的特点求积分。

比如我们知道$f(x)=x^2$的微分是$\mathrm{d}f(x)=2x\cdot\mathrm{d}x$，它的导数是$f'(x)=2x$，于是对$f'(x)=2x$求积分，就得到$\int f'(x)\cdot\mathrm{d}x=f(x)$，如果我们限定求积分的边界$a$和$b$，那么我们就可以推导出这样一个公式：

$$\int_a^b f'(x)\mathrm{d}x=f(b)-f(a)。\qquad（A5.1）$$

这在微积分中被称为牛顿-莱布尼茨公式。在很多教科书中，习惯于把积分符号中的函数直接写成$f(x)$，而它的原函数只好再换一个符号，通常写成$F(x)$。于是，牛顿-莱布尼茨公式通常被写为

$$\int_a^b f(x)\,\mathrm{d}x=F(b)-F(a)\qquad（A5.1'）$$

比如对$f(x)=3x^2$从2到4求微分，我们知道它的原函数是$F(x)=x^3$，利用牛顿-莱布尼茨公式可以得到

$$\int_2^4 3x^2\mathrm{d}x=F(4)-F(2)=4^3-2^3=56。$$

不过，并非所有的函数，都能够找到对应的原函数，比如$1/\ln x$就找不到。因此上述方法只适合一小部分函数。对于大量的找不到反导数的函数，除了使用方法1，还可以使用下面的方法。

方法3：利用几个多项式函数近似任意函数求积分。

在微积分中有一个泰勒公式，它可以将任意一个函数，用很

多个多项式函数近似。所有的多项式函数，都存在反导数，也就是说可以得到原函数。这样，就可以利用多项式函数作为桥梁，近似计算任意一个函数的积分。今天，大部分函数求积分，都可以通过Mathematica这个工具来完成。如果有工程师一定要自己写一个程序来实现泰勒公式，可以直接采用*Numerical Recipes*（《数值配方》）提供的现有程序，不建议大家自己写。

附录6

大数定律

大数定律指的是同样的随机试验重复的次数越多，其结果的平均值就越接近期该随机变量（或者随机事件）发生的数学期望值。大数定律有两种表现形式，分别被称为弱大数定律和强大数定律。

弱大数定律也被称为辛钦定律。它讲的是同一概率分布的样本序列$X_1, X_2, \cdots, X_n$的均值$(\overline{X_n})$依概率趋近于它的数学期望值μ。即，任给一个正数ε，都有

$$\lim_{n\to\infty} P(|\overline{X_n}-\mu|>\varepsilon)=0。\qquad (A6.1)$$

辛钦定律要求样本序列具有同一概率分布。后来切比雪夫放宽了限制条件，他不要求样本序列X_1，X_2，⋯，X_n具有同一分布，只要求它们相互独立，存在相同的数学期望值μ，并且它们方差存在，并且有共同有限上界D。切比雪夫证明了在放宽的条件下，上述公式（A6.1）依然成立。这个结论被称为切比雪夫定律。

强大数定律讲的是，具有相同概率分布的样本序列X_1，X_2，⋯，X_n的均值$\overline{X_n}$趋近于它的数学期望值μ的概率等于1，即

$$P\left(\lim_{n\to\infty} \overline{X_n}=\mu\right)=1。\qquad (A6.2)$$

这两个定律有什么差别呢？弱大数定律的条件比较宽松一些，它讲的是当样本的数量n越大时，随机变量X落在均值和方差的区

间 $(\mu-\varepsilon,\ \mu+\varepsilon)$ 以外的概率趋近于零。但还是有可能落在外面的，只不过可能是很小，且会随着 n 的增大，这种可能越来越小。强大数定律讲的条件严格一些，它讲的是随机变量 X 落在 $(\mu-\varepsilon,\ \mu+\varepsilon)$ 外的概率等于零。由此可见，一个随机变量的概率分布满足强大数定律，就一定满足弱大数定律，但是反过来不一定。

附录7

希尔伯特退休讲演的英文译文[①]

The instrument that mediates between theory and practice, between thought and observation, is mathematics; it builds the connecting bridge and makes it stronger and stronger. Thus it happens that our entire present-day culture, insofar as it rests on intellectual insight into and harnessing of nature, is founded on mathematics. Already, GALILEO said: Only he can understand nature who has learned the language and signs by which it speaks to us; but this language is mathematics and its signs are mathematical figures. KANT declared, "I maintain that in each particular natural science there is only as much true science as there is mathematics." In fact, we do not master a theory in natural science until we have extracted its mathematical kernel and laid it completely bare. Without mathematics today's astronomy and physics would be impossible; in their theoretical parts, these sciences unfold directly into mathematics. These, like numerous other applications, give

① https://www.maa.org/press/periodicals/convergence/david-hilberts-radio-address-english-translation mathematics whatever authority it enjoys with the general public.

Nevertheless, all mathematicians have refused to let applications serve as the standard of value for mathematics. GAUSS spoke of the magical attraction that made number theory the favorite science for the first mathematicians, not to mention its inexhaustible richness, in which it so far surpasses all other parts of mathematics. KRONECKER compared number theorists with the Lotus Eaters, who, once they had sampled that delicacy, could never do without it.

With astonishing sharpness, the great mathematician POINCARÉ once attacked TOLSTOY, who had suggested that pursuing "science for science's sake" is foolish. The achievements of industry, for example, would never have seen the light of day had the practical-minded existed alone and had not these advances been pursued by disinterested fools.

The glory of the human spirit, so said the famous Königsberg mathematician JACOBI, is the single purpose of all science.

We must not believe those, who today with philosophical bearing and a tone of superiority prophesy the downfall of culture and accept the ignorabimus. For us there is no ignorabimus, and in my opinion even none whatever in natural science. In place of the foolish ignorabimus let stand our slogan:

We must know,
We will know.

图书在版编目（CIP）数据

吴军数学通识讲义 / 吴军著．— 北京 ：新星出版社，2021.4（2024.7 重印）
ISBN 978-7-5133-4430-2

Ⅰ．①吴… Ⅱ．①吴… Ⅲ．①数学－通俗读物 Ⅳ．① O1-49

中国版本图书馆 CIP 数据核字（2021）第 054527 号

吴军数学通识讲义

吴军 著

责任编辑：白华昭
策划编辑：郗泽潇
营销编辑：吴 思 wusi1@luojilab.com
封面设计：李 岩 柏拉图
版式设计：仙境设计 344581934@qq.com

出版发行：新星出版社
出 版 人：马汝军
社 址：北京市西城区车公庄大街丙 3 号楼 100044
网 址：www.newstarpress.com
电 话：010-88310888
传 真：010-65270449
法律顾问：北京市岳成律师事务所

读者服务：400-0526000 service@luojilab.com
邮购地址：北京市朝阳区华贸商务楼 20 号楼 100025

印 刷：北京盛通印刷股份有限公司
开 本：880mm × 1230mm 1/32
印 张：16.25
字 数：370 千字
版 次：2021 年 4 月第一版 2024 年 7 月第十次印刷
书 号：ISBN 978-7-5133-4430-2
定 价：99.00 元